# 工程制图项目式教程

Gongchengzhitu Xiangmushi Jiaocheng

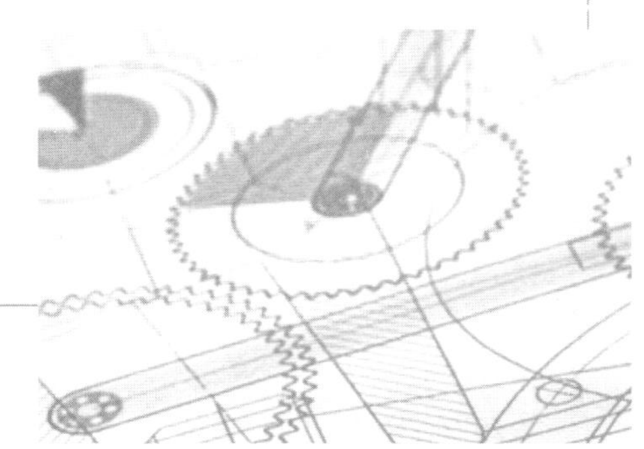

主编 沈灿钢 华燕萍 王 慧
参编 马 青 朱志强 孙晓明

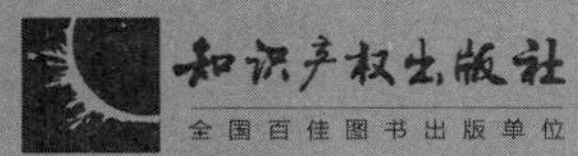

**图书在版编目（CIP）数据**

工程制图项目式教程/沈灿钢，华燕萍，王慧主编. —北京：知识产权出版社，2015. 1
ISBN 978－7－5130－3086－1

Ⅰ. ①工… Ⅱ. ①沈…②华…③王… Ⅲ. ①工程制图—教材 Ⅳ. ①TB23

中国版本图书馆 CIP 数据核字（2014）第 236833 号

**责任编辑：**石陇辉　　**责任校对：**董志英
**封面设计：**刘　伟　　**责任出版：**刘译文

全国高职高专规划教材
**工程制图项目式教程**
**主编**　沈灿钢　华燕萍　王　慧
**参编**　马　青　朱志强　孙晓明

**出版发行：**知识产权出版社有限责任公司　　**网　　址：**http：//www. ipph. cn
**社　　址：**北京市海淀区马甸南村 1 号　　**邮　　编：**100088
**责编电话：**010－82000860 转 8175　　**责编邮箱：**shilonghui@ cnipr. com
**发行电话：**010－82000860 转 8101/8102　　**发行传真：**010－82000893/82005070/82000270
**印　　刷：**北京富生印刷厂　　**经　　销：**各大网上书店、新华书店及相关专业书店
**开　　本：**787mm×1092mm　1/16　　**印　　张：**14
**版　　次：**2015 年 1 月第 1 版　　**印　　次：**2015 年 1 月第 1 次印刷
**字　　数：**342 千字　　**定　　价：**39. 00 元

ISBN 978-7-5130-3086-1

# 前　言

工程制图是工程技术中的一项重要技能。根据高职高专学生的特色，依托现代科学技术，编者将“工程制图”和“AutoCAD”有机融合，进行课程教学体系的创新研究，编写了《工程制图项目式教程》这样一本高职高专项目实践课程教材。

本书以基于工作过程的教学项目为主线组织与安排编写内容，将基本概念和理论知识的讲解贯穿于项目中，突出技能训练和能力的培养，满足“理—实”一体化的教学需要。电类专业学生在掌握了必需的专业知识后，结合生产技术实际应用，将会遇到很多机械和工程图纸方面的问题，本书通过十个典型的工程项目，使学生掌握平面图形、机械制图、电气工程制图、电子线路制图、安防工程布局图等工程制图。本书的目标是培养学生的空间思维能力，分析阅读实施工程制图的能力，在教学过程中培养学生的创新能力，以及认真负责的态度和严谨细致的作风。

全书共由十个项目组成，每个项目包括项目引入、项目分析、项目实施、项目小结和拓展练习五个部分。每个项目结合工程实例引入项目要求并进行分析，提出相关的绘图命令和实施的分解任务，详述制图的步骤，并结合绘图过程给出相关命令行和分解图。项目完成后，再通过配套的拓展练习，加强相应工程制图的应用能力训练。

全书的十个项目中，项目一以绘制螺钉为范例，使学生掌握 AutoCAD 图形文件和样板图纸的创建、保存，并掌握基本的绘图命令；项目二以绘制支架、曲柄扳手、圆锥齿轮为范例，使学生初步掌握绘制一般平面图的大量指令和绘图技巧；项目三以绘制阶梯轴部件的主视图和局部剖面图为范例，使学生巩固基本平面图指令，掌握三视图及剖面图的绘制；项目四以绘制铣刀头的装配图为例，讲述定制图块、拼装装配图的过程；项目五和项目六以绘制电气控制图、电子线路图为例，通过创建块命令创建元器件库，使学生进一步巩固创建、使用图块的能力；项目七以办公大楼智能电气安全防范工程图为例，将系统工程图分成多个子系统，学习安防系统的设计规则和国家标准，掌握绘制安全防范工程图的方法；项目八从绘制简单的酒杯及烟灰缸入手，再到复杂的茶几和沙发，由浅入深，让学生比较系统地掌握三维图形的绘制方法和操作技巧；项目九以绘制机械轴承支座三维实体为例，学习三维实体的常用绘制技巧和编辑命令；项目十以一个三维图形为例，讲述如何将三维实体图转换成二维三视图，并对三视图进行标注，最后打印出来。

本书由江阴职业技术学院电子系老师编写。沈灿钢负责项目一、项目五至项目七、附录的编写及全书的统稿工作，项目二至项目四、项目八由华燕萍编写，项目九、项目十由王慧编写。马青副教授、朱志强老师、孙晓明老师参与了本书的部分编写工作。全书编写过程中井新宇主任、季胤副教授和张素俭处长给予了很多帮助，知识产权出版社石陇辉编辑也提出了很多宝贵意见，在此表示感谢。

本书提供了大量工程类制图的案例，不仅可作为高职高专电类专业学生的教材，还可作为电类工程技术人员的培训教材和工程参考书。维修电工高技能人才（高级工、技师、高级技师）培养过程中，工程制图一直是必考科目，本书同样可以作为维修电工国家职业技能鉴定辅导教材。

需要说明的是，尽管 AutoCAD 已更新了很多版本，但工程中大多使用 AutoCAD 2008。因此本书仍旧以 AutoCAD 2008 作为绘图软件，使用其他版本的读者可依据自己的版本内容进行相应的操作。

编者能力水平有限，书中难免有错误和不妥之处，恳请广大读者批评指正。

编　者

2014 年 8 月

# 目　录


**项目一　绘制样板图纸** …………………… 1

1.1　项目引入 ………………………… 1
1.2　项目分析 ………………………… 1
1.3　任务一　创建一个新的螺钉样板图工程项目 ……………… 2
1.4　任务二　绘制样板图纸 ……… 4
1.5　任务三　绘制螺钉 …………… 9
1.6　项目小结 ……………………… 14
1.7　拓展练习 ……………………… 15

**项目二　绘制一般平面图** ……………… 16

2.1　项目引入 ……………………… 16
2.2　项目分析 ……………………… 17
2.3　任务一　绘制支架 ………… 17
2.4　任务二　绘制曲柄扳手 …… 24
2.5　任务三　绘制圆锥齿轮 …… 31
2.6　项目小结 ……………………… 41
2.7　拓展练习 ……………………… 41

**项目三　绘制轴类零件** ………………… 44

3.1　项目引入 ……………………… 44
3.2　项目分析 ……………………… 45
3.3　任务一　阶梯轴零件分析 … 45
3.4　任务二　绘制阶梯轴主视图和局部剖面图 ……………… 48
3.5　任务三　对阶梯轴零件进行标注 ………………………… 58
3.6　项目小结 ……………………… 72
3.7　拓展练习 ……………………… 72

**项目四　绘制装配图** …………………… 75

4.1　项目引入 ……………………… 75
4.2　项目分析 ……………………… 76
4.3　任务一　绘制轴承块 ……… 77
4.4　任务二　绘制螺钉块 ……… 78
4.5　任务三　绘制内六角螺钉块 … 79
4.6　任务四　绘制轴块 ………… 80
4.7　任务五　绘制皮带轮块 …… 80
4.8　任务六　绘制挡圈块 ……… 81
4.9　任务七　绘制底座 ………… 82
4.10　任务八　在底座上进行装配图拼装 ………………… 83
4.11　任务九　装配图中的零件编号 ………………………… 87
4.12　项目小结 …………………… 88
4.13　拓展练习 …………………… 88

**项目五　绘制电气控制图** ……………… 90

5.1　项目引入 ……………………… 90
5.2　项目分析 ……………………… 90
5.3　任务一　绘制电气元件块，创建电气元件库 …………… 92
5.4　任务二　绘制车床主电路图 … 93
5.5　任务三　绘制车床控制电路图 ………………………… 95
5.6　任务四　连接主电路和控制电路，对图纸参数和元件代号进行标注 ………………… 97
5.7　项目小结 …………………… 100
5.8　拓展练习 …………………… 100

**项目六　绘制电子线路图** ……………… 104

6.1　项目引入 ……………………… 104
6.2　项目分析 ……………………… 105
6.3　任务一　绘制电子元件块，创建电子元件库 ……………… 106
6.4　任务二　绘制串联稳压电源电路图 ……………………… 108
6.5　任务三　完善电子线路图…… 109
6.6　项目小结 ……………………… 110
6.7　拓展练习 ……………………… 111

**项目七　绘制安全防范工程图** ……… 113

7.1　项目引入 ……………………… 113
7.2　项目分析 ……………………… 113
7.3　任务一　设计大楼的系统配置方案 ……………………… 115
7.4　任务二　绘制具体施工图…… 118
7.5　项目小结 ……………………… 130
7.6　拓展练习 ……………………… 130

**项目八　绘制家具类造型及效果图** … 131

8.1　项目引入 ……………………… 131
8.2　项目分析 ……………………… 132
8.3　任务一　绘制酒杯 ………… 132
8.4　任务二　绘制烟灰缸 ……… 139
8.5　任务三　绘制茶几 ………… 146
8.6　任务四　绘制沙发 ………… 157
8.7　项目小结 ……………………… 169
8.8　拓展练习 ……………………… 170

**项目九　绘制机械类三维图形** ……… 171

9.1　项目引入 ……………………… 171
9.2　项目分析 ……………………… 172
9.3　任务一　设置绘图环境及轴承支座分析 ……………… 172
9.4　任务二　绘制三维实体 …… 174
9.5　任务三　三维对象的尺寸标注 ……………………… 183
9.6　项目小结 ……………………… 184
9.7　拓展练习 ……………………… 185

**项目十　三维图形的布局与打印** …… 187

10.1　项目引入 …………………… 187
10.2　项目分析 …………………… 188
10.3　任务一　三维立体图形生成二维三视图 ………… 188
10.4　任务二　图形输出及打印 … 201
10.5　项目小结 …………………… 202
10.6　拓展练习 …………………… 202

**附录　安全防范系统通用图形符号** … 205

# 绘制样板图纸

【能力目标】

- 熟悉 AutoCAD 2008 软件
- 掌握样板图纸的绘制
- 绘制螺钉图形

【知识点】

- 样板图纸的创建、保存
- 重点掌握几种绘制直线的方法
- 掌握矩形、图形界限、线性命令、图层、倒角等绘图命令

## 1.1 项目引入

本项目以 AutoCAD 2008 软件为工作平台，通过绘制一个 A4 样板图纸，并在样板图纸中以绘制螺钉图形为范例，使学员初步掌握 AutoCAD 2008 软件的安装，图形文件和样板图纸的创建、保存，并掌握基本的绘图命令，如矩形、图形界限、线性命令、图层、倒角等。

本项目推荐课时为 8 学时。

## 1.2 项目分析

工程制图是设计者表达设计意图、制造者了解制造对象并制造、使用者依此使用和维修设备的一门课程，要求使用者严格遵守国家标准，学会查阅有关标准，熟练掌握AutoCAD软件的使用。

依据绘制螺钉样板图要求，在国标样板上绘制螺钉图，初学者应先熟悉 AutoCAD 2008 软件的使用，掌握国标样板图纸的概念。要在绘制好的样板图纸中再绘制螺钉，可以把该项目分成以下三个任务来完成。

任务一　创建一个新的螺钉样板图工程项目

任务准备：打开、创建、保存、关闭图形文件，调用相关工具的方法。

任务二　绘制样板图纸

任务准备：国标图纸的类型，样板文件类型，矩形、图形界限的概念。

任务三　绘制螺钉

任务准备：线性命令、图层命令、倒角命令等。

## 1.3　任务一　创建一个新的螺钉样板图工程项目

### 1.3.1　操作步骤

（1）启动 AutoCAD 2008。

（2）保存图形文件。

### 1.3.2　任务实施

1. *启动* AutoCAD 2008

一般情况下，可用两种方法启动 AutoCAD 2008。

（1）双击桌面上 AutoCAD 2008 的快捷方式图标。

（2）单击 Windows 任务栏上的“开始”→“程序”→“Autodesk”→“AutoCAD 2008 Simplified Chinese”→“AutoCAD 2008”，如图 1.1 所示。

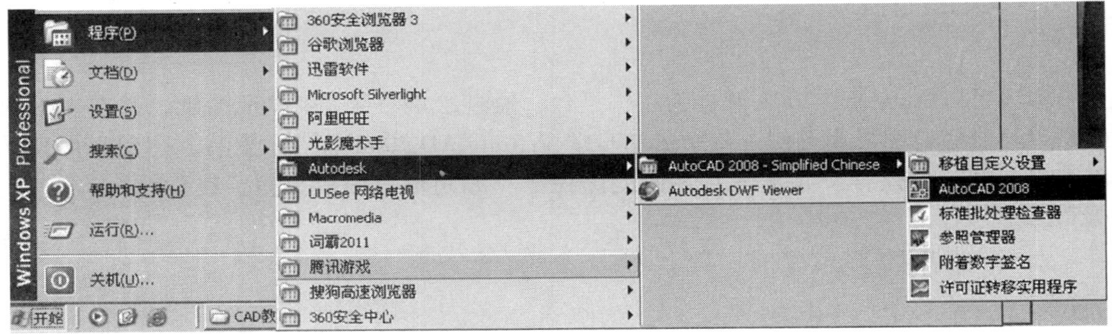


**图 1.1　启动 AutoCAD 2008**

启动之后，打开工程项目作图界面，如图 1.2 所示。

使用“新建图形文件”命令可以创建一个新的图形文件，调用该命令的方式有如下三种。

（1）菜单命令：“文件”→“新建”。

（2）工具栏图标“新建”。

（3）键盘命令：NEW 或 QNEW。

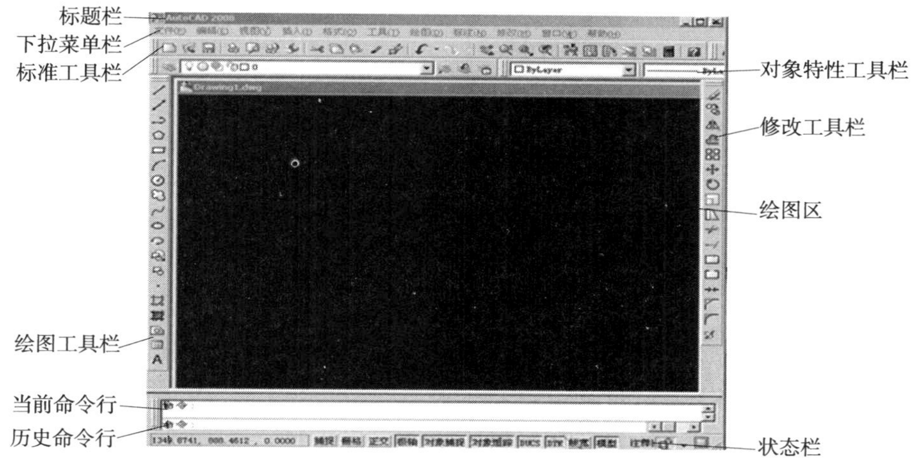


**图 1.2　AutoCAD 2008 工程项目作图界面**

无论使用以上哪种方法，均会弹出如图 1.3 所示的“选择样板”对话框。

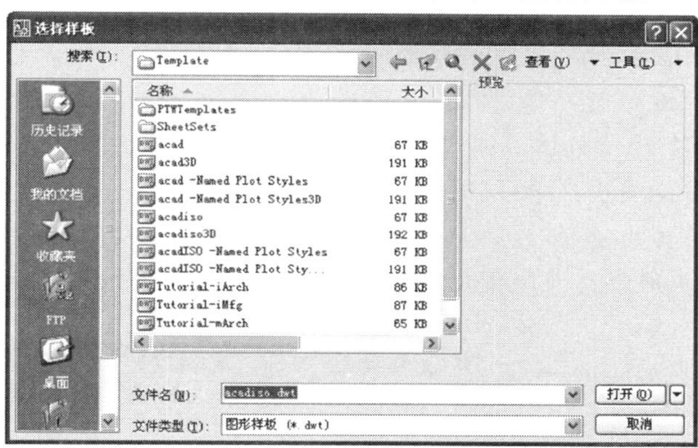


**图 1.3　“选择样板”对话框**

把文件名改为“螺钉样板图形”，文件类型改为“ *. dwt”，即图形样板文件。

2. 保存图形文件

新建图形样板之后，应立即进行保存，并在作图的过程中不定期保存，以防作图文件的丢失或漏存。保存的方法有以下三种。

（1）菜单命令：“文件” →“保存”。

（2）工具栏图标：“保存” 。

（3）键盘命令：SAVE。

若当前图形文件曾经保存过，则直接使用当前图形文件名称保存在原路径下。若当前图形文件从未保存过，则弹出如图 1.4 所示“图形另存为” 对话框。

若当前图形文件需要在低版本的 AutoCAD 中使用，则可在“文件类型” 下拉列表框中选择保存文件的格式或不同的版本，如图 1.5 所示。如果需要将当前文件保存为样板文件，也可在此处进行选择。

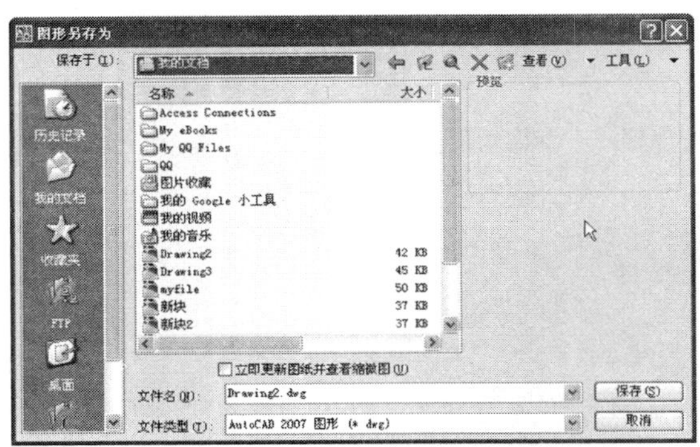

图 1.4 “图形另存为“对话框

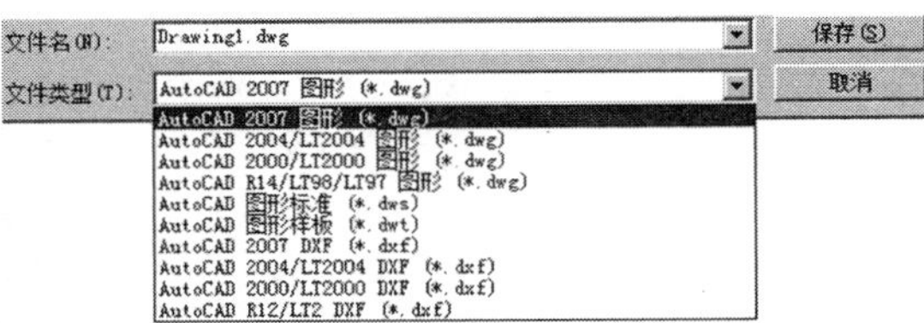

图 1.5 选择文件的类型

使用“另存图形文件”命令可以对已保存过的当前图形文件的文件名、保存路径、文件类型进行修改，调用该命令的方式如下两种。

（1）菜单命令：“文件”→“另存为”。

（2）键盘命令：SAVEAS 或 SAVE。

**想一想**

如何对图形文件进行密码保护？

从 AutoCAD 2004 开始新增了图形文件密码保护的功能，可以对文件进行加密保护，更好地确保图形文件的安全。在“图形另存为”对话框中，单击“工具”，在弹出的如图 1.6 所示的下拉菜单中选择“安全选项”，弹出如图 1.7 所示的“安全选项”对话框，单击“密码”→在“用于打开此图形的密码或短语”文本框中输入密码→“确定”。

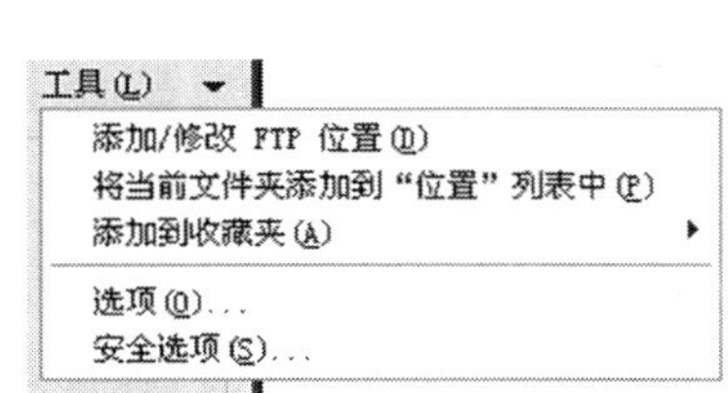

图 1.6 设置密码保护

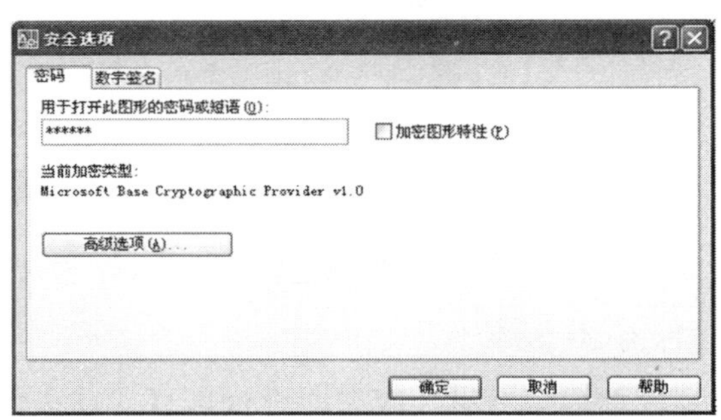

图 1.7 “安全选项”对话框

## 1.4 任务二 绘制样板图纸

样板图作为一张标准图纸，除了需要绘制图形外，还要求设置图纸大小、绘制图框线和标题栏；而对于图形本身，需要设置图层以绘制图形的不同部分，设置不同的线型和线宽以表达不同的含义，设置不同的图线颜色以区分图形的不同部分等。所有这些都是绘制一幅完整图形不可或缺的工作。为方便绘图、提高绘图效率，往往将这些绘制图形的基本作图和通用设置绘制成一张基础图形，进行初步或标准的设置，这种基础图形称为样板图。

使用 AutoCAD 绘制零件图的样板图时，必须遵守如下准则。

（1）严格遵守国家标准的有关规定。

（2）使用标准线型。

（3）设置适当图形界限，以便能包含最大操作区。

（4）将捕捉和栅格设置为在操作区操作的尺寸。

（5）按标准的图纸尺寸打印图形。

AutoCAD 2008 要求按照 1:1 比例进行绘图，同时必须参照国家标准来设置图纸的幅面尺寸，如表 1.1 所示。

**表 1.1　基本图纸幅面**

| 幅面代号 | 尺寸 B×L/mm | 幅面代号 | 尺寸 B×L/mm |
|---|---|---|---|
| A0 | 841×1189 | A3 | 297×420 |
| A1 | 594×841 | A4 | 210×297 |
| A2 | 420×594 | | |

### 1.4.1　操作步骤

（1）在新建的螺钉样板文件窗口上设置绘图界限。

（2）在设置好的绘图界限中绘制图纸边框。

### 1.4.2　任务实施

1. 在新建的螺钉样板文件窗口上设置绘图界限

（1）使用下拉菜单命令“格式”→“图形界限”，或在命令栏输入 limits。

```
命令：_ limits
重新设置模型空间界限：
指定左下角点或［开（ON）/关（OFF）］〈0.0000，0.0000〉：
指定右上角点〈12.0000，9.0000〉：297，210
```

**注意**

“limits”命令执行过程中，［开（ON）/关（OFF）］用于打开图形界限或者关闭图形界限检查，选择开（ON）时用户只能在设定的图形界限内绘图。当用户绘制的图形超出图形界限时，AutoCAD 2008 将给出提示并拒绝执行命令。

（2）将图幅设置为 A4 标准图纸，使用“ZOOM”缩放命令“A”，在当前屏幕内显示全部图形界限并且居中。

2. 在设置好的绘图界限中绘制图纸边框

（1）设定图纸外边框，在命令栏输入 rectang，画外边框。

```
命令: _ rectang
指定第一个角点或 [倒角 (C) /标高 (E) /圆角 (F) /厚度 (T) /宽度 (W)]: 0, 0
指定另一个角点或 [面积 (A) /尺寸 (D) /旋转 (R)]: 297, 210
```

(2) 设定图纸内边框，在命令栏输入 rectang，画内边框。

```
命令: _ rectang
指定第一个角点或 [倒角 (C) /标高 (E) /圆角 (F) /厚度 (T) /宽度 (W)]: 5, 5
指定另一个角点或 [面积 (A) /尺寸 (D) /旋转 (R)]: 292, 205
```

绘制完成的 A4 样板图纸边框如图 1.8 所示。

(3) 绘制标题栏。

标题栏的尺寸如图 1.9 所示，根据所给的尺寸，绘制标题栏。

**图 1.8　A4 样板图纸边框**

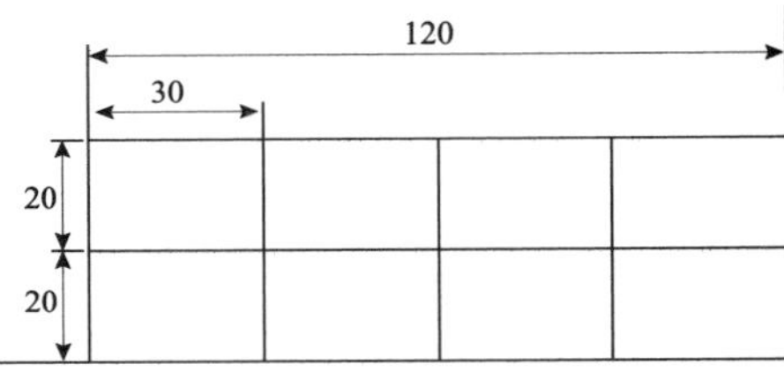


**图 1.9　标题栏**

右键单击状态栏中的“极轴”，状态栏如图 1.10 所示。

1181.2706, 1327.1945, 0.0000　捕捉　栅格　正交　极轴　对象捕捉　对象追踪　DUCS　DYN　线宽　模型

**图 1.10　状态栏**

在弹出的快捷菜单中，单击“设置”，弹出对话框如图 1.11 所示。

把极轴增量角设为 90，单击“确定”关闭设置对话框。

利用直线命令绘制标题栏外框，如图 1.12 所示。

```
指令: _ line 指定第一点:                    //选中边框右下角点
指定下一点或 [放弃 (U)]: 40                 //垂直向上 90°移动鼠标，输入距离 40
指定下一点或 [放弃 (U)]: 120                //水平向左 180°移动鼠标，输入距离 120
指定下一点或 [闭合 (C) /放弃 (U)]:          //垂直向下 270°移动鼠标，输入距离 40
                                              到极轴交点
```

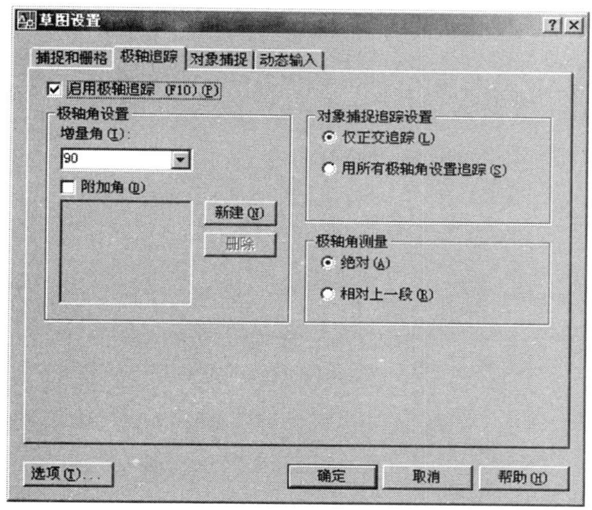


图 1.11　极轴追踪设置

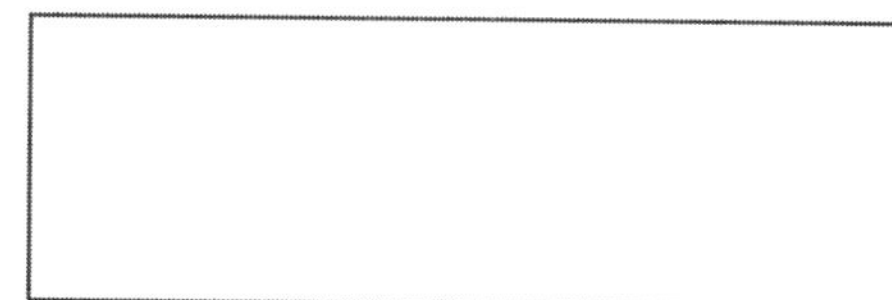

图 1.12　标题栏外框

右键单击状态栏中的“对象捕捉”，在弹出的对话框中单击“设置”，弹出对话框如图 1.13所示。

启用对象捕捉模式，在“中点”、“端点”、“节点”和“交点”前打勾，单击“确定”退出。

利用直线命令绘制标题栏中的水平线。

```
命令：_ line 指定第一点：                  //捕捉标题栏左边线的中点
指定下一点或 [放弃 (U)]：                  //水平拉伸至右边交点
指定下一点或 [放弃 (U)]：*取消*            //按<ESC>键取消
```

对距离为 120 的线段 4 等分。选择菜单命令“格式”→“点样式”，如图 1.14 所示。选取一种点样式，作为线段等分的标记，单击“确定”退出。

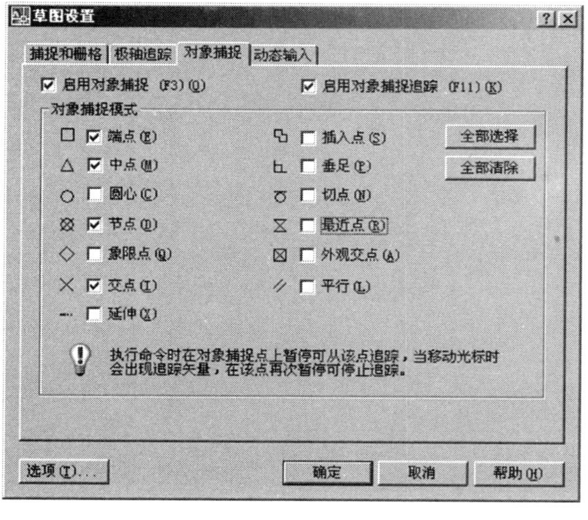


图 1.13　对象捕捉设置

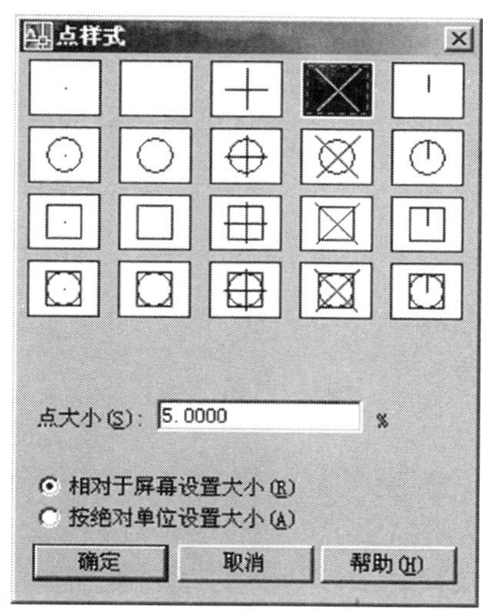


图 1.14　点样式

选择菜单命令“绘图”→“点”→“定数等分”，设置等分点。

```
命令：_ divide
选择要定数等分的对象：                    //单击选中要等分的线段
输入线段数目或［块（B)］：4                //将选中的线段进行 4 等分
```

捕捉等分点，继续画竖直线，完成标题栏。

```
命令：_ line 指定第一点：                  //捕捉等分点
指定下一点或［放弃（U)］：                 //捕捉交点
指定下一点或［放弃（U)］：*取消*
```

绘制完成的标题栏尺寸如图 1. 15 所示。

最后删除等分点，这样就完成了任务要求的标题栏的绘制，如图 1. 16 所示。

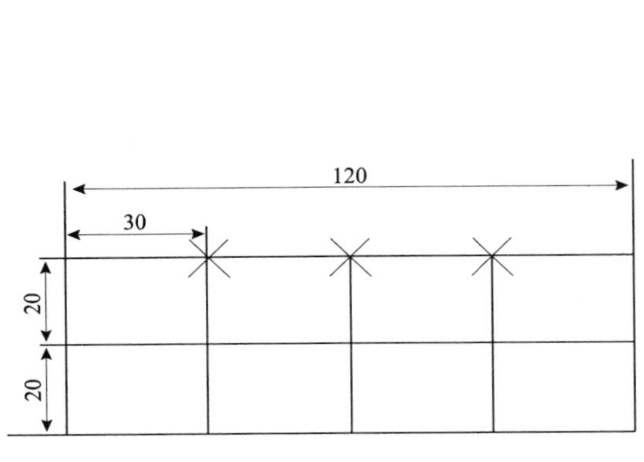


图 1. 15　绘制完成的标题栏尺寸

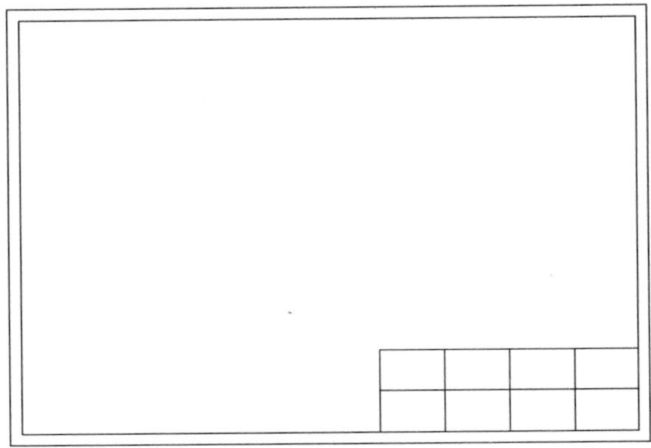

图 1. 16　绘制完成的 A4 样板图

选择菜单命令“文件”→“另存为”，弹出如图 1. 17 所示的对话框，输入文件名“A4 样板图纸”，文件类型选择“AutoCAD 图形样板”，选择好保存路径即可保存绘制好的样板图。生成的样板文件图标为。

图 1. 17　保存样板图

# 1.5　任务三　绘制螺钉

## 1.5.1　操作步骤

（1）设置图形单位和图层。

（2）绘制螺钉。

（3）保存文件。

## 1.5.2　任务实施

1. 设置图形单位和图层

（1）图形单位的设置。

单击下拉菜单“格式”→“单位”选项，打开“图形单位”对话框，如图1.18所示。

在“图形单位”对话框中的“长度”选项区可设置单位的类型和精度。考虑到螺钉的具体尺寸情况，将长度单位的“类型”设为“小数”（即十进制小数），“精度”设为“0.0”。

保持“角度”选项区下默认的“类型”和“精度”值不变，为“十进制度数”和“0”。

在“插入比例”选项区中，选择用于缩放和插入内容的单位为“毫米”，这是由于螺钉的单位设置为公制。如果单位设置为英制，则可以选择“英寸”、“英尺”等，如图1.19所示。

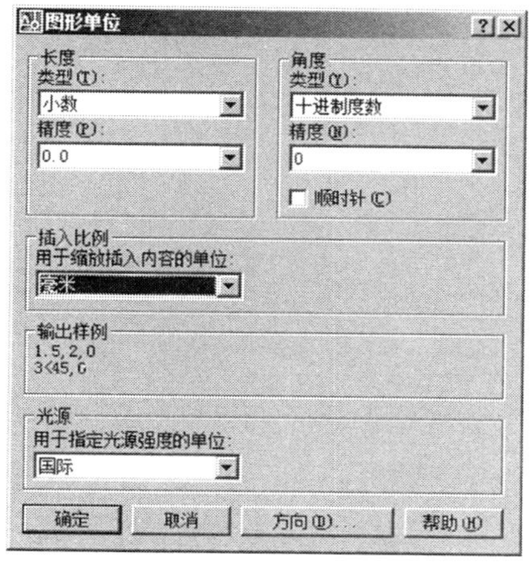


图1.18　“图形单位”对话框

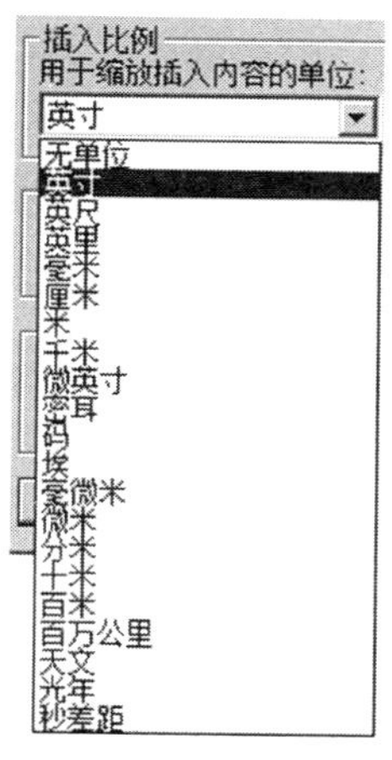


图1.19　设置单位

**注意**

作图之前，首先要考虑图形单位的问题。选择公制还是英制，这要根据作图的具体需要，在作图之前来进行设置。

(2) 图层的设置与管理。

单击下拉菜单“格式”→“图层”，打开图层特性管理器，单击“新建图层”按钮，建立新图层“图层1”，更改图层名称为“中心线”，单击“当前”按钮，将其设置为当前层，如图1.20所示。

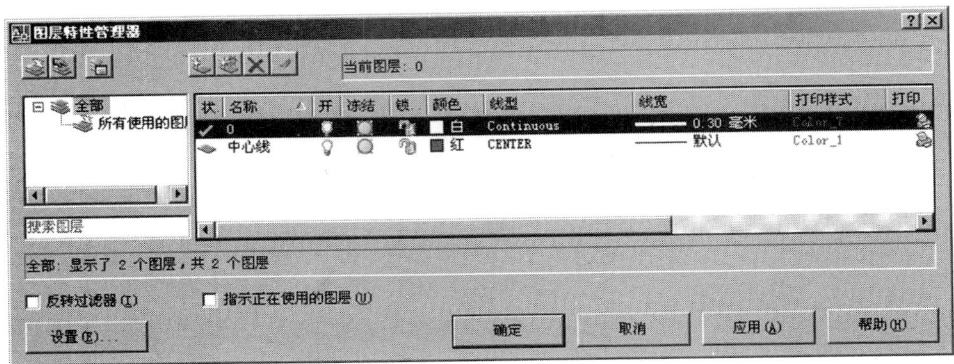


**图1.20　图层设置管理器**

1）设置颜色。单击颜色块打开“选择颜色”对话框，选取红色。单击“确定”，中心线图层被设为红色，如图1.21所示。

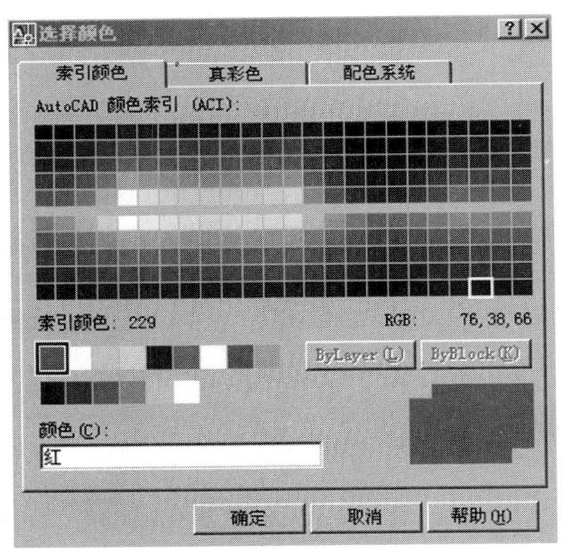


**图1.21　设置颜色**

2）设置线型。单击线型“Continuous”打开“选择线型”对话框，已加载的线型只有实线。单击按钮“加载”打开“加载或重载线型”对话框。在“加载或重载线型”对话框中选取“Center”中心线，单击“确定”按钮，又回到“选择线型”对话框，在已加载的线性型中再选取“Center”中心线，单击“确定”。

此时在“图层特性管理器”可以看到新设置的中心线图层，颜色被设置为红色，线型被设置为中心线，中心线图层为当前层，如图1.22所示。

图 1.22　设置线型

2. 绘制螺钉

(1) 绘制中心线。设置捕捉“端点”、“中点”、“交点”三种对象，启用极轴、对象捕捉和对象追踪。选取中心线层为当前层。

```
命令：_ line 指定第一点：                    //屏幕任意点选
指定下一点或［放弃（U）］：70                 //绘制 70mm 长中心线
指定下一点或［放弃（U）］：回车               //完成中心线
```

(2) 绘制轮廓线。选取 0 层为当前层，绘制螺钉的部分轮廓线，如图 1.23 所示。

```
命令：_ line 指定第一点：                              //中心线的左端点
指定下一点或［放弃（U）］：10                           //画垂直线
指定下一点或［放弃（U）］：7.6                          //画水平线
指定下一点或［闭合（C）/放弃（U）］：5                  //画垂直线
指定下一点或［闭合（C）/放弃（U）］：50                 //画水平线
指定下一点或［闭合（C）/放弃（U）］：                   //找交点与中心线相交画垂直线
```

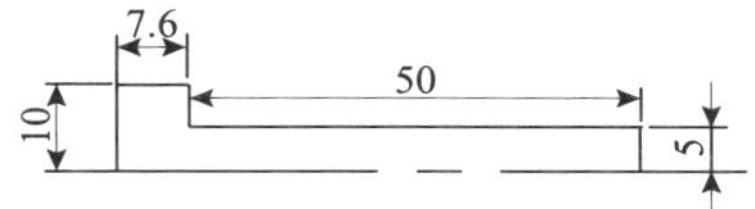


图 1.23　螺钉的部分轮廓线

（3）镜像螺钉完成另一半轮廓。单击下拉菜单“修改”→“镜像”。

命令：_ mirror
选择对象：　　　　　//使用鼠标点选左上角点和右下角点拉出窗口选取轮廓线
指定对角点：找到 5 个
选择对象：回车　　　　　//结束选取
指定镜像线的第一点：　　　　　//捕捉中心线端点
指定镜像线的第二点：　　　　　//捕捉中心线另一端点
是否删除源对象？［是（Y）/否（N）］<N>:N　　　　　//完成另一半螺钉

（4）画辅助线。

命令：_ line 指定第一点：_ tt 指定临时对象追踪点：　　　　　//单击临时对象追踪点
指定第一点：〈对象捕捉 关〉1　　　　　//距离轮廓线左上角
指定下一点或［放弃（U）］：　　　　　//向下画垂线

**注意**

因为辅助线之间的距离太小，为 1mm，所以在捕捉指定临时对象追踪点之后，画辅助线起点时按<F3>键关闭对象捕捉。

（5）完成螺钉头。单击下拉菜单“修改”→“延伸”。绘制完成的螺钉轮廓线，如图 1.24 所示。

命令：_ extend
当前设置：投影=UCS，边=无
选择边界的边…
选择对象：找到 1 个
选择对象：回车
选择要延伸的对象，或按住 Shift 键选择要修剪的对象，或［投影（P）/边（E）/放弃（U）］：

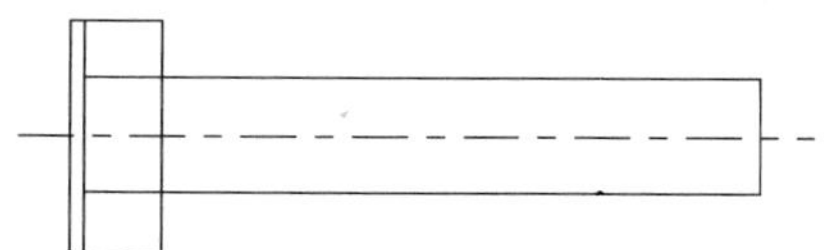

**图 1.24　螺钉轮廓线**

（6）绘制螺钉三段圆弧。单击下拉菜单“绘图”→“圆弧”，有多种绘制圆弧的方法，这里选择“起点、端点、半径”画法，如图 1.25 所示。

命令：_ arc 指定圆弧的起点或［圆心（C）］：　　　　　//选择上面一点
指定圆弧的第二个点或［圆心（C）/端点（E）］：_ e
指定圆弧的端点：　　　　　//选择下面一点
指定圆弧的圆心或［角度（A）/方向（D）/半径（R）］：_ r
指定圆弧的半径：3.6　　　　　//完成第一个圆弧

用同样的方法绘制第二个圆弧（R12）和第三个圆弧（R3.6），如图 1.26 所示。

**注意**

圆弧是逆时针方向生成，起点的方向不同影响圆弧生成的形式。

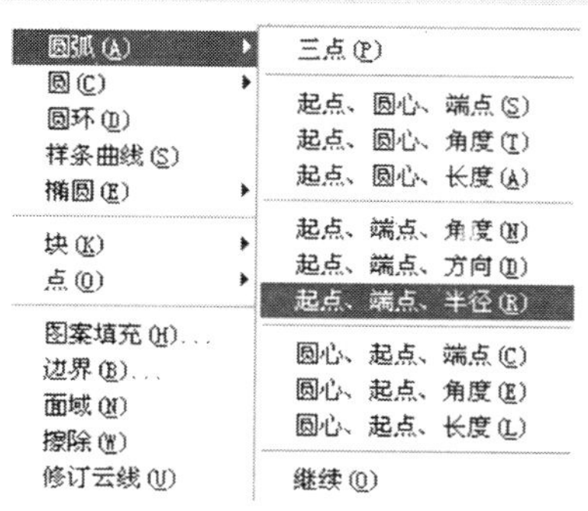


**图 1.25　圆弧绘制的下拉菜单图**

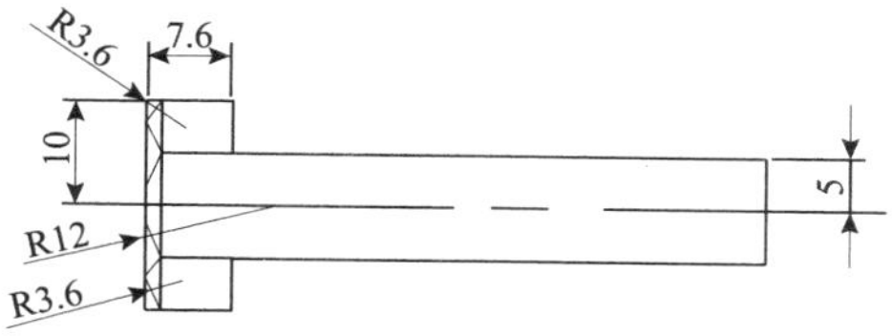

R3.6　7.6　10　5　R12　R3.6

**图 1.26　螺钉的三段圆弧**

（7）修剪螺钉头部。单击下拉菜单“修改”→“修剪”，修剪掉螺钉头部多余线条。

命令：_ trim
当前设置：投影 = UCS，边 = 无
选择剪切边...
选择对象：找到 1 个　　　　　　　　　//点选
选择对象：找到 1 个，总计 2 个　　　　//点选
选择对象：回车　　　　　　　　　　　//结束边界选择
选择要修剪的对象，或按住 Shift 键选择要延伸的对象，或［投影（P）/边（E）/放弃（U）］：　　　　//鼠标选取被修剪的对象

**注意**

选择对象结束后一定要回车，然后再选择要修剪的对象。

（8）倒角螺钉。单击下拉菜单“修改”→“倒角”。完成修剪和倒角效果如图 1.27 所示。

命令：_ chamfer
（“修剪”模式）当前倒角距离 1 = 0.0000，距离 2 = 0.0000
选择第一条直线或［放弃（U）/多段线（P）/距离（D）/角度（A）/修剪（T）/方式（E）/多个（M）］：　_ d
指定第一个倒角距离 <0.0000>：1　　　　　　//输入倒角距离
指定第二个倒角距离 <1.0000>：2　　　　　　//回车默认上一个倒角距离
选择第一条直线或［放弃（U）/多段线（P）/距离（D）/角度（A）/修剪（T）/方式（E）/多个（M）］：　　　　//点选水平线
选择第二条直线，或按住 Shift 键选择要应用角点的直线：　　//点选垂直线

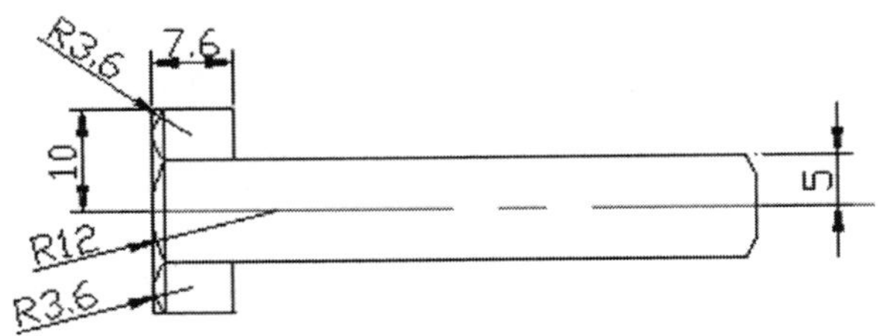


**图 1.27 修剪和倒角效果**

(9) 完成螺纹线。

```
命令：_ line 指定第一点：                  //画螺纹线
指定下一点或 [放弃 (U)]：2                //画螺纹线
指定下一点或 [放弃 (U)]：                 //画螺纹线
```

完成后的螺钉如图 1.28 所示。

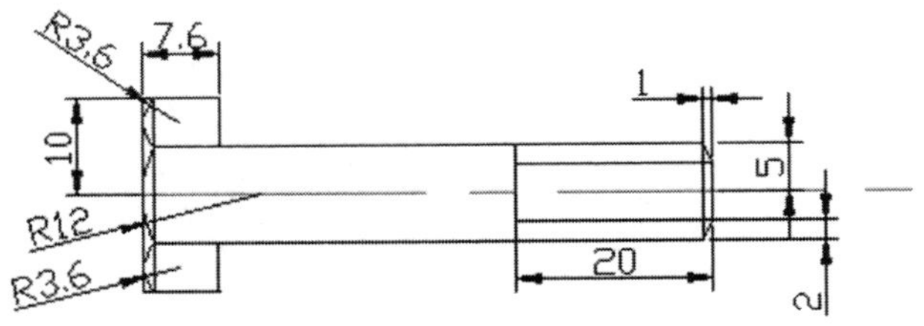


**图 1.28 绘制完成的螺钉**

3. 保存文件

单击保存文件图标，打开“图形另存为”对话框，输入文件名“螺钉”，保存文件类型为 AutoCAD 2007 图形（ *. DWG)，单击“保存”按钮。

## 1.6 项目小结

本项目是以 AutoCAD 2008 为制图工具绘制一个螺钉，介绍了如何设置样板图纸，并在图纸中绘制螺钉。对于初学者应该多花时间熟悉软件的界面，尽快掌握软件的使用。

在项目实施的过程中用图示展示了绘图的过程，使初学者能很快掌握相关命令的使用，通过引入绘制螺钉图的例子，介绍了工程项目的创建和保存、样板图纸的设置和图形边框标题栏的绘制。同时，处理简单图形和复杂图形时都应培养使用图层的习惯，在不同的图层完成不同的内容。最后需要说明，对于初学 AutoCAD 的读者必须注意命令行中的操作提示，它对于尽快掌握该软件是非常有用的，因为该提示能实时地说明下一步该如何操作。

## 1.7　拓展练习

（1）设置 A3 样板图纸并画出规定标题栏（见图 1.29）。

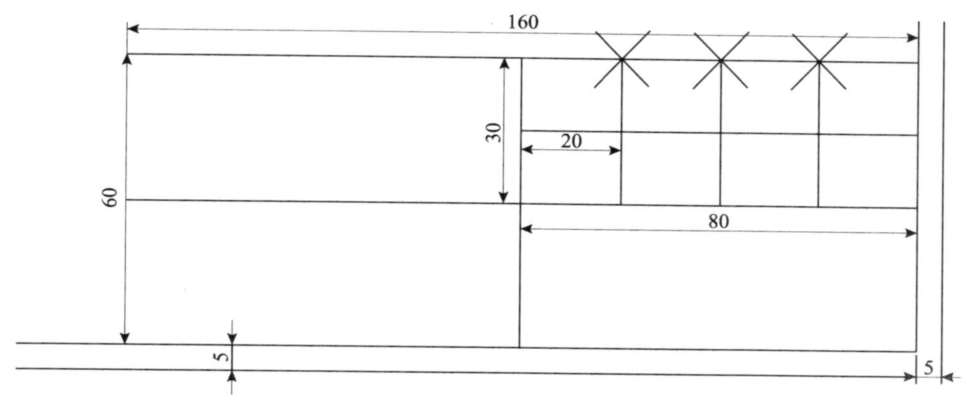


图 1.29

（2）在 A4 样板图中绘制五角星并修剪（见图 1.30）。

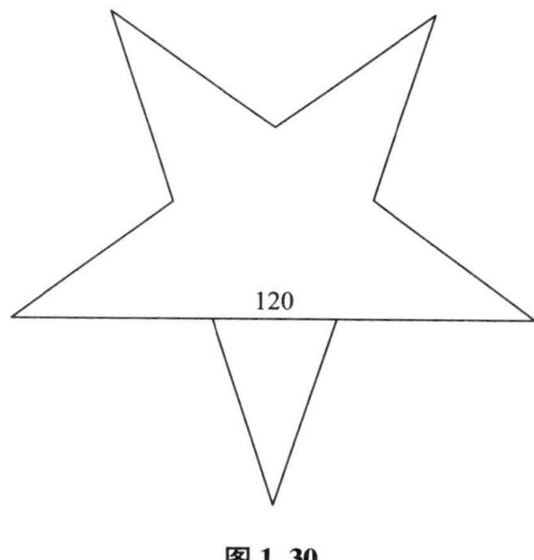


图 1.30

# 项目二 绘制一般平面图

【能力目标】

- 掌握对象捕捉、极轴、对象追踪等精确作图工具
- 掌握基本图形元素的绘图命令
- 掌握基本的绘图编辑修改命令

【知识点】

- 圆命令、椭圆命令、圆弧命令
- S 曲线、多段线、圆角、图案填充、修剪
- 图层、镜像、偏移

## 2.1 项目引入

工程图样中，最重要的部分是图形，掌握了工程图形的绘制才能完成设计绘图任务，而工程图形都是由平面图形组成。

本项目将在前面 AutoCAD 2008 绘图初始准备项目的基础上，以绘制支架（如图 2.1 所示）、曲柄扳手（如图 2.2 所示）、圆锥齿轮（如图 2.3 所示）等一般平面图形为范例，使读者初步掌握圆、圆弧、椭圆、椭圆弧等基本图形元素的画法，以及基本的绘图编辑命令，如偏移、移动、复制、阵列、镜像、修剪、圆角等。

本项目推荐课时为 8 学时。

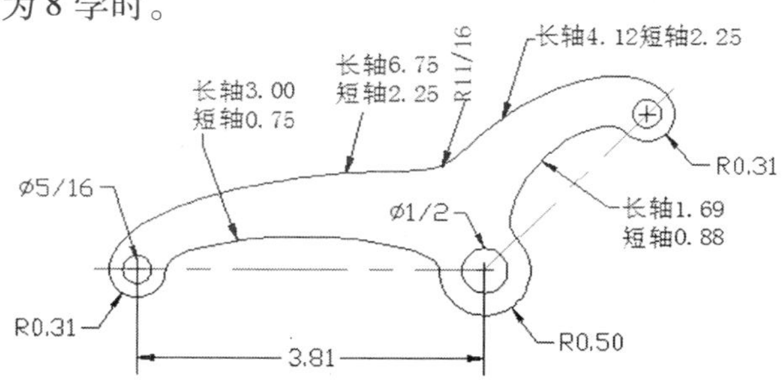


图 2.1 绘制完成的支架图

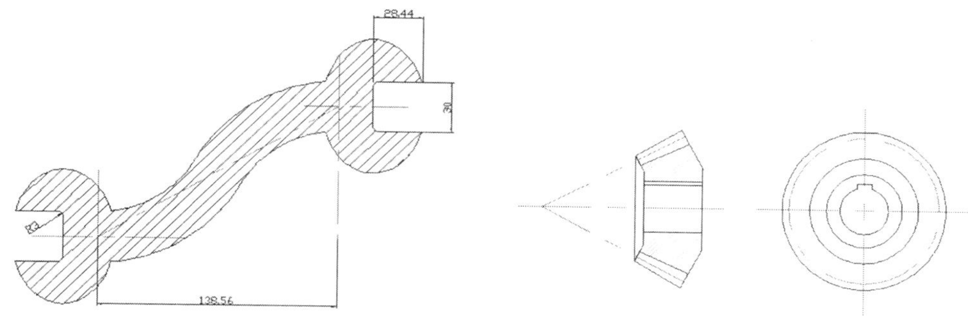


图 2.2　绘制完成的曲柄扳手

图 2.3　绘制完成的圆锥齿轮

## 2.2　项目分析

图形元素（直线、圆、圆弧、椭圆等）是构成平面图形的基本组成要素，其画法是整个工程制图设计的基础。

本项目分成以下三个任务来完成，分别给出作图目标分析和详细操作步骤，结合具体的图形效果，将基本图形元素的画法融合在其中，如多种绘图命令的操作及选项的意义、多种编辑命令的使用方法等。

任务一　绘制支架

任务准备：圆命令、椭圆命令、圆弧命令。

任务二　绘制曲柄扳手

任务准备：S 曲线、多段线、圆角、图案填充、修剪等命令。

任务三　绘制圆锥齿轮

任务准备：图层、镜像、偏移等命令。

## 2.3　任务一　绘制支架

支架，如图 2.1 所示，是较为常见的一般平面图形。观察分析该图，要完成支架图，必须要掌握圆命令（Circle）、椭圆命令（Ellipse）的多种画法，以及绘图编辑命令，如复制命令（Copy）、移动命令（Move）、圆角命令（Fillet）、修剪命令（Trim）等。

### 2.3.1　操作步骤

（1）图层设置与管理。

（2）绘制圆。

（3）利用椭圆中心点画法和轴、端点的画法绘制椭圆。

（4）绘制椭圆弧。

## 2.3.2 任务实施

1. 图层设置与管理

(1) 启动 AutoCAD 2008，在自动打开的“创建新图形”对话框中，选择“英制”草图，单击“确定”按钮，如图 2.4 所示。

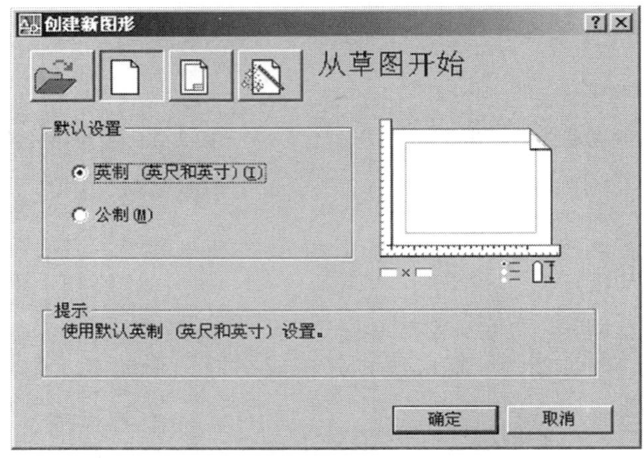


图 2.4 “创建新图形”对话框

**想一想**

AutoCAD 2008 中，“创建新图形”对话框在默认的情况下是隐藏的，如何通过设置实现自动打开“创建新图形”对话框？

可按以下两步操作完成设置：

(1) 命令行输入 startup，回车，设定新值为 1，关闭当前程序，重新开启。

(2) 命令行输入 filedia，回车，设定新值为 1，不用关闭当前程序，设置完成。

(2) 图层设置与管理。单击下拉菜单“格式”→“图层”，打开图层特性管理器，单击“新建”建立新图层“图层 1”，更改图层名称为“中心线”，颜色设置为“红色”，线型设置为“CENTER”，如图 2.5 所示。

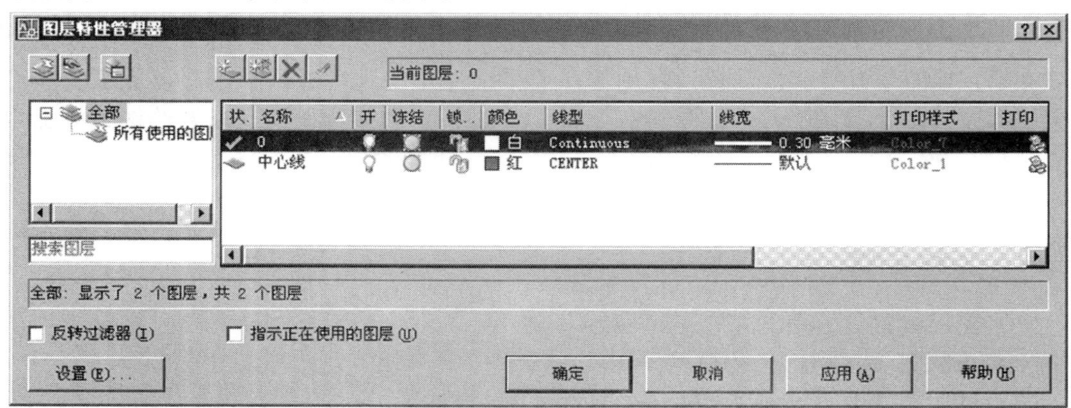


图 2.5 图层特性管理器

## 2. 绘制圆

(1) 绘制中心线。

设置中心线层为当前层，启用极轴、对象捕捉和对象追踪。

```
命令：_ line 指定第一点：
指定下一点或 [放弃 (U)]：3.81                //绘制水平线
指定下一点或 [放弃 (U)]：回车
命令：_ line 指定第一点：                     //捕捉水平线右端
指定下一点或 [放弃 (U)]：@2.5<45              //相对坐标输入法绘制斜线
指定下一点或 [放弃 (U)]：回车
```

**注意**

在输入坐标时，“@2.5<45”为相对极坐标输入法，其中“@”表示相对坐标，“2.5”表示长度值，“<”表示角度分隔符，“45”为角度值。

**想一想**

绘制直线时，第一点输入时都是绝对坐标，第二点输入时，AutoCAD 2008 一般默认为相对坐标，即在输入时，“@”标记已经自动添加。如果绘图时需要输入绝对坐标，而自动添加的“@”标记却去不掉，该如何处理？

方法 1：把绝对坐标换算成相对坐标，再进行输入。不过这种方法对于水平或垂直位置的定点有效，对于其他位置定点的相对换算不方便。

方法 2：更改 DYN 设置。右键点击任务栏中“DYN”，单击“设置”，再单击“启用指针输入”下方的“设置”，在弹出的菜单中进行“相对坐标”和“绝对坐标”设置，如图 2.6 所示。

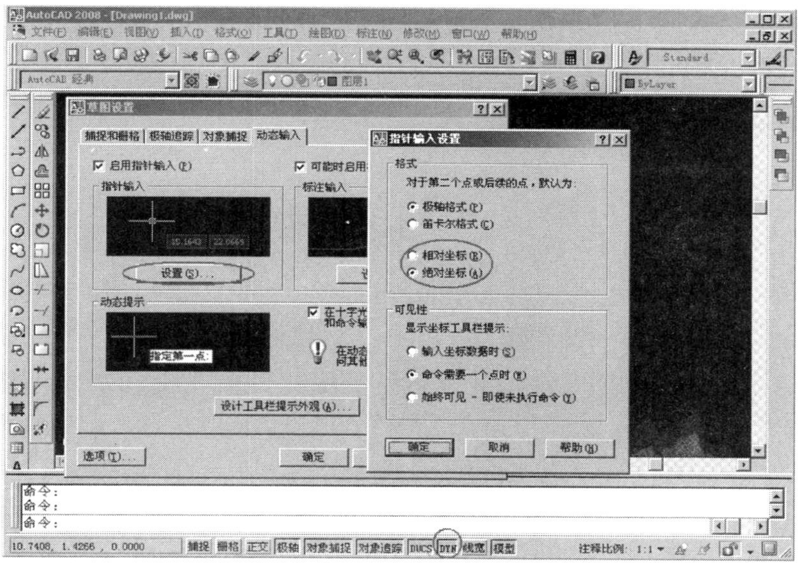


**图 2.6　DYN 设置**

（2）绘制圆。设置“0”层为当前层，启用极轴、对象捕捉和对象追踪。单击“绘图”工具栏中的圆图标，或直接输入命令 circle。绘制完成的中心线和圆如图 2.7 所示。

```
命令：_ circle 指定圆的圆心或［三点（3P）/两点（2P）/相切、相切、半径（T）]：        //捕捉中心线左端点
指定圆的半径或［直径（D）］<0.3100>：0.31   //输入半径值
命令：_ circle 指定圆的圆心或［三点（3P）/两点（2P）/相切、相切、半径（T）]：
指定圆的半径或［直径（D）］<0.3100>：d
指定圆的直径 <0.6200>：5/16                //输入直径值
命令：_ circle 指定圆的圆心或［三点（3P）/两点（2P）/相切、相切、半径（T）]：        //捕捉中心线右端点
指定圆的半径或［直径（D）］<0.1563>：1/4    //输入半径值
命令：_ circle 指定圆的圆心或［三点（3P）/两点（2P）/相切、相切、半径（T）]：
指定圆的半径或［直径（D）］<0.2500>：0.5    //输入半径值
```

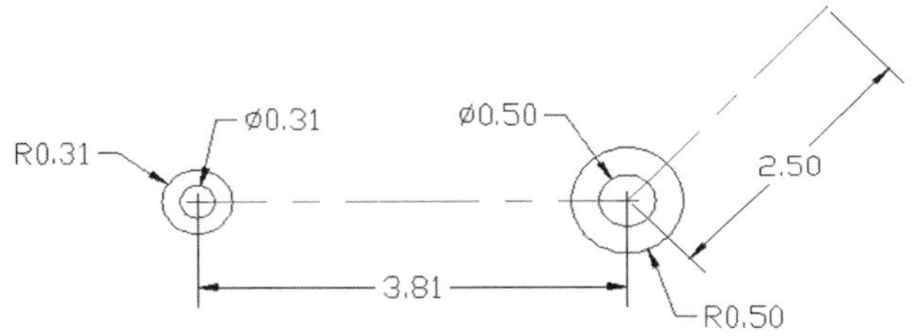


**图 2.7　绘制完成的中心线和圆**

（3）复制两个圆。单击“修改”工具栏中的复制图标，或直接输入命令 copy。

```
命令：_ copy
选择对象：指定对角点：找到 2 个                    //选择水平线左端的两个圆
选择对象：
当前设置：复制模式 = 多个
指定基点或［位移（D）/模式（O）］<位移>：指定第二个点或 <使用第一个点作为位移>：      //水平线左端点
指定第二个点或［退出（E）/放弃（U）］<退出>：     //斜线的右端点
```

**注意**

复制命令与移动命令操作相同，大小和方向不改变，复制命令增加了新的实体。

3. 利用椭圆中心点画法和轴、端点的画法绘制椭圆

（1）绘制第一个椭圆。单击“绘图”工具栏中的椭圆图标，或直接输入命令 ellipse。绘制完成的椭圆如图 2.8 所示。

```
命令：_ ellipse
指定椭圆的轴端点或［圆弧（A）/中心点（C）］：          //捕捉点1
指定轴的另一个端点：                                  //捕捉点2
指定另一条半轴长度或［旋转（R）］：0.375              //输入半轴长度值
```

（2）拉长中心线。输入拉长命令 lengthen。拉长的中心线如图 2.9 所示。

```
命令：lengthen
选择对象或［增量（DE）/百分数（P）/全部（T）/动态（DY）］：dy
                                              //动态拉长
选择要修改的对象或［放弃（U）］：             //选取水平中心线的左端点
指定新端点：                                  //向左拉长
选择要修改的对象或［放弃（U）］：             //选取斜线的右端点
指定新端点：                                  //向右上方拉长
```

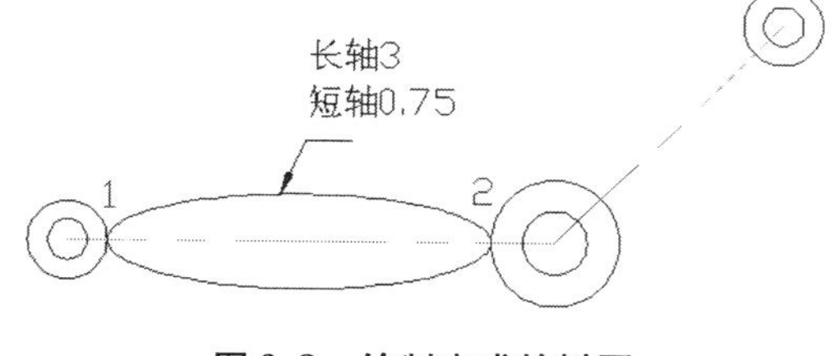


**图 2.8　绘制完成的椭圆**

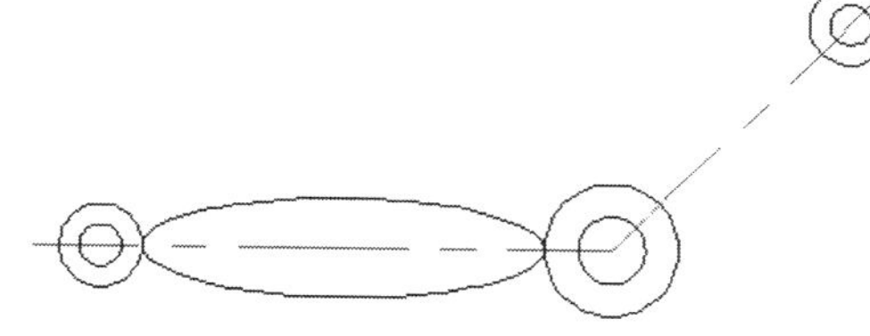

**图 2.9　拉长的中心线**

单击“绘图”工具栏中的椭圆图标，或直接输入命令 ellipse。绘制完成的大椭圆如图 2.10 所示。

```
命令：_ ellipse
指定椭圆的轴端点或［圆弧（A）/中心点（C）］：   //捕捉水平中心线的左端点
指定轴的另一个端点：6.75                        //极轴追踪水平向右0°，输入
                                                  椭圆长轴长度
指定另一条半轴长度或［旋转（R）］：1.125        //输入椭圆短轴长度
```

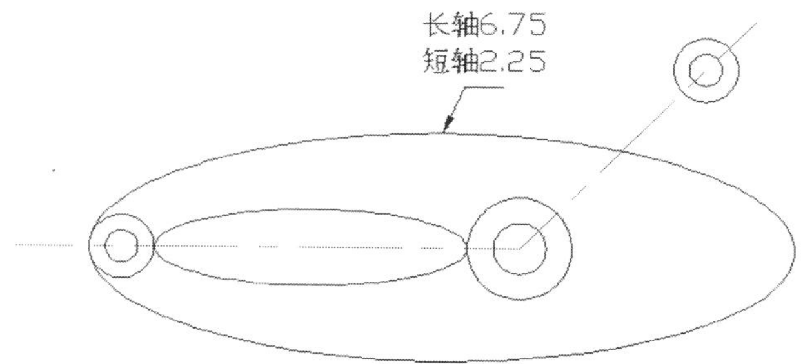


**图 2.10　绘制完成的大椭圆**

(3) 修剪椭圆。单击“修改”工具栏中的修剪图标-/--，或直接输入命令 trim。

命令：_ trim
当前设置：投影 = UCS，边 = 无
选择剪切边...
选择对象或 <全部选择>：指定对角点：找到 10 个 //框选需要修剪的对象
选择对象： //对象选择完毕，点击鼠标右键取消选择
选择要修剪的对象，或按住 Shift 键选择要延伸的对象，或
[栏选 (F) /窗交 (C) /投影 (P) /边 (E) /删除 (R) /放弃 (U)]：
//点选需要被修剪去掉的对象
选择要修剪的对象，或按住 Shift 键选择要延伸的对象，或
[栏选 (F) /窗交 (C) /投影 (P) /边 (E) /删除 (R) /放弃 (U)]：
//点选需要被修剪去掉的对象

进行修剪操作时，先要选中要修剪的对象的边界线，然后单击鼠标右键一次，取消选择，或者直接确定一下（空格键），再选择要修剪去掉的对象，最后修剪完毕按空格键就可以了。但是为了作图方便，很多时候不会逐个选择对象的边界线，而是直接拖动鼠标左键框选全部对象，然后再用鼠标右键取消选择，再选择要修剪去掉的对象。

修剪完成的椭圆如图 2. 11 所示。

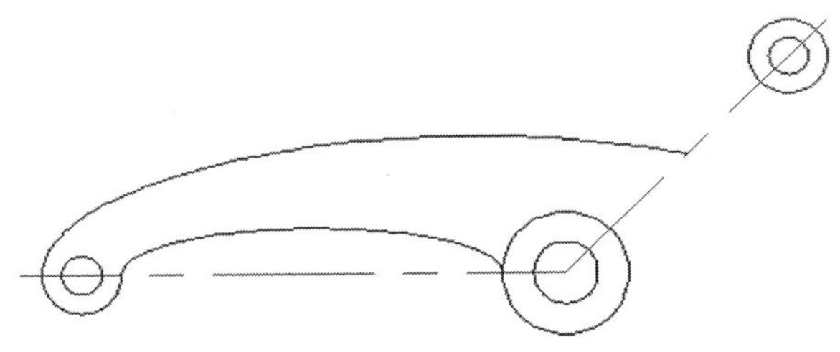

**图 2. 11　修剪完成的椭圆**

**注意**

对象既可以作为剪切边，也可以是被修剪的对象。

修剪若干个对象时，使用不同的选择方法有助于选择当前的剪切边和修剪对象。

可以将对象修剪到与其他对象最近的交点处。不是选择剪切边，而是按 Enter 键，然后，选择要修剪的对象时，最新显示的对象将作为剪切边。

使用修剪命令时，被修剪去掉的对象要确保与边界有交点。

4. 绘制椭圆弧

(1) 绘制椭圆弧。单击“绘图”工具栏中的椭圆弧图标，或者单击“绘图”菜单中的“椭圆弧”选项。绘制完成的椭圆弧如图 2. 12 所示。

```
命令：_ ellipse
指定椭圆的轴端点或［圆弧（A）/中心点（C）］：_ a    //绘制椭圆弧
指定椭圆弧的轴端点或［中心点（C）］：                //捕捉交点1
指定轴的另一个端点：                                  //捕捉交点2
指定另一条半轴长度或［旋转（R）］：0.44               //输入短半轴长度值
指定起始角度或［参数（P）］：                         //捕捉交点2
指定终止角度或［参数（P）/包含角度（I）］：           //逆时针方向选取交点1
命令：_ ellipse
指定椭圆的轴端点或［圆弧（A）/中心点（C）］：_ a    //绘制椭圆弧
指定椭圆弧的轴端点或［中心点（C）］：                //捕捉交点3
指定轴的另一个端点：@4.12<-135                       //相对坐标法确定长轴长度
                                                        和角度
指定另一条半轴长度或［旋转（R）］：1.125              //输入短半轴长度
指定起始角度或［参数（P）］：                         //捕捉交点3
指定终止角度或［参数（P）/包含角度（I）］：           //逆时针方向选取随机交点4
```

（2）绘制圆角。单击“修改”工具栏中的圆角图标。绘制完成的圆角如图2.13所示。至此，支架就绘制完成，如图2.1所示。

```
命令：_ fillet
当前设置：模式 = 修剪，半径 = 0.0000
选择第一个对象或［放弃（U）/多段线（P）/半径（R）/修剪（T）/多个（M）］：r
                                                    //选择修正半径值
指定圆角半径 <0.0000>：11/16                       //输入圆角半径值
选择第一个对象或［放弃（U）/多段线（P）/半径（R）/修剪（T）/多个
（M）］：                                           //选择椭圆弧a
选择第二个对象，或按住Shift键选择要应用角点的对象：    //选择椭圆弧b
```

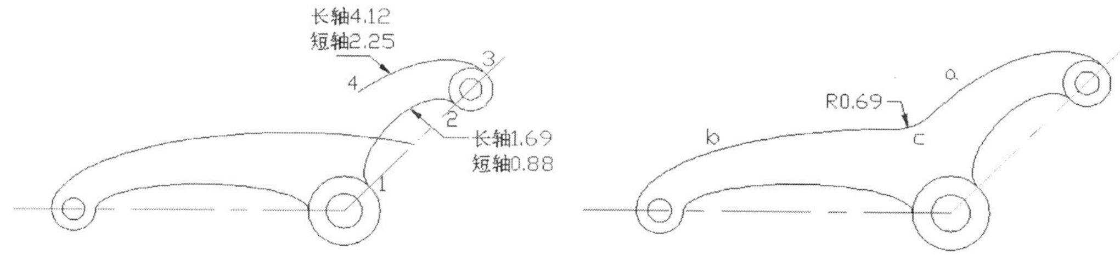


图2.12　绘制完成的椭圆弧　　　图2.13　绘制完成的圆角

**注意**

圆弧、椭圆弧在绘制时，必须按照逆时针方向来操作；而圆角在绘制时，则不需要考虑操作方向的问题。

# 2.4 任务二 绘制曲柄扳手

观察分析曲柄扳手的完成图可以发现，要完成该图的绘制，除了要继续巩固圆、椭圆等命令的画法，以及熟练使用复制、偏移、圆角、修剪等绘图编辑命令，还必须要掌握点样式和等分线段的操作方法、S曲线的绘制与编辑方法、剖面线的填充方法等。

## 2.4.1 操作步骤

(1) 图层设置与管理。

(2) 线段的等分。

(3) S曲线的绘制方法。

(4) 绘制曲柄扳手头部。

(5) 剖面线填充。

## 2.4.2 任务实施

1. 图层设置与管理

(1) 启动AutoCAD 2008，在自动打开的“创建新图形”对话框中，选择“公制”草图，单击“确定”按钮。

(2) 图层设置与管理。单击下拉菜单“格式”→“图层”，打开图层特性管理器，单击“新建”建立新图层“图层1”，更改图层名称为“中心线”，颜色为“红色”，线型为“CENTER”。继续单击“新建”建立新图层“图层2”，更改图层名称为“剖面线”，颜色为“蓝色”，如图2.14所示。

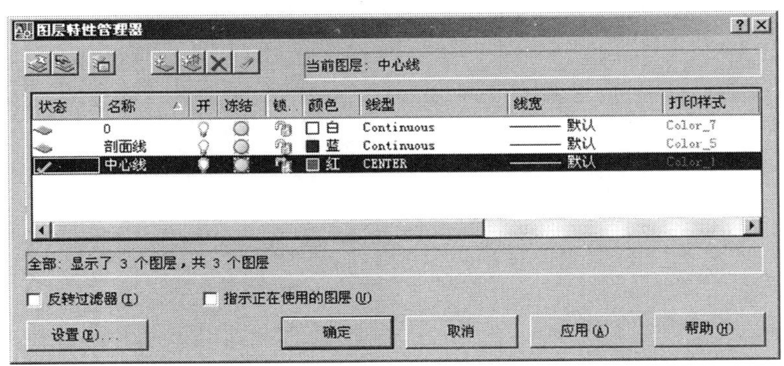


**图2.14 图层特性管理器**

2. 线段的等分

(1) 绘制中心线。设置中心线层为当前层，启用极轴、对象捕捉和对象追踪。绘制完成的中心线如图2.15所示。

```
命令：_ line 指定第一点：120，120
指定下一点或［放弃（U）］：100                //极轴追踪向右捕捉0°角，绘制水平线
指定下一点或［放弃（U）］：
命令：_ line 指定第一点：140，160
指定下一点或［放弃（U）］：140，70            //绝对坐标画法，绘制垂直线
指定下一点或［放弃（U）］：回车
命令：_ line 指定第一点：                     //捕捉中心线交点
指定下一点或［放弃（U）］：@160<30            //相对坐标画法，绘制斜线
指定下一点或［放弃（U）］：回车
命令：_ copy
选择对象：找到 1 个
选择对象：找到 1 个，总计 2 个                //选取水平和垂直两条中心线
选择对象：回车
当前设置：复制模式 = 多个
指定基点或［位移（D）/模式（O）］<位移>：     //捕捉斜线左端点，确定基点
指定第二个点或 <使用第一个点作为位移>：       //捕捉斜线右端点
```

（2）设置点样式。单击下拉菜单中“格式”→“点样式”，打开“点样式”对话框，选取新的点样式“×”，单击“确定”按钮。

（3）等分线段。单击下拉菜单中“绘图”→“点”，选择“定数等分”选项。中心线段 AB 被等分为 4 段，如图 2.16 所示。

```
命令：_ divide
选择要定数等分的对象：                        //选取斜线
输入线段数目或［块（B）］：4                  //四等分线段 AB
```

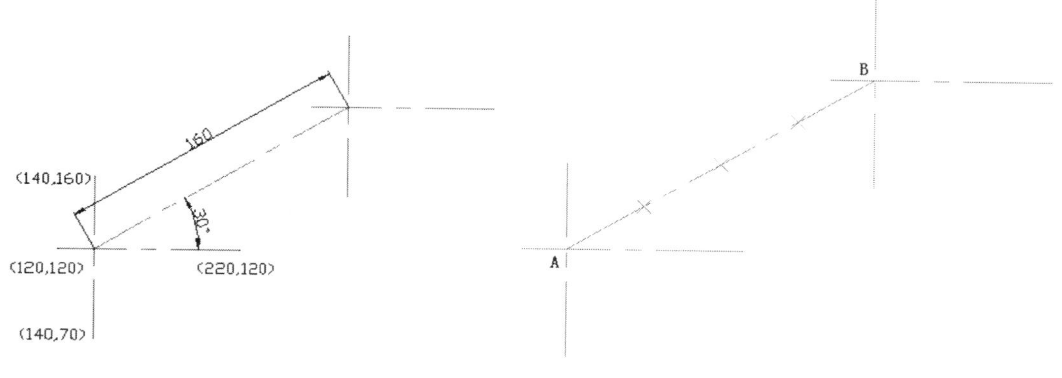


**图 2.15　绘制完成的中心线**　　**图 2.16　等分线段 AB**

### 3. S 曲线的绘制方法

（1）拉长水平和垂直中心线。输入拉长命令 lengthen。

```
命令：_ lengthen
选择对象或 [增量 (DE) /百分数 (P) /全部 (T) /动态 (DY)]：dy  //动态拉长
选择要修改的对象或 [放弃 (U)]：              //选取水平中心线的右端点
指定新端点：                                  //向右拉长
选择要修改的对象或 [放弃 (U)]：              //选取左垂直中心线的上端点
指定新端点：                                  //向上拉长
选择要修改的对象或 [放弃 (U)]：              //选取右垂直中心线的下端点
指定新端点：                                  //向下拉长
```

（2）向 AB 作垂线 CD 和 EF。设置“0”层为当前层，“对象捕捉”选取“节点”和“垂足”选项。绘制完成的垂线如图 2.17 所示。

```
命令：_ line 指定第一点：                      //左垂直线上随意取一点 C
指定下一点或 [放弃 (U)]：                      //捕捉 AB 线上的垂足，不一定在 D 点
命令：_ line 指定第一点：                      //右垂直线上随意取一点 E
指定下一点或 [放弃 (U)]：                      //捕捉 AB 线上的垂足，不一定在 F 点
命令：_ move
选择对象：找到 1 个                            //选择左边的垂线
选择对象：回车或点击鼠标右键
指定基点或 [位移 (D)] <位移>：                 //捕捉垂足
指定第二个点或 <使用第一个点作为位移>：        //移动到节点 D
命令：_ move
选择对象：找到 1 个                            //选择右边的垂线
选择对象：回车
指定基点或 [位移 (D)] <位移>：                 //捕捉垂足
指定第二个点或 <使用第一个点作为位移>：        //移动到节点 F
```

**注意**

绘制垂线 CD，当 C 点不确定时，最简单的方式是启用极轴追踪，前提是知道斜线 AB 与水平成 30°。绘图命令如下所示。垂线 EF 可同样绘制。

```
命令：_ line 指定第一点：                      //捕捉节点 D
指定下一点或 [放弃 (U)]：                      //极轴追踪 120°
指定下一点或 [放弃 (U)]：回车
```

（3）绘制 S 形曲线。以点 C 为圆心，AC 为半径绘制圆；以点 E 为圆心，EB 为半径绘制圆。两个圆相交于 G 点。绘制完成的切圆如图 2.18 所示。

```
命令：_ circle 指定圆的圆心或 [三点 (3P) /两点 (2P) /相切、相切、半径 (T)]：
                                               //捕捉 C 点
指定圆的半径或 [直径 (D)]：                    //捕捉 A 点
命令：_ circle 指定圆的圆心或 [三点 (3P) /两点 (2P) /相切、相切、半径 (T)]：
                                               //捕捉 E 点
指定圆的半径或 [直径 (D)] <80.0000>：          //捕捉 B 点
```

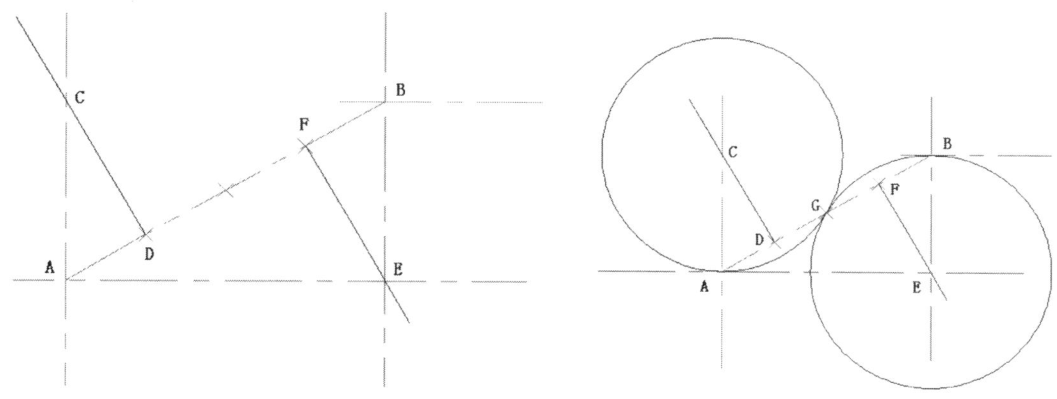


**图 2.17　拉长的中心线**　　　　**图 2.18　绘制完成的切圆**

（4）修剪，编辑多段线，绘制完成 S 形曲线。单击“修改”工具栏中的修剪图标-/--，或直接输入命令 trim。

```
命令：_ trim
当前设置：投影 = UCS，边 = 无
选择剪切边...
选择对象或 <全部选择>：指定对角点：找到 12 个   //框选需要修剪的对象
选择对象：                                     //对象选择完毕，点击鼠标
                                                 右键取消选择
选择要修剪的对象，或按住 Shift 键选择要延伸的对象，或
[栏选（F）/窗交（C）/投影（P）/边（E）/删除（R）/放弃（U）]：
                                               //点选需要被修剪去掉的对象
```

编辑多段线的，命令如下所述。

```
命令：_ pedit                                   //输入命令 pedit
选择多段线或［多条（M）］：                     //选取弧线 AG
选定的对象不是多段线，是否将其转换为多段线？<Y> 回车
输入选项［闭合（C）/合并（J）/宽度（W）/编辑顶点（E）/拟合（F）/样条曲
线（S）/非曲线化（D）/线型生成（L）/放弃（U）］：j   //选择合并选项
选择对象：找到 1 个                             //选取弧线 AG
选择对象：找到 1 个，总计 2 个                   //选取弧线 GB
选择对象：回车
1 条线段已添加到多段线                           //生成多段线曲线 AB
```

绘制完成的 S 形曲线如图 2.19 所示。

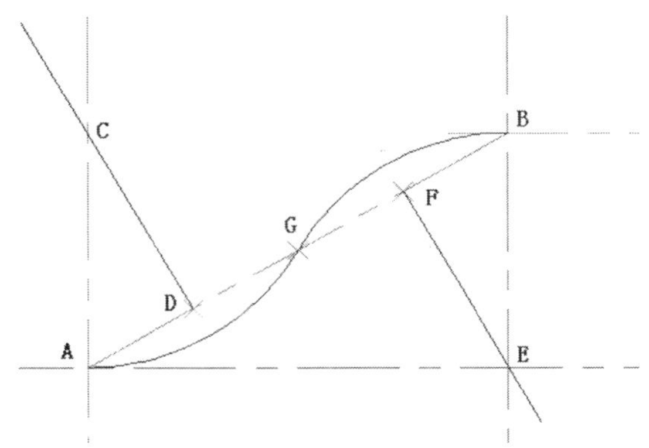


**图 2.19　修剪完成的椭圆**

**想一想**

在 AutoCAD 中使用多段线命令（pline）绘制的折线和用直线命令（line）绘制的折线段完全等效吗？两者有何区别？

多段线是一体的，而用直线的绘制的折线是几段的，绘制完成之后，分别点击选择就看出不同了。

（5）偏移多段线。单击“修改”工具栏中的偏移图标，或直接输入命令 offset。绘制完成的多段线如图 2.20 所示。

命令：_ offset
当前设置：删除源 = 否　图层 = 源　OFFSETGAPTYPE = 0
指定偏移距离或［通过（T）/删除（E）/图层（L）］<通过>：15　//输入偏移距离
选择要偏移的对象，或［退出（E）/放弃（U）］<退出>：//选择曲线 AB
指定要偏移的那一侧上的点，或［退出（E）/多个（M）/放弃（U）］<退出>：
//单击曲线 AB 上方
选择要偏移的对象，或［退出（E）/放弃（U）］<退出>：//选择曲线 AB
指定要偏移的那一侧上的点，或［退出（E）/多个（M）/放弃（U）］<退出>：
//单击曲线 AB 下方

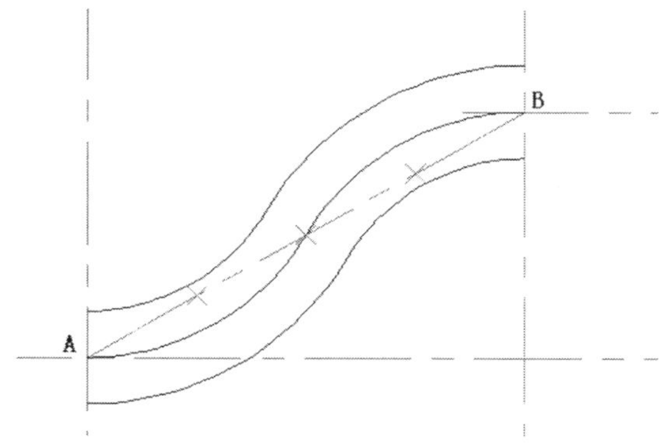


**图 2.20　绘制完成偏移的多段线**

### 4. 绘制曲柄扳手头部

（1）偏移垂线。单击“修改”工具栏中的偏移图标，或直接输入命令 offset。

```
命令：_ offset
当前设置：删除源 = 否　图层 = 源　OFFSETGAPTYPE = 0
指定偏移距离或［通过（T）/删除（E）/图层（L）］<15.0000>：　20
选择要偏移的对象，或［退出（E）/放弃（U）］<退出>：//选择 BE 垂线
指定要偏移的那一侧上的点，或［退出（E）/多个（M）/放弃（U）］<退出>：
                                                    //单击 BE 垂线右侧
选择要偏移的对象，或［退出（E）/放弃（U）］<退出>：//选择 AC 垂线
指定要偏移的那一侧上的点，或［退出（E）/多个（M）/放弃（U）］<退出>：
                                                    //单击 AC 垂线左侧
```

（2）绘制椭圆。单击“绘图”工具栏中的椭圆图标，或直接输入 ellipse 命令。绘制完成的右端椭圆如图 2.21 所示。可用同样的方法绘制左端椭圆，且尺寸相同。

```
命令：_ ellipse
指定椭圆的轴端点或［圆弧（A）/中心点（C）］：c
指定椭圆的中心点：                    //捕捉 H 点，以点 H 为中心绘制椭圆
指定轴的端点：30                      //输入水平短轴长度
指定另一条半轴长度或［旋转（R）］：40  //输入垂直长轴长度
```

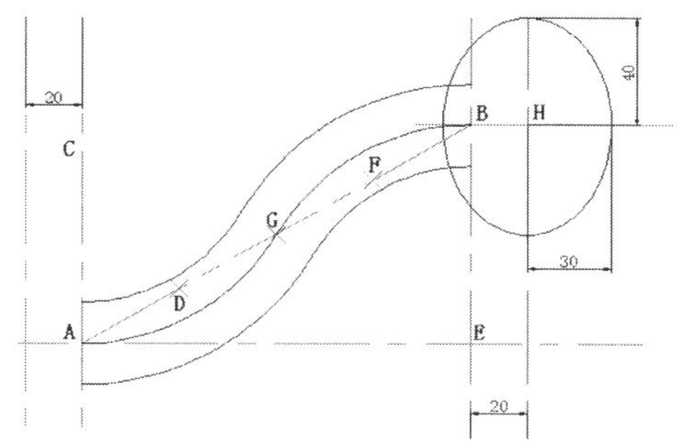


**图 2.21　绘制完成的右端椭圆**

（3）绘制扳手开口线。

```
命令：_ line 指定第一点：             //捕捉 H 点
指定下一点或［放弃（U）］：15         //极轴追踪 90°，输入长度 15，回车
指定下一点或［放弃（U）］：           //水平向右，与椭圆相交
指定下一点或［闭合（C）/放弃（U）］：
命令：_ line 指定第一点：             //捕捉 H 点
指定下一点或［放弃（U）］：15         //极轴追踪 270°，输入长度 15，回车
指定下一点或［放弃（U）］：           //水平向右，与椭圆相交
指定下一点或［闭合（C）/放弃（U）］：
```

（4）绘制圆角。单击“修改”工具栏中的圆角图标，或直接输入命令 fillet。绘制完成的开口线和圆角如图 2.22 所示。

```
命令：_ fillet
当前设置：模式 = 修剪，半径 = 0.0000
选择第一个对象或 [放弃（U）/多段线（P）/半径（R）/修剪（T）/多个（M）]：r
指定圆角半径 <0.0000>：3                              //指定圆角半径值
选择第一个对象或 [放弃（U）/多段线（P）/半径（R）/修剪（T）/多个（M）]：
                                                      //选择直线 a
选择第二个对象，或按住 Shift 键选择要应用角点的对象：  //选择直线 b
```

（5）修剪。单击“修改”工具栏中的修剪图标，或直接输入命令 trim。修剪完成的扳手开口线如图 2.23 所示。

```
命令：_ trim
当前设置：投影 = UCS，边 = 无
选择剪切边...
选择对象或 <全部选择>：指定对角点：找到 27 个
选择对象：回车
选择要修剪的对象，或按住 Shift 键选择要延伸的对象，或
[栏选（F）/窗交（C）/投影（P）/边（E）/删除（R）/放弃（U）]：
                                          // 选择需要被修剪掉的对象
```

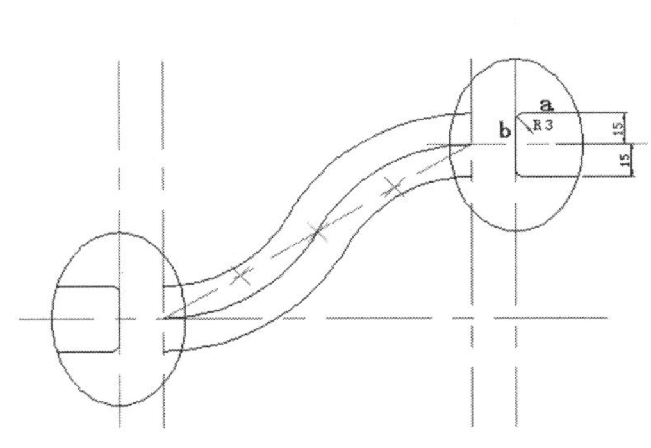


**图 2.22　绘制完成的开口线和圆角**

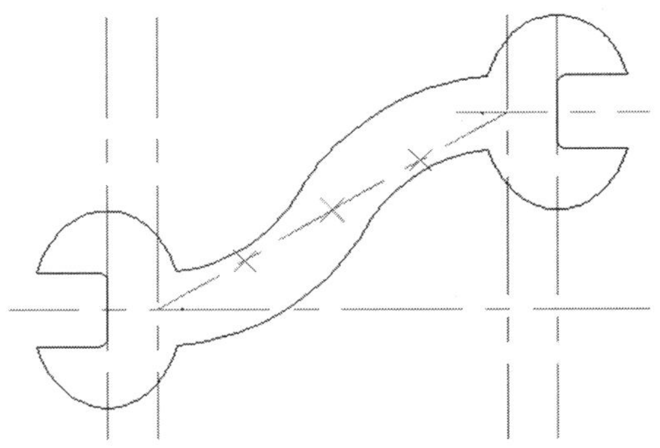

**图 2.23　绘制完成的扳手开口线**

5. 剖面线填充

设置“剖面线”层为当前层。单击“绘图”菜单中的图案填充图标，打开“边界图案填充”对话框，如图 2.24 所示。

在“图案”菜单中选择 ANSI31。点击“拾取点”，在曲柄图形内部单击鼠标，系统自动完成边界定义。选择“预览”按钮，观察填充效果，单击“确定”按钮，完成剖面线填充。曲柄扳手的完成图如图 2.2 所示。

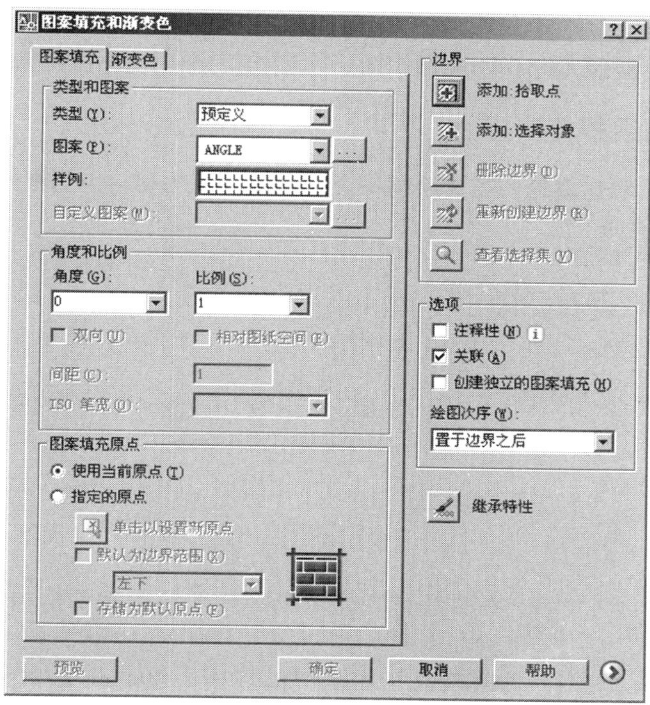


图 2.24　“边界图案填充”对话框

## 2.5　任务三　绘制圆锥齿轮

圆锥齿轮是普通的机械零件工程图，利用 AutoCAD 2008 软件来绘制二维的机械零件图十分便利，也是非常通用的方法。

绘制完成的圆锥齿轮，如图 2.3 所示。观察分析该图，可以发现要完成圆锥齿轮这比较完整的机械工程图，首先必须参照机械制图的国家标准，其次必须掌握零件的各个视图的投影关系。当然，熟练掌握各种基本的绘图命令和编辑命令，以及各种作图技巧，是能顺利完成工程图的前提和基础。在此基础之上，通过反复练习逐步提高自己的作图能力。

本任务通过完成典型的机械零件圆锥齿轮的绘制，除了要继续巩固直线、圆等命令的画法，以及熟练偏移、镜像、修剪等绘图编辑命令，还必须要掌握剖面线的填充方法等。

### 2.5.1　零件分析

按照 GB/T 4459.2—2003《机械制图—齿轮表示法》规定，圆锥齿轮的轮齿在平行于齿轮轴线的投影面的视图中，一律按不剖处理，齿顶线、齿根线均用粗实线绘制，分度线用细点划线绘制。在垂直于齿轮轴线的投影面的视图中，只画出大端的齿顶圆与分度圆，齿根圆可以不画；小端齿顶圆画出，分度圆、齿根圆可以不画；齿顶圆用粗实线绘制，分度线用细点划线绘制.

齿轮精度等级，按照 GB/T 11365—1989《锥齿轮和准双曲面齿轮精度》选用。

### 2.5.2 零件图的组织与安排

为了将圆锥齿轮表达清楚，需要绘制一个全剖的主视图和一个侧视图。

### 2.5.3 操作步骤

（1）绘制标准的 A2 样板图。

（2）图层设置与管理。

（3）绘制圆锥齿轮轮廓线。

（4）绘制圆锥齿轮剖面线。

### 2.5.4 任务实施

1. 绘制标准的 A2 样板图

（1）启动 AutoCAD 2008，在自动打开的“创建新图形”对话框中，选择“公制”草图，单击“确定”按钮。

（2）绘制图幅和标题栏。国标 A2 图纸的幅面规格为 594mm ×420mm，标题栏尺寸如图 2.25 所示。

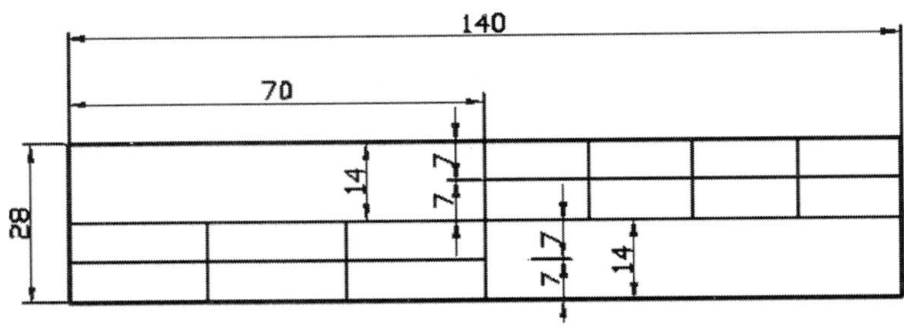


**图 2.25　标题栏尺寸**

（3）保存 A2 样板文件。单击“文件”菜单中的“另存为”选项，打开图形“另存为”对话框，选择文件类型为“AutoCAD 图形样板（*.dwt)”，输入文件名为“国标 A2 样板”。

2. 图层设置与管理

（1）单击“文件”菜单中的“新建”选项，打开“创建新图形”对话框，选择“使用样板”，打开“国标 A2 样板”。

（2）设置单位。单击下拉菜单“格式”→“单位”，设置长度单位精度 0.00，角度单位精度为 0°00′00″。

（3）设置图层。新设置 9 个图层，其中颜色、线型、线宽的设置如图 2.26 所示。

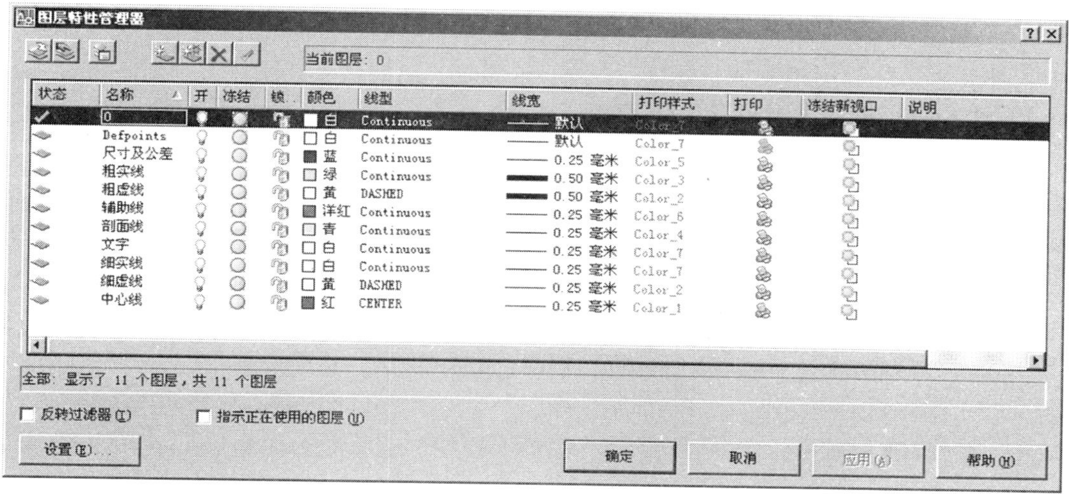


图 2.26　图层设置

### 3. 绘制圆锥齿轮轮廓线

（1）绘制中心线和分度圆。将中心线层置为当前层。绘制完成的中心线和分度圆如图 2.27 所示。

```
命令：_ line 指定第一点：0，200
指定下一点或［放弃（U）］：200，200        //绝对坐标法绘制第一条水平中心线
指定下一点或［放弃（U）］：回车
命令：_ line 指定第一点：300，200
指定下一点或［放弃（U）］：500，200        //绝对坐标法绘制第二条水平中心线
指定下一点或［放弃（U）］：
命令：_ line 指定第一点：400，300
指定下一点或［放弃（U）］：400，100        //绘制垂直中心线
指定下一点或［放弃（U）］：
命令：_ circle 指定圆的圆心或［三点（3P）/两点（2P）/相切、相切、半径（T）］：
指定圆的半径或［直径（D）］：70             //绘制半径为 70 的分度圆
```

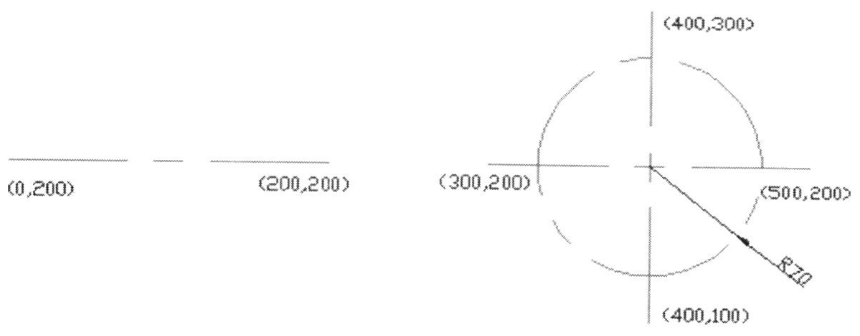


图 2.27　绘制完成的中心线和分度圆

(2) 绘制辅助线。主视图中各种线型的相对位置比较复杂，所以在绘制时必须应用一些辅助线。辅助线可以用偏移、旋转、镜像命令来完成。将辅助线层作为当前层。

1) 绘制垂直辅助线，如图 2.28 所示。

```
命令：_ line 指定第一点：180，300
指定下一点或 [放弃 (U)]：200          //极轴垂直向下 90°追踪，输入长度值 200
指定下一点或 [放弃 (U)]：回车         //绘制垂直辅助线 1
命令：_ offset                        //偏移
当前设置：删除源 = 否   图层 = 源   OFFSETGAPTYPE = 0
指定偏移距离或 [通过 (T) /删除 (E) /图层 (L)] <通过>：6
                                                  //输入偏移距离
选择要偏移的对象，或 [退出 (E) /放弃 (U)] <退出>：
                                                  //选择垂直辅助线 1
指定要偏移的那一侧上的点，或 [退出 (E) /多个 (M) /放弃 (U)] <退出>：
                                                  //单击辅助线 1 左侧
选择要偏移的对象，或 [退出 (E) /放弃 (U)] <退出>：回车
                                                  //完成垂直辅助线 2
命令：OFFSET
当前设置：删除源 = 否   图层 = 源   OFFSETGAPTYPE = 0
指定偏移距离或 [通过 (T) /删除 (E) /图层 (L)] <6.0000>：20
                                                  //输入偏移距离
选择要偏移的对象，或 [退出 (E) /放弃 (U)] <退出>：
                                                  //选择垂直辅助线 1
指定要偏移的那一侧上的点，或 [退出 (E) /多个 (M) /放弃 (U)] <退出>：
                                                  //单击辅助线 1 左侧
选择要偏移的对象，或 [退出 (E) /放弃 (U)] <退出>：回车
                                                  //完成垂直辅助线 3
命令：OFFSET
当前设置：删除源 = 否   图层 = 源   OFFSETGAPTYPE = 0
指定偏移距离或 [通过 (T) /删除 (E) /图层 (L)] <20.0000>：55
                                                  //输入偏移距离
选择要偏移的对象，或 [退出 (E) /放弃 (U)] <退出>：
                                                  //选择垂直辅助线 1
指定要偏移的那一侧上的点，或 [退出 (E) /多个 (M) /放弃 (U)] <退出>：
                                                  //单击辅助线 1 左侧
选择要偏移的对象，或 [退出 (E) /放弃 (U)] <退出>：回车
                                                  //完成垂直辅助线 4
命令：OFFSET
当前设置：删除源 = 否   图层 = 源   OFFSETGAPTYPE = 0
```

```
指定偏移距离或［通过（T）/删除（E）/图层（L）］<55.0000>：149.56
                                                //输入偏移距离
选择要偏移的对象，或［退出（E）/放弃（U）］<退出>：
                                                //选择垂直辅助线 1
指定要偏移的那一侧上的点，或［退出（E）/多个（M）/放弃（U）］<退出>：
                                                //单击辅助线 1 左侧
选择要偏移的对象，或［退出（E）/放弃（U）］<退出>：回车
                                                //完成垂直辅助线 5
```

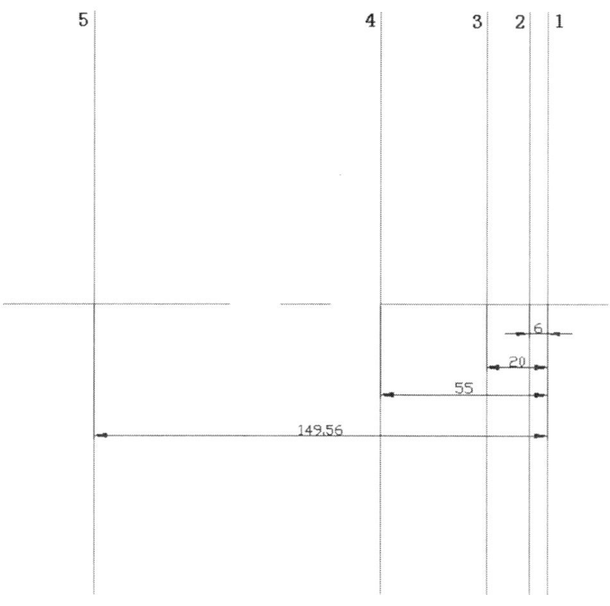


图 2.28　绘制完成的垂直辅助线

2）绘制水平辅助线。由于圆锥齿轮具有对称性，所以只需绘制出轴线以上的辅助线。绘制完成的水平辅助线如图 2.29 所示。

```
命令：_ line 指定第一点：                //捕捉中心线左端点
指定下一点或［放弃（U）］：               //捕捉中心线右端点
指定下一点或［放弃（U）］：回车           //在辅助线层重画中心线，作为偏移的对象
命令：_ offset
当前设置：删除源 = 否　图层 = 源　OFFSETGAPTYPE = 0
指定偏移距离或［通过（T）/删除（E）/图层（L）］<149.5600>：　76.185
                                                //输入偏移距离
选择要偏移的对象，或［退出（E）/放弃（U）］<退出>：
                                                //选择水平中心线
指定要偏移的那一侧上的点，或［退出（E）/多个（M）/放弃（U）］<退出>：
                                                //单击中心线上方
```

选择要偏移的对象，或［退出（E）/放弃（U）］<退出>：回车
//完成水平辅助线 A
命令：OFFSET
当前设置：删除源 = 否　图层 = 源　OFFSETGAPTYPE = 0
指定偏移距离或［通过（T）/删除（E）/图层（L）］<76.1850>：　70
//输入偏移距离
选择要偏移的对象，或［退出（E）/放弃（U）］<退出>：
//选择水平中心线
指定要偏移的那一侧上的点，或［退出（E）/多个（M）/放弃（U）］<退出>：
//单击中心线上方
选择要偏移的对象，或［退出（E）/放弃（U）］<退出>：回车
//完成水平辅助线 B
命令：OFFSET
当前设置：删除源 = 否　图层 = 源　OFFSETGAPTYPE = 0
指定偏移距离或［通过（T）/删除（E）/图层（L）］<70.0000>：　40
//输入偏移距离
选择要偏移的对象，或［退出（E）/放弃（U）］<退出>：
//选择水平中心线
指定要偏移的那一侧上的点，或［退出（E）/多个（M）/放弃（U）］<退出>：
//单击中心线上方
选择要偏移的对象，或［退出（E）/放弃（U）］<退出>：回车
//完成水平辅助线 C
命令：OFFSET
当前设置：删除源 = 否　图层 = 源　OFFSETGAPTYPE = 0
指定偏移距离或［通过（T）/删除（E）/图层（L）］<40.0000>：　26.3
//输入偏移距离
选择要偏移的对象，或［退出（E）/放弃（U）］<退出>：
//选择水平中心线
指定要偏移的那一侧上的点，或［退出（E）/多个（M）/放弃（U）］<退出>：
//单击中心线上方
选择要偏移的对象，或［退出（E）/放弃（U）］<退出>：回车
//完成水平辅助线 D
命令：OFFSET
当前设置：删除源 = 否　图层 = 源　OFFSETGAPTYPE = 0
指定偏移距离或［通过（T）/删除（E）/图层（L）］<26.3000>：　22.5
//输入偏移距离
选择要偏移的对象，或［退出（E）/放弃（U）］<退出>：
//选择水平中心线

```
指定要偏移的那一侧上的点，或［退出（E）/多个（M）/放弃（U）］<退出>：
                                                  //单击中心线上方
选择要偏移的对象，或［退出（E）/放弃（U）］<退出>：
                                                  //完成水平辅助线 E
```

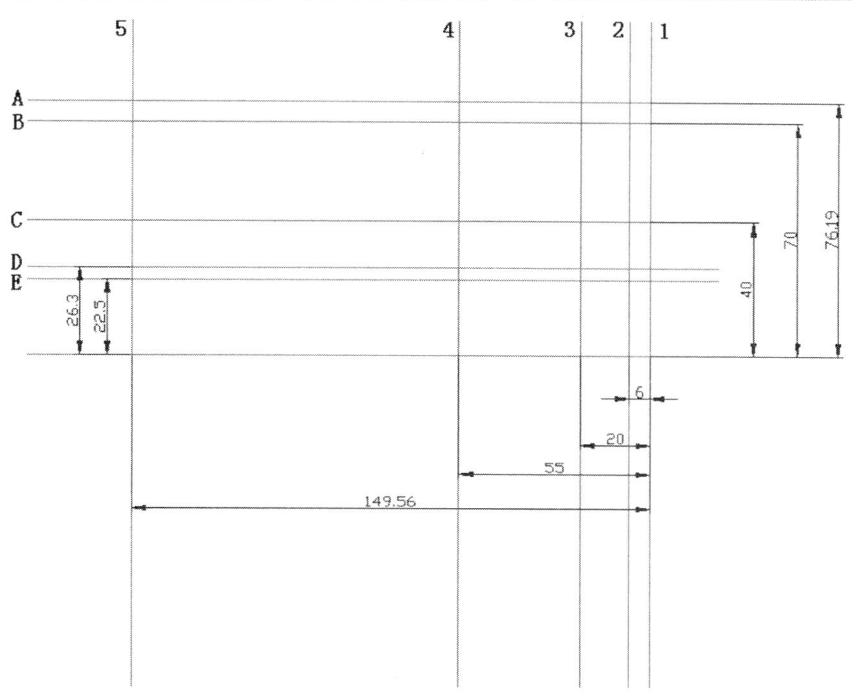


**图 2.29　绘制完成的水平辅助线**

3）绘制角度辅助线。

由于圆锥齿轮的轮齿部分的线段与中心线成一定的角度，这些辅助线绘制较复杂。

绘制过辅助线 A 与辅助线 3 的交点为第一个端点的斜线 L1。

```
命令：_ line 指定第一点：                  //捕捉辅助线 A 与辅助线 3 的交点
指定下一点或［放弃（U）］：@160<210d50′   //相对坐标画法确定下一点
指定下一点或［放弃（U）］：回车            //完成斜线 L1
```

绘制过辅助线 A 与辅助线 3 的交点为第一个端点且与水平线成 −62°15′的斜线 L2。

```
命令：_ line 指定第一点：                  //捕捉辅助线 A 与辅助线 3 的交点
指定下一点或［放弃（U）］：@50<−62d15′   //相对坐标画法确定下一点
指定下一点或［放弃（U）］：回车            //完成斜线 L2
```

偏移斜线 L2，完成斜线 L3。

```
命令：_ offset
当前设置：删除源 = 否   图层 = 源   OFFSETGAPTYPE = 0
指定偏移距离或［通过（T）/删除（E）/图层（L）］<22.5000>：   50
                                                          //输入偏移距离
选择要偏移的对象，或［退出（E）/放弃（U）］<退出>：   //选择斜线 L2
指定要偏移的那一侧上的点，或［退出（E）/多个（M）/放弃（U）］<退出>：
                                                          //单击 L2 左下方
选择要偏移的对象，或［退出（E）/放弃（U）］<退出>：   //完成斜线 L3
```

绘制中心线与辅助线 5 的交点为第一个端点，第二个端点且与水平线成 24°33′的斜线 L4。

```
命令：_ line 指定第一点：                     //捕捉中心线与辅助线 5 的交点
指定下一点或［放弃（U）］：@160<24d33′      //相对坐标画法确定下一点
指定下一点或［放弃（U）］：回车               //完成斜线 L4
```

将中心线层作为当前层。绘制中心线与辅助线 5 的交点为第一个端点交点，L2 与辅助线 B 的交点为第二个端点的斜线 L5。

```
命令：_ line 指定第一点：                     //捕捉中心线与辅助线 5 的交点
指定下一点或［放弃（U）］：                   //捕捉 L2 与辅助线 B 的交点
指定下一点或［放弃（U）］：回车               //完成斜线 L5
```

至此主视图轴线上半部分辅助线全部绘制完成，如图 2.30 所示。

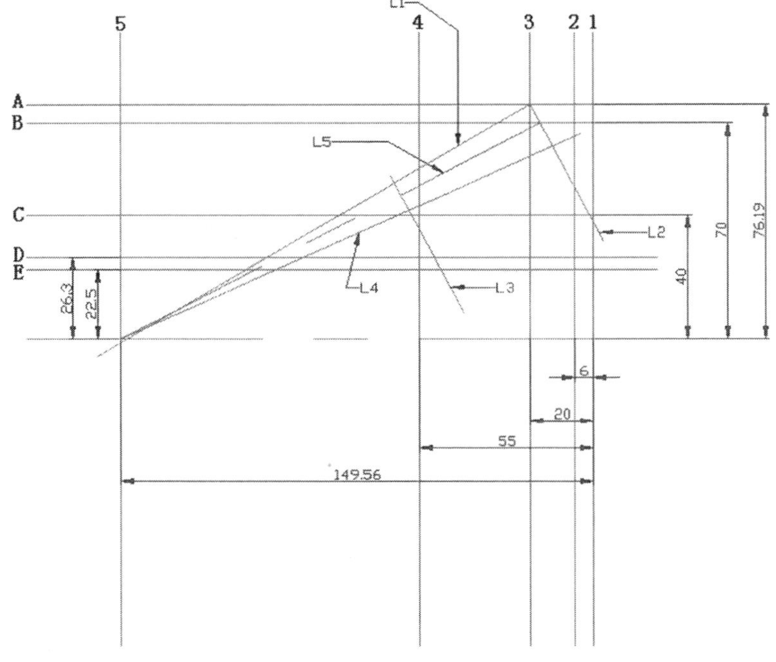


**图 2.30　绘制完成的辅助线**

（3）镜像和偏移。主视图轴线下半部分与上半部分是对称的，因此轴线下半部分的绘制可通过镜像来完成。可以单击“修改”工具栏中的镜像，或直接输入命令 mirror。镜像完毕之后，简单修剪主视图的辅助线。

```
命令：_ mirror
选择对象：指定对角点：找到 16 个                //框选需要被镜像的对象
选择对象：单击鼠标右键
指定镜像线的第一点：指定镜像线的第二点：  //捕捉中心线的两端点，以中心线为
                                                轴对称
要删除源对象吗？[是（Y）/否（N）]<N>：回车
```

侧视图中键槽辅助线的绘制，可通过偏移来实现。绘制完成的主视图与侧视图辅助线，如图 2.31 所示。

```
命令：_ offset
当前设置：删除源 = 否   图层 = 源   OFFSETGAPTYPE = 0
指定偏移距离或［通过（T）/删除（E）/图层（L）］<50.0000>：  26.3
                                                    //输入偏移距离
选择要偏移的对象，或［退出（E）/放弃（U）］<退出>：  //选择水平中心线
指定要偏移的那一侧上的点，或［退出（E）/多个（M）/放弃（U）］<退出>：
                                                    //单击中心线上方
选择要偏移的对象，或［退出（E）/放弃（U）］<退出>：  //完成水平辅助线 F
命令：_ offset
当前设置：删除源 = 否   图层 = 源   OFFSETGAPTYPE = 0
指定偏移距离或［通过（T）/删除（E）/图层（L）］<26.3000>：  7
                                                    //输入偏移距离
选择要偏移的对象，或［退出（E）/放弃（U）］<退出>：  //选择垂直中心线
指定要偏移的那一侧上的点，或［退出（E）/多个（M）/放弃（U）］<退出>：
                                                    //单击中心线左侧
选择要偏移的对象，或［退出（E）/放弃（U）］<退出>：
                                                    //完成垂直辅助线 G
指定要偏移的那一侧上的点，或［退出（E）/多个（M）/放弃（U）］<退出>：
                                                    //单击中心线右侧
选择要偏移的对象，或［退出（E）/放弃（U）］<退出>：  //完成垂直辅助线 H
```

（4）绘制圆锥齿轮的轮廓线。将粗实线层设置为当前层，使用画线命令将相应的辅助线交点连接起来，完成主视图的轮廓线。参照主视图完成侧视图的圆和键槽，如图 2.32 所示。

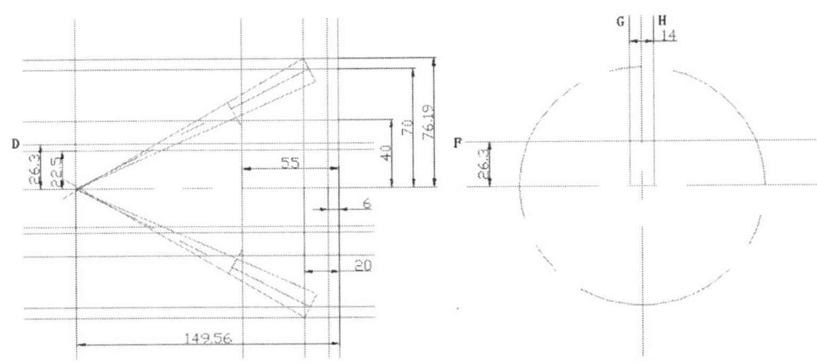


图 2.31　绘制完成的主视图与侧视图辅助线

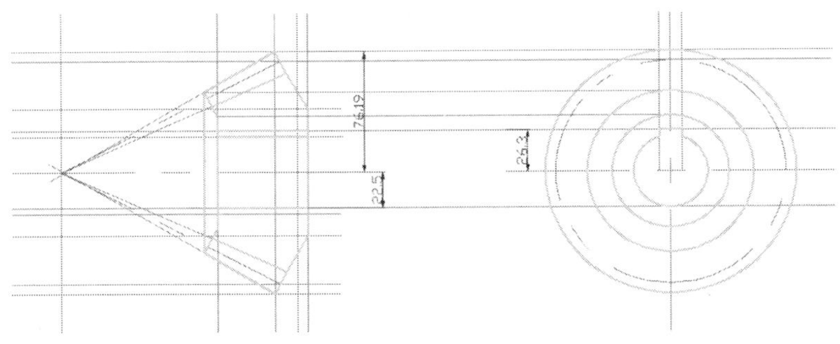


图 2.32　绘制完成的圆锥齿轮轮廓线

4. 绘制圆锥齿轮剖面线

圆锥齿轮的主视图为全剖视图，所以必须在主视图上画剖面线。

（1）画剖面线操作步骤。单击下拉菜单“绘图”→“图案填充”打开“边界图案填充”对话框。

（2）选取填充图案，在“图案填充”选项卡的“图案”列表框内选取“ANSI31”，验证该样例图案是否是要使用的图案。如果要更改图案，请从“图案”列表中选择另一个图案。

（3）在“边界图案填充”对话框中，选择“拾取点”。

在图形中，在要填充的每个区域内指定一点并按 ENTER 键，此点称为内部点。选择“拾取点”，AutoCAD 2008 可以自动找到图案填充边界。此时，为了作图方便，可关闭辅助线层，以便于选择则图形边界。

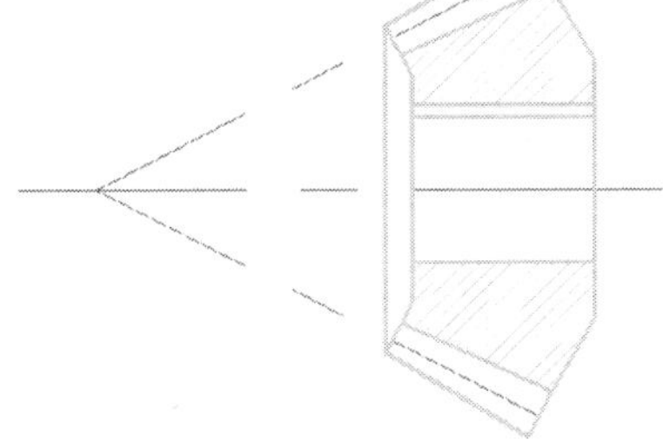

图 2.33　图案填充效果

（4）在“边界图案填充”对话框中选择“确定”，创建完成图案填充，如图 2.33 所示。

**注意**

每个图案填充只须指定一个内部点。圆锥齿轮需要填充的两个区域是属于同一个零件，因此在图案填充指定内部点时要分别选中两个区域。

## 2.6　项目小结

本项目是以 AutoCAD 2008 为制图工具，结合支架、曲柄扳手、圆锥齿轮绘制的具体任务，介绍绘制平面图形的基本绘图命令和编辑修改命令，并绘制相应的效果图。对于初学者应该在熟悉 AutoCAD 软件界面的基础上，尽快掌握各种绘图命令和修改编辑命令的使用。

在项目实施的过程中用图示展示了绘图的过程，对于初学者能很快掌握相关命令的使用，通过引入绘制支架、曲柄扳手、圆锥齿轮的例子，主要介绍了直线、圆、圆弧、椭圆、椭圆弧、构造线、多段线、正多边形、矩形的绘图命令，同时介绍删除、复制、镜像、偏移、阵列、修剪、延伸、打断、旋转、圆角及倒角等修改命令，并绘制相应效果图。

对于绘图和修改命令，要学会使用下拉菜单和工具按钮，以及使用命令行简化输入的方法，牢记命令的功能、选项和操作方法。初学时，特别强调用户要注意看命令行的提示，随着操作熟练程度的提高，则可以不看提示而快速的绘图。

为了便于对图形的管理，可对图层进行设置，对颜色和线型进行加载。在绘图之前应该建立必要的图层，在不同的图层上绘制不同的实体，以满足工程图纸的需要。

AutoCAD 2008 提供了极轴、对象捕捉、对象追踪等精确的作图工具，结合绘图命令和修改命令，对于绘制图形能起到事半功倍的效果。

## 2.7　拓展练习

（1）完成图 2.34 和图 2.35。

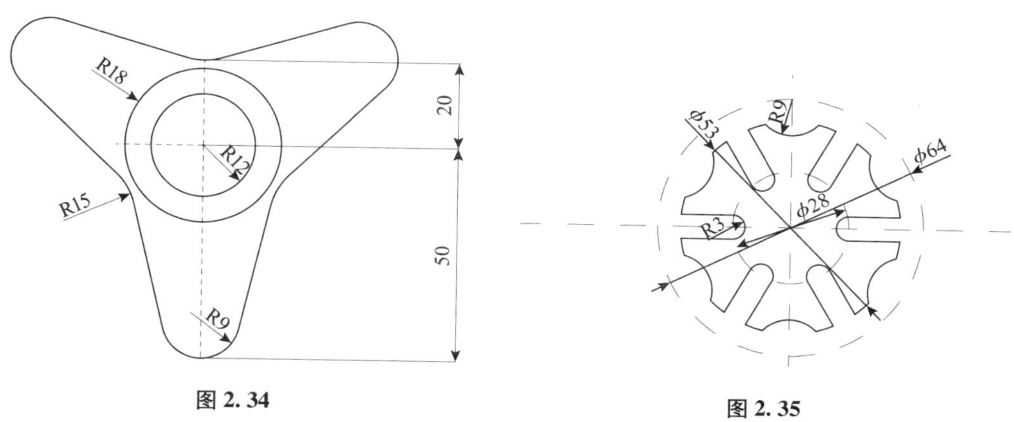


图 2.34　　图 2.35

（2）完成图 2. 36。

（3）完成图 2. 37。

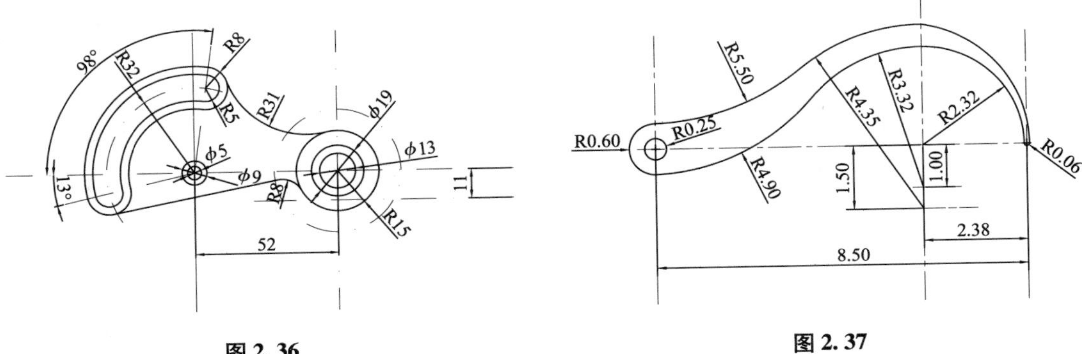


图 2. 36　　　图 2. 37

（4）完成图 2. 38。

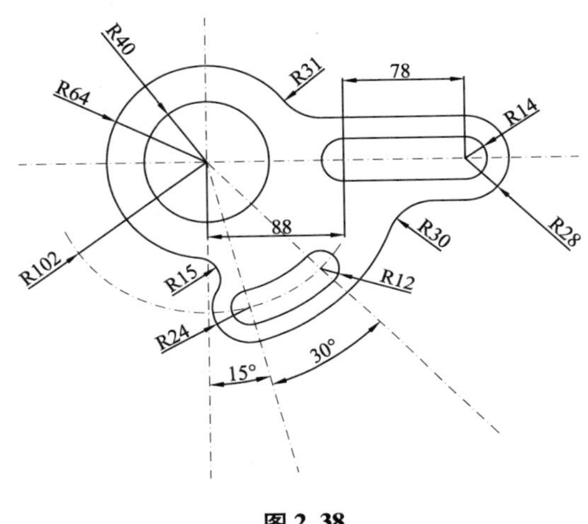


图 2. 38

（5）完成图 2. 39 和图 2. 40。

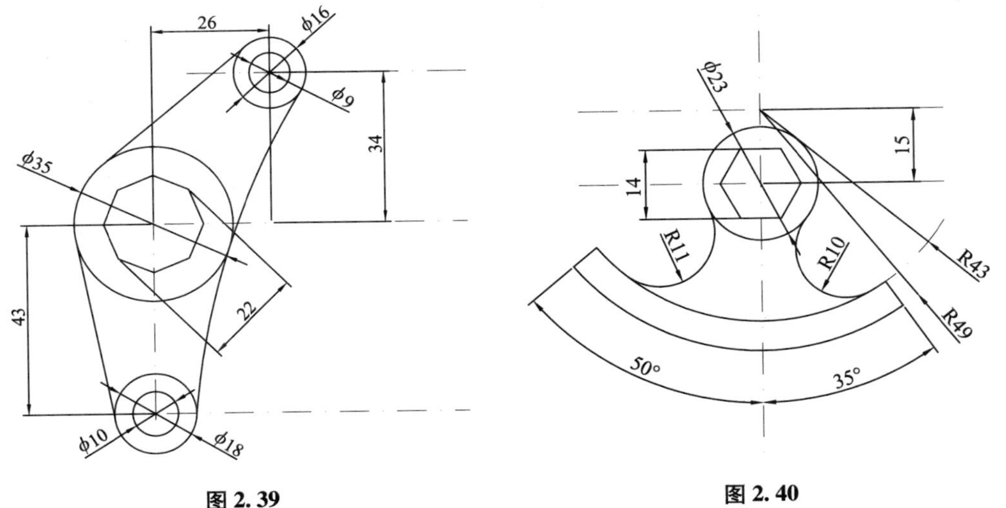


图 2. 39　　　图 2. 40

（6）完成图 2.41 和图 2.42。

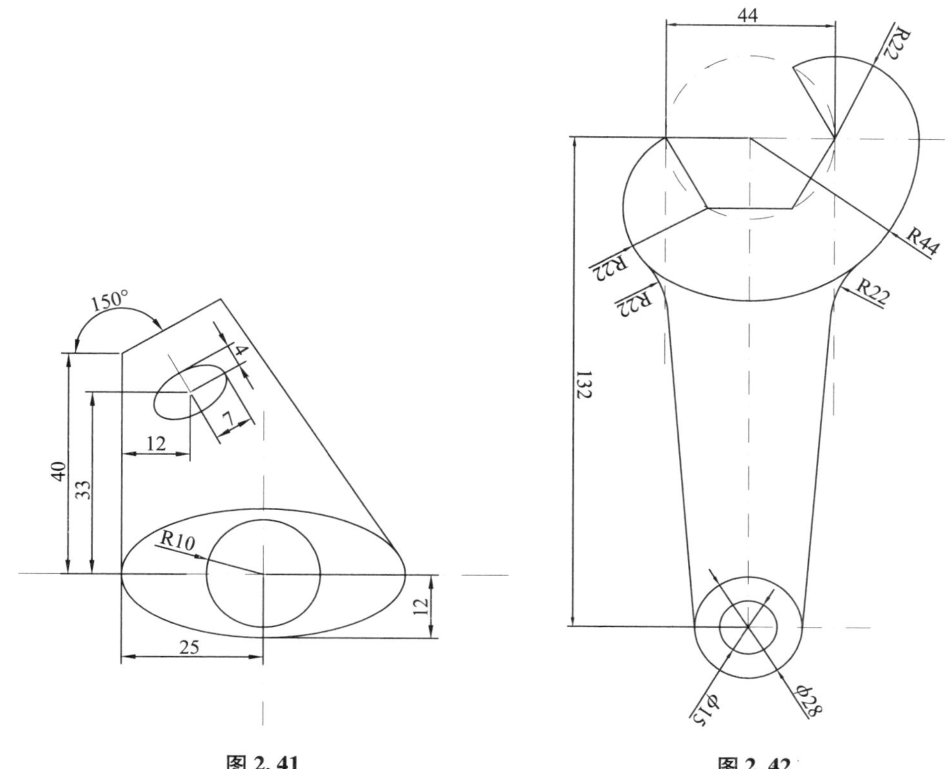


图 2.41　　图 2.42

（7）完成图 2.43。

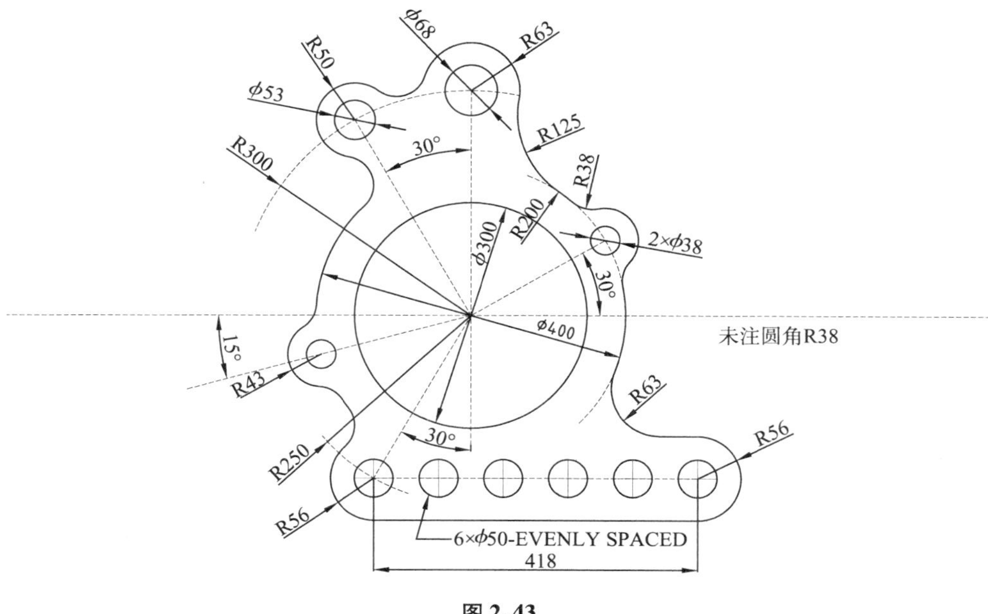


图 2.43

# 绘制轴类零件

【能力目标】

- 掌握阶梯轴零件分析
- 绘制阶梯轴的主视图和局部剖面图
- 掌握标注的方法

【知识点】

- 阶梯轴的尺寸
- 主视图和局部剖面图
- 标注样式和文字样式
- 块的创建和插入

## 3.1 项目引入

在一般机械传动中，阶梯形状的轴应用最为广泛，其既便于装配轴上的零件，又基本符合等强度原则。阶梯轴的三维模型如图 3.1 所示。

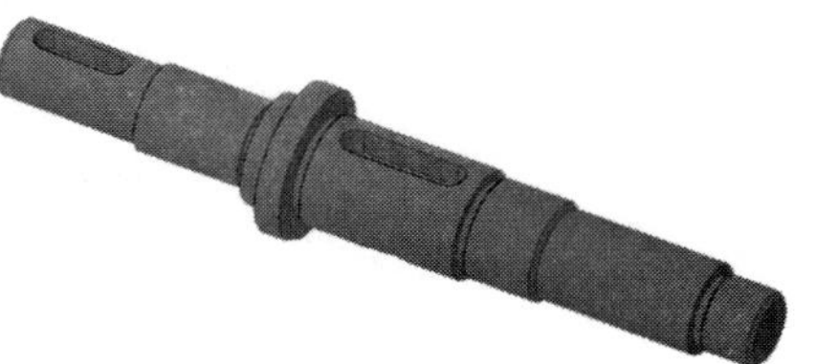

图 3.1 阶梯轴的三维模型

本项目将在前面 AutoCAD 2008 平面图形绘制的基础上，以绘制阶梯轴部件的主视图（如图 3.2a 所示）和局部剖面图（如图 3.2b 和图 3.2c 所示）为范例，使读者巩固直线、圆、圆弧等基本图形元素的画法，掌握三视图及剖面图的基本原理，以及块的创建和插入；另外，除了巩固基本的绘图编辑命令，如偏移、移动、复制、镜像、修剪、倒角等，还要熟练掌握文本样式、标注样式的创建和使用。

本项目推荐课时为 8 学时。

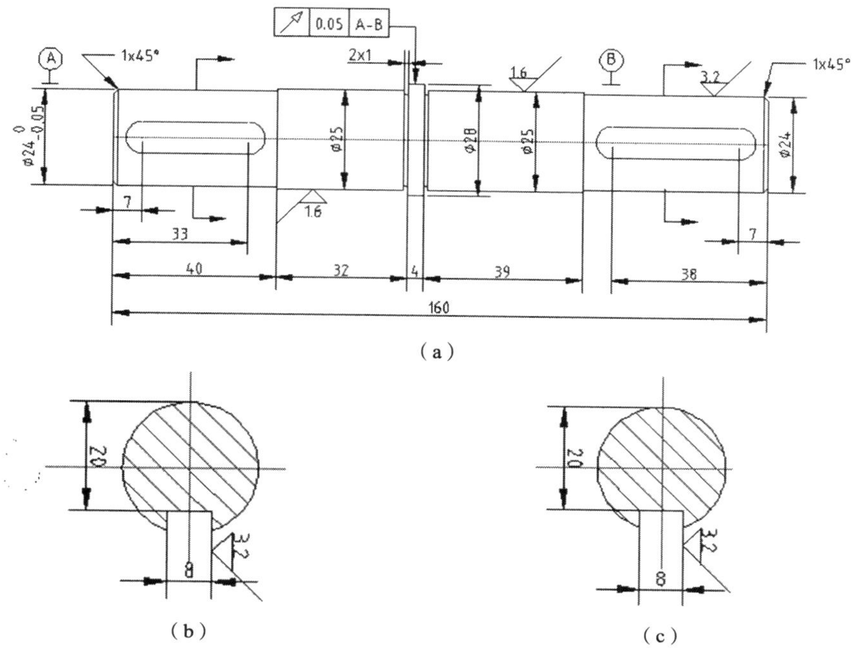


**图 3.2　阶梯轴的主视图和局部剖面图**

## 3.2　项目分析

阶梯轴是一个立体的部件，在工程图样中，需要根据三视图的原理来审视整个部件，并给出其主视图以及局部剖面图。

本项目分成以下三个任务来完成，分别给出作图目标分析和详细操作步骤，结合具体的作图效果，将基本图形元素的画法融合在其中，如多种绘图命令的操作及选项的意义、多种编辑命令的使用方法等。

任务一　阶梯轴零件分析

　　任务准备：阶梯轴尺寸、三视图、局部剖面图。

任务二　绘制阶梯轴主视图和局部剖面图

　　任务准备：直线、圆、倒角、修剪、图案填充等命令。

任务三　对阶梯轴零件进行标注

　　任务准备：标注样式、创建块、插入块。

## 3.3　任务一　阶梯轴零件分析

阶梯轴较为广泛地应用于一般机械传动中。观察分析该图，阶梯轴是一个相对简单对称的立体机械部件。对于这类立体部件的绘制，必须要对三视图和局部剖面图的基本原理有一定的了解。

### 3.3.1 三视图

把能够正确反映物体长、宽、高尺寸的正投影工程图（主视图、俯视图、左视图三个基本视图）称为三视图，这是工程界对物体几何形状约定俗成的抽象表达方式。

1. 三视图的概念

三视图是观测者从三个不同位置观察同一个空间几何体而画出的图形。

将人的视线规定为平行投影线，然后正对着物体看过去，将所见物体的轮廓用正投影法绘制出来的图形称为视图。一个物体有六个视图：从物体的前面向后面投射所得的视图称为主视图（正视图），反映物体的前面形状；从物体的上面向下面投射所得的视图称为俯视图，反映物体的上面形状；从物体的左面向右面投射所得的视图称为左视图（侧视图），反映物体的左面形状；还有其他三个视图不是很常用。三视图就是主视图（正视图）、俯视图、左视图（侧视图）的总称。普通汽车的三视图，如图 3.3 所示。

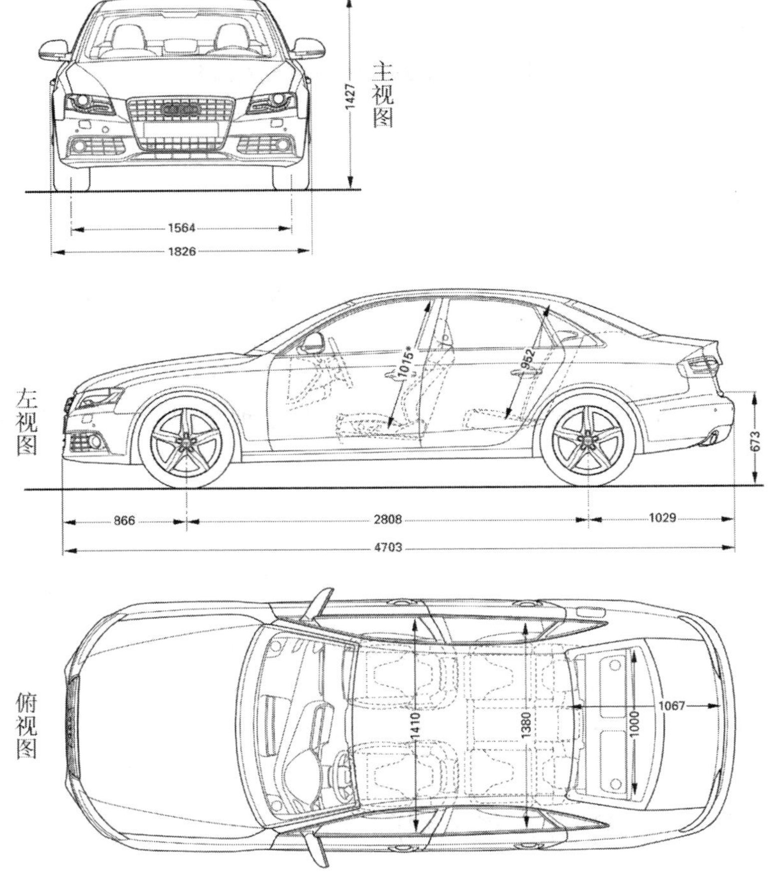


图 3.3　普通汽车的三视图

2. 三视图的特点

一个视图只能反映物体一个方位的形状，不能完整反映物体的结构形状。三视图是从三个不同方向对同一个物体进行投射的结果，另外还有剖面图、半剖面图等作为辅助，基本能完整地表达物体的结构。

本项目主要就是完成阶梯轴主视图的绘制。

## 3.3.2　局部剖面图

1. 剖面图的概念

剖面图又称为垂直剖面图，是用一个假想剖切平面将物体剖开，移去介于观察者和剖切平面之间的部分，对于剩余的部分向投影面所做的正投影图。机械零件的局部剖面图解如图 3.4 所示。

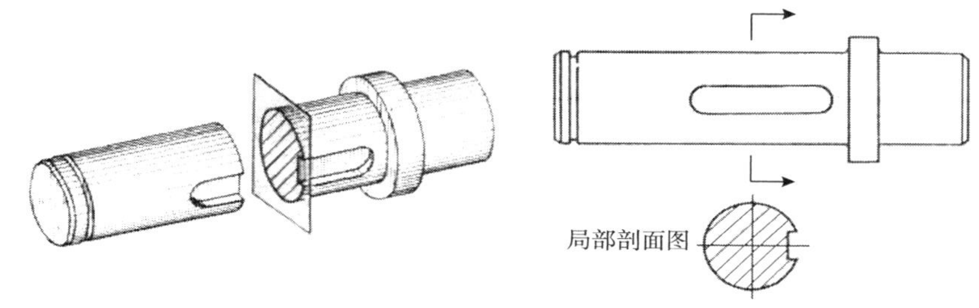


**图 3.4　机械零件的局部剖面图解**

2. 剖面图的画法

（1）确定剖切平面的位置。选择剖切平面位置时除注意使剖切平面平行于投影面外，还需使其经过形体有代表性的位置，如孔、洞、槽位置（孔、洞、槽若有对称性则经过其中心线）。

（2）画剖面图及其数量。在剖面图中剖切到轮廓用粗实线表示。剖面图的剖切是假想的，所以在画剖面图以外的投影图形时仍以完整形体画出。

剖面图数量与形体的复杂程度有关。较简单的形体可只画一个，而较复杂的则应画多个剖面，以能反映形体内外特征，便于识图理解为目的。

（3）剖切符号和画法。在建筑工程图中用剖切符号表示剖切平面的位置及剖切开以后的投影方向。剖切符号由剖切位置线及剖视方向组成，均以粗实线绘制。在剖切符号上应用阿拉伯数字加以编号，数字应写在剖视方向一边。在剖切图的下方应写上带有编号的图名，如 1 - 1 剖面图、2 - 2 剖面图，在填图名下方画出图名线（粗实线）。

（4）画材料。在剖切时，剖切平面将形体剖开，从剖切开的截面上能反映形体所采用的材料。因此，在截面上应表示该形体所用的材料。

3. 画剖面图应注意的问题

（1）为了使图形更加清晰，剖面图形中一般不画虚线。

（2）由于剖面图是假象的，每次剖切都是在形体保持完整的基础上的剖切。

（3）如未注明形体的材料时，应在相应的位置画出同向、同间距并与水平线成 45°的细实线（也称剖面线）。画剖面线时，同一形体在各个剖面图中剖面线的倾斜方向和间距要一致。

本项目要求在给出阶梯轴主视图的基础上，分别在两凹槽处画出具体剖面图。

### 3.3.3 阶梯轴的尺寸

绘制完成的阶梯轴如图 3.2 所示。根据图示的尺寸，可知该阶梯轴全长 160mm，由此可选择 A4（297mm×210mm）图纸来作图。

图 3.2a 是阶梯轴的主视图，图 3.2b 与图 3.2c 分别是阶梯轴在 A、B 两处凹槽的局部剖面图。

观察主视图时，可发现轴的宽度标注有前缀“$\phi$”，这是因为阶梯轴本身是一个圆柱体的轴，主视图上前缀“$\phi$”就是代表轴切面圆的直径。

观察主视图可发现 A、B 两凹槽的宽度并没有直接标注出来，但是可以分别根据剖面图给出的槽口标注，得到主视图上凹槽 A 和 B 的宽度都是 8mm；同理，观察剖面图可发现这两个剖面图都没有直接给出圆的直径标注，但是，可以根据对应的主视图找到凹槽 A、B 所在的圆轴直径均为 24mm。

作图时，作图者要有一定的空间思维能力，要求在仔细观察图纸的基础上，积极运用主视图和剖视图的空间转换原理，给出准确的尺寸。

## 3.4 任务二 绘制阶梯轴主视图和局部剖面图

观察分析绘制完成的阶梯轴可以发现，要完成该图，除了要继续巩固直线、圆等命令的画法，以及熟练镜像、偏移、复制、倒角、修剪等绘图编辑命令，本任务的重点在于精确计算阶梯轴主视图每一部分的尺寸和距离、凹槽部分的定位和尺寸、剖面图的具体画法和尺寸计算。

### 3.4.1 操作步骤

（1）A4 样板的应用。

（2）图层设置与管理。

（3）阶梯轴主视图的画法。

（4）局部剖面图的画法。

### 3.4.2 任务实施

1. A4 样板的应用

在项目一中，已经绘制并保存了 A4 样板图纸，因此，在本任务中，可以直接使用该样板来完成绘图任务。

打开 A4 样板所在的文件夹，直接双击图标，由此打开 AutoCAD 2008 并以新的绘图文件形式出现，文件默认的扩展名为 dwg，而不再是样板文件 dwt，如图 3.5 所示。

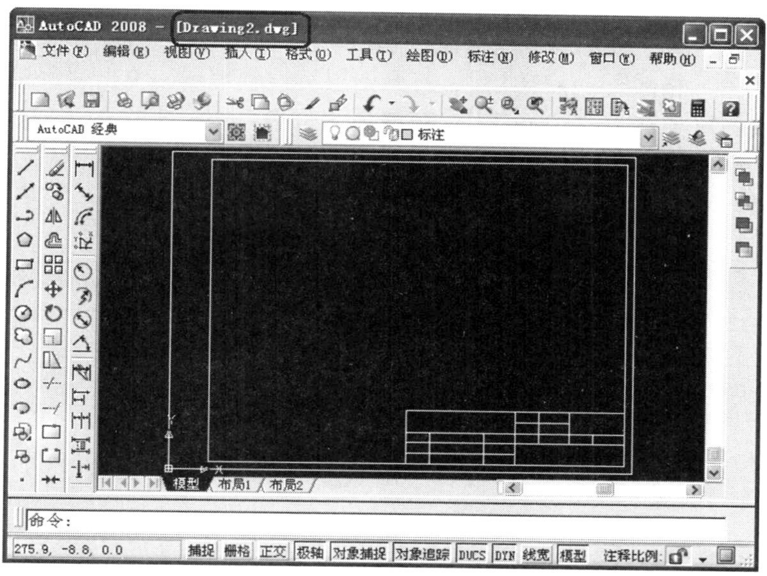

图 3.5　双击样板文件后打开新的绘图文件

此时，单击下拉菜单“文件”→“保存”，在弹出的保存窗口中，将文件命名为“阶梯轴.dwg”（文件类型已自动默认为图形文件），并保存到到指定的文件夹中。

**想一想**

如果先启动 AutoCAD 2008，然后通过下拉菜单“文件”→“打开”的方式，选择打开“A4 样板图纸”文件，会是什么情况？

如果是以这样的方式打开样板文件，那么在此之后所做的操作就相当于是对样板文件的重新编辑。如果再次“保存”的话，会将原来的样板文件更新覆盖，如图 3.6 所示。

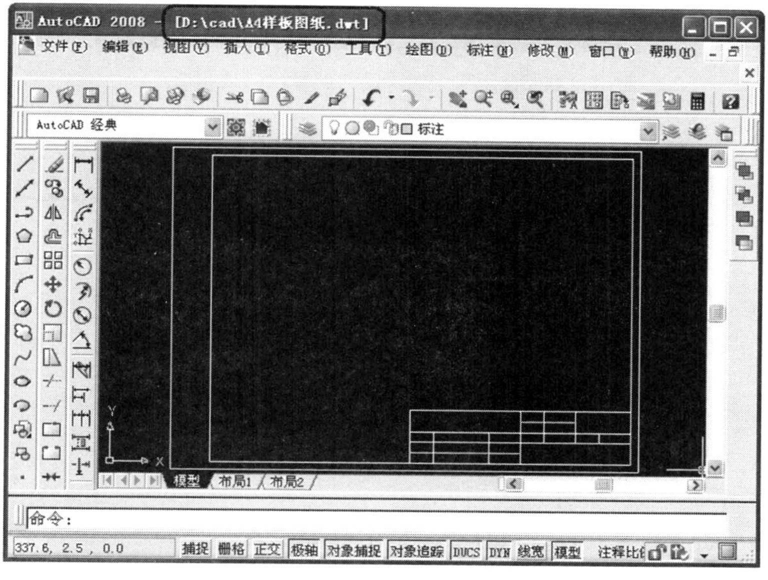

图 3.6　重新编辑 A4 样板图纸

### 2. 图层设置与管理

单击下拉菜单“格式”→“图层”，打开图层特性管理器，单击“新建”建立新图层“图层1”，更改图层名称为“中心线”，颜色为“红色”，线型为“CENTER”。继续单击“新建”建立新图层“图层2”，更改图层名称为“剖面线”，颜色为“蓝色”，等等。具体图层、颜色、线型、各层存放内容统一规定如表3.1所示。

**表3.1　设置图层及其他相关内容**

| 图层名 | 颜色 | 线型 | 存放内容 | 线宽 |
|---|---|---|---|---|
| 0 | 白色 | Continuous | 边框、标题栏 | 0.15 |
| 轮廓线 | 白色 | Continuous | 轮廓线 | 0.30 |
| 中心线 | 红色 | Center | 中心线 | 0.15 |
| 标注 | 绿色 | Continuous | 尺寸、公差 | 0.15 |
| 剖面线 | 蓝色 | Continuous | 剖面线 | 0.15 |
| 文本 | 白色 | Continuous | 所有文本 | 0.15 |
| 辅助线 | 青色 | Continuous | 所有辅助线 | 0.15 |

由此，图层特性管理器最终设置如图3.7所示。由于图层比较多，在绘图的过程中就要注意，不同的内容要分别在不同的图层内绘制，层次分明，也便于后期的管理和看图。

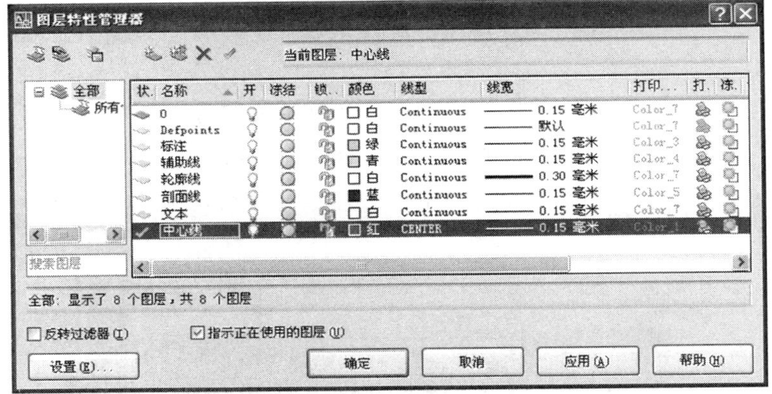


图3.7　图层特性管理器

### 3. 阶梯轴主视图的画法

（1）绘制中心线和辅助线。

图层特性管理器中将中心线层置为当前层。由于阶梯轴总长160mm，为了绘图方便，将中心线长度绘制为160mm。

```
命令：_ line 指定第一点：
指定下一点或［放弃（U）］：160　//开启极轴追踪水平零度，输入长度160
```

在中心线上绘制其他辅助线，以确定凹槽 A 的圆心位置。

```
命令：_ line 指定第一点：from          //直线的起点采用 from 命令，找到相对的位置
基点：<偏移>：@7，0                   //对象捕捉中心线左起点为基点，输入相对坐标
                                        以确定直线的起点
指定下一点或［放弃（U）］：            //极轴追踪，垂直向上，任意点击
指定下一点或［放弃（U）］：            //极轴追踪，垂直向下，任意点击
指定下一点或［闭合（C）/放弃（U）］：
                                      //完成凹槽 A 的左辅助线
命令：_ offset                        //用偏移的方法来绘制凹槽 A 的右辅助线
当前设置：删除源＝否　图层＝源　OFFSETGAPTYPE＝0
指定偏移距离或［通过（T）/删除（E）/图层（L）］<26.0>：　26
                                      //输入两根辅助线距离 26
选择要偏移的对象，或［退出（E）/放弃（U）］<退出>：
                                      //选择左辅助线作为偏移对象
指定要偏移的那一侧上的点，或［退出（E）/多个（M）/放弃（U）］<退出>：
                                      //在左辅助线右方点击一下完成偏移
```

同理，可绘制凹槽 B 的辅助线。

```
命令：_ line 指定第一点：from          //直线的起点采用 from 命令，找到相对的位置
基点：<偏移>：@ －7，0                //对象捕捉中心线右起点为基点，输入相对坐
                                        标以确定直线的起点
指定下一点或［放弃（U）］：            //极轴追踪，垂直向上，任意点单击
指定下一点或［放弃（U）］：            //极轴追踪，垂直向下，任意点单击
指定下一点或［闭合（C）/放弃（U）］：
                                      //完成凹槽 B 的右辅助线
命令：_ offset                        //用偏移的方法来绘制凹槽 B 的左辅助线
当前设置：删除源＝否　图层＝源　OFFSETGAPTYPE＝0
指定偏移距离或［通过（T）/删除（E）/图层（L）］<26.0>：　31
                                      //输入两根辅助线距离 31
选择要偏移的对象，或［退出（E）/放弃（U）］<退出>：
                                      //选择右辅助线作为偏移对象
指定要偏移的那一侧上的点，或［退出（E）/多个（M）/放弃（U）］<退出>：
                                      //在左辅助线左方点击一下完成偏移
```

阶梯轴主视图的中心线绘制完成，如图 3.8 所示。

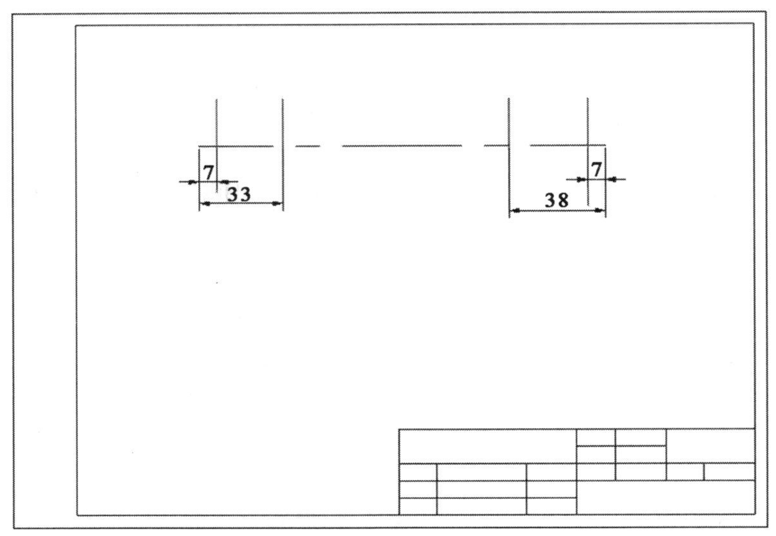


**图 3.8　阶梯轴主视图中心线**

（2）绘制主视图轮廓线。

设置“轮廓线”层为当前层，开启“极轴”，“对象捕捉”选取“端点”和“垂足”选项。

阶梯轴主视图是一个沿中心线对称的图形，在作图时，仅需绘出中心线上半部分，然后用“镜像”命令来对称实现。

绘图时自左至右展开，切记谨慎仔细，长度一定要计算正确。

| | |
|---|---|
| 命令：_ line 指定第一点： | //“对象捕捉”中心线左端点作为直线起点 |
| 指定下一点或［放弃（U）］：12 | //“极轴”追踪90°垂直向上，输入长度值12 |
| 指定下一点或［放弃（U）］：40 | //“极轴”追踪0°水平向右，输入长度值40 |
| 指定下一点或［闭合（C）/放弃（U）］： | //“极轴”追踪90°垂直向下，捕捉在中心线上垂足 |
| 指定下一点或［闭合（C）/放弃（U）］：12.5 | //“极轴”追踪90°垂直向上，输入长度值12.5 |
| 指定下一点或［闭合（C）/放弃（U）］：30 | //“极轴”追踪0°水平向右，输入长度值30 |
| 指定下一点或［闭合（C）/放弃（U）］： | //“极轴”追踪90°垂直向下，捕捉在中心线上垂足 |
| 指定下一点或［闭合（C）/放弃（U）］：11.5 | //“极轴”追踪90°垂直向上，输入长度值11.5 |

指定下一点或［闭合（C）/放弃（U）］：2　　//"极轴"追踪0°水平向右，输入长度值2

指定下一点或［闭合（C）/放弃（U）］：　　//"极轴"追踪90°垂直向下，捕捉在中心线上垂足

指定下一点或［闭合（C）/放弃（U）］：14　　//"极轴"追踪90°垂直向上，输入长度值14

指定下一点或［闭合（C）/放弃（U）］：4　　//"极轴"追踪0°水平向右，输入长度值4

指定下一点或［闭合（C）/放弃（U）］：　　//"极轴"追踪90°垂直向下，捕捉在中心线上垂足

指定下一点或［闭合（C）/放弃（U）］：11.5　//"极轴"追踪90°垂直向上，输入长度值11.5

指定下一点或［闭合（C）/放弃（U）］：2　　//"极轴"追踪0°水平向右，输入长度值2

指定下一点或［闭合（C）/放弃（U）］：　　//"极轴"追踪90°垂直向下，捕捉在中心线上垂足

指定下一点或［闭合（C）/放弃（U）］：12.5　//"极轴"追踪90°垂直向上，输入长度值12.5

指定下一点或［闭合（C）/放弃（U）］：37　　//"极轴"追踪0°水平向右，输入长度值37

指定下一点或［闭合（C）/放弃（U）］：　　//"极轴"追踪90°垂直向下，捕捉在中心线上垂足

指定下一点或［闭合（C）/放弃（U）］：12　　//"极轴"追踪90°垂直向上，输入长度值12

指定下一点或［闭合（C）/放弃（U）］：　　//"极轴"追踪0°水平向右，捕捉与中心线右端点垂直线相交的交点

指定下一点或［闭合（C）/放弃（U）］：回车

绘制完成的轮廓线如图3.9所示。

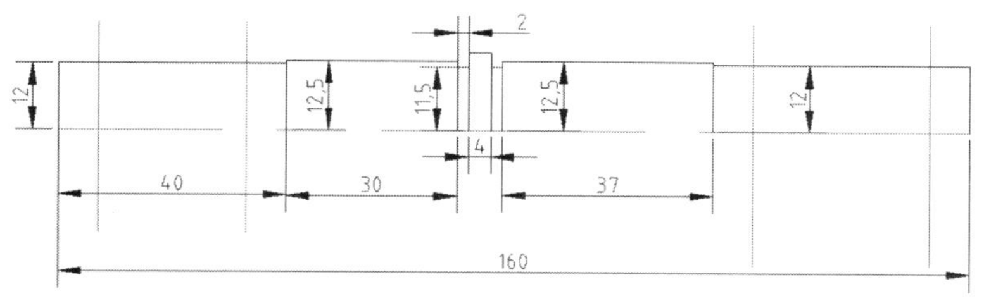


**图3.9　上半部分轮廓线**

轮廓线左端和右端各有1×45°的倒角，单击"绘图"工具栏中的"倒角"图标，或直接输入命令chamfer。绘制完成的倒角如图3.10所示。

命令：_ chamfer //倒角命令
（"修剪"模式）当前倒角距离 1 =2.0，距离 2 =1.0
选择第一条直线或［放弃（U）/多段线（P）/距离（D）/角度（A）/修剪（T）/方式（E）/多个（M）］： d //选择修改当前倒角距离
指定第一个倒角距离 <1.0>：1 //输入与第一条直线的切割距离值
指定第二个倒角距离 <1.0>：1 //输入与第二条直线的切割距离值
选择第一条直线或［放弃（U）/多段线（P）/距离（D）/角度（A）/修剪（T）/方式（E）/多个（M）］： //选中最左端垂直轮廓线
选择第二条直线，或按住 Shift 键选择要应用角点的直线：
//选中最左端水平轮廓线，完成左端倒角
命令： //直接回车，则继续重复执行上一条命令
CHAMFER
（"修剪"模式）当前倒角距离 1 =1.0，距离 2 =1.0
//当前距离值已经符合要求，不需要修改
选择第一条直线或［放弃（U）/多段线（P）/距离（D）/角度（A）/修剪（T）/方式（E）/多个（M）］： //选中最右端垂直轮廓线
选择第二条直线，或按住 Shift 键选择要应用角点的直线：
//选中最右端水平轮廓线，完成右端倒角

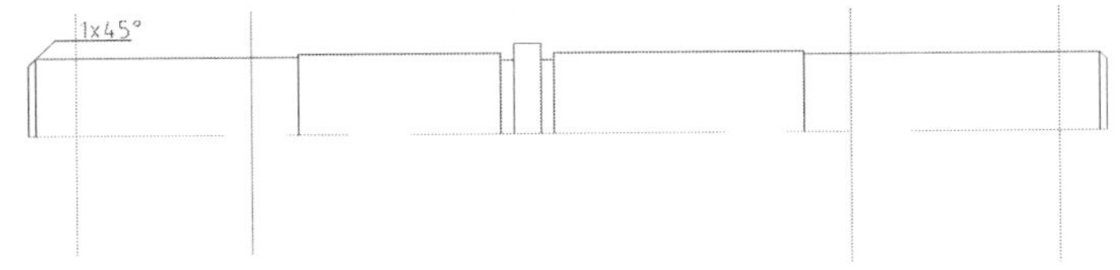


**图 3.10 绘制完成的倒角**

利用"镜像"操作，完成对称的阶梯轴主视图轮廓线。单击"绘图"工具栏中的"镜像"图标，或直接输入命令 mirror。"镜像"完成的主视图对称轮廓线，如图 3.11 所示。

命令：_ mirror
选择对象：指定对角点：找到 26 个 //框选需要被镜像的全部轮廓线
选择对象： //对象选择完毕，点击鼠标右键结束选择
指定镜像线的第一点： //"对象捕捉"中心线的左端点
指定镜像线的第二点： //"对象捕捉"中心线的右端点
要删除源对象吗？［是（Y）/否（N）］<N>： //默认是不删除源对象，直接回车

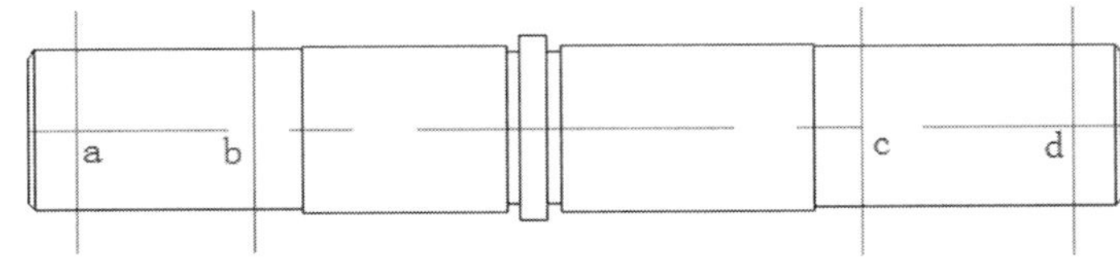


**图 3.11 绘制完成的主视图对称轮廓线**

（3）绘制凹槽的轮廓线。

凹槽的轮廓线是由两个相等的圆作平行切线构成。通过辅助线的绘制，已经确定了圆心的位置，经观察分析，圆的直径可以由对应局部剖面图上凹槽的距离得到。开启“极轴”，“对象捕捉”选取“端点”、“交点”和“切点”选项。完成凹槽 A 的绘制。凹槽 B 的绘制过程与凹槽 A 绘制过程相同，两个圆的圆心分别为 c 和 d，半径也为 4，命令行不再赘述。

命令：_ circle 指定圆的圆心或［三点（3P）/两点（2P）/相切、相切、半径（T）］：　　//捕捉 a 点
指定圆的半径或［直径（D）］：4　　//输入半径 4
命令：CIRCLE 指定圆的圆心或［三点（3P）/两点（2P）/相切、相切、半径（T）］：　　//捕捉 b 点
指定圆的半径或［直径（D）］<4.0>：4　　//输入半径 4
命令：_ line 指定第一点：　　//捕捉圆 a 的上切点
指定下一点或［放弃（U）］：　　//捕捉圆 b 的上切点
指定下一点或［放弃（U）］：　　//完成一条切线
命令：LINE 指定第一点：　　//捕捉圆 a 的下切点
指定下一点或［放弃（U）］：　　//捕捉圆 b 的下切点
指定下一点或［放弃（U）］：　　//完成第二条切线
命令：_ trim　　//修剪多余的线条
当前设置：投影 = UCS，边 = 无
选择剪切边...
选择对象或 <全部选择>：　指定对角点：找到 4 个　　//框选需要修剪的对象
选择对象：　　//对象选择完毕，点击鼠标右键结束选择
选择要修剪的对象，或按住 Shift 键选择要延伸的对象，或
［栏选（F）/窗交（C）/投影（P）/边（E）/删除（R）/放弃（U）］：
　　//点选需要被修剪去掉的对象
选择要修剪的对象，或按住 Shift 键选择要延伸的对象，或
［栏选（F）/窗交（C）/投影（P）/边（E）/删除（R）/放弃（U）］：
　　//点选需要被修剪去掉的对象

绘制完成的凹槽轮廓线如图 3.12 所示。

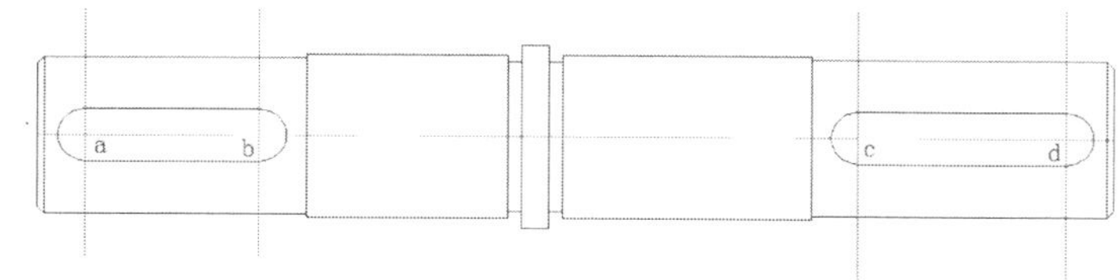


**图 3.12　绘制完成的凹槽轮廓线**

## 4. 局部剖面图的画法

（1）绘制中心线。

设置“中心线”层为当前层，开启“极轴”，“对象捕捉”选取“端点”和“交点”选项。绘制时，线的长度只要不小于 24mm 即可，当然也不宜过长，否则会影响了作图的美观。线相交的位置，应该位于对应剖面的正下方。命令行不再赘述。绘制完成的剖面图中心线如图 3. 13 所示。

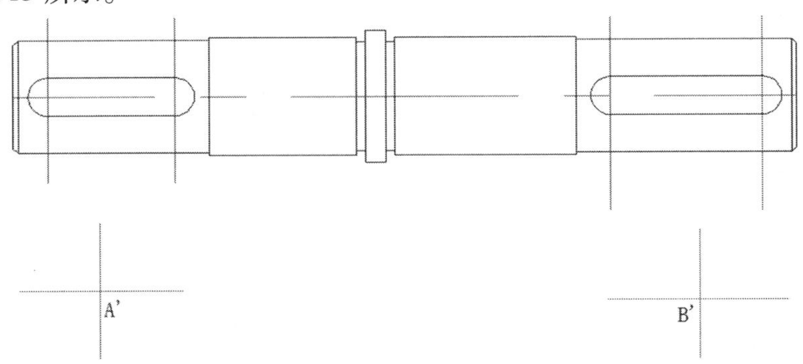


**图 3. 13　绘制完成的剖面图中心线**

（2）绘制剖面图轮廓线。

设置“轮廓线”层为当前层，开启“极轴”，“对象捕捉”选取“端点”和“交点”选项。

在剖面图上并没有直接给出圆的直径，但是可以通过主视图剖面所在轴的直径数据得到。单击“绘图”工具栏中的圆图标⊘，或直接输入命令 circle。初步完成的阶梯轴剖面轮廓线如图 3. 14 所示。

```
命令：_ circle 指定圆的圆心或［三点（3P）/两点（2P）/相切、相切、半径（T）]：
                                        //捕捉左中心线交点 A'
指定圆的半径或［直径（D）］<4.0>：12      //输入半径 12
命令：                                  //直接回车，重复执行上一条命名
CIRCLE 指定圆的圆心或［三点（3P）/两点（2P）/相切、相切、半径（T）]：
                                        //捕捉交点 B'
指定圆的半径或［直径（D）］<12.0>：12     //输入直径 12
```

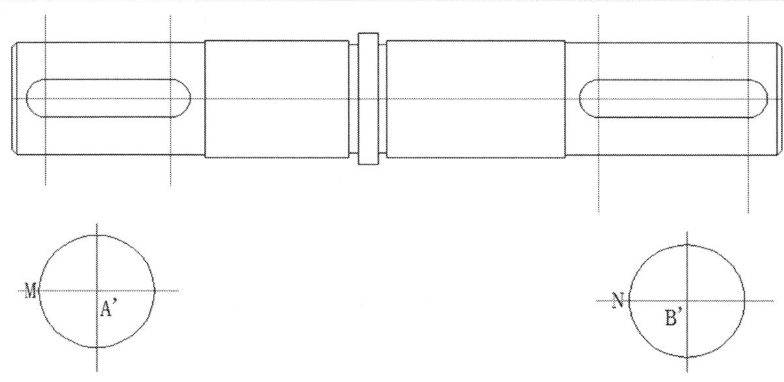


**图 3. 14　初步完成的阶梯轴剖面轮廓线**

凹槽 A 宽 8mm，深度距离圆轴低端 M 点 20mm，凹槽底部直线的绘制可以采用相对坐标的画法。凹槽 B 的剖面图尺寸及画法与凹槽 A 相同。绘制完成的阶梯轴剖面轮廓线如图 3.15 所示。

```
命令：_ line 指定第一点：from          //直线的起点采用 from 命令，找到相对的位置
基点：<偏移>：@20，0 //对象捕捉点 M 为基点，输入相对坐标以确定直线的起点
指定下一点或［放弃（U）］：4          //“极轴”追踪 90°垂直向上，输入长度值 4
指定下一点或［放弃（U）］：           //“极轴”追踪 0°水平向右，捕捉与圆的交点
指定下一点或［闭合（C）/放弃（U）］：     //回车
命令：_ line 指定第一点：             //捕捉上一直线的起点
指定下一点或［放弃（U）］：4          //“极轴”追踪 90°垂直向下，输入长度值 4
指定下一点或［放弃（U）］：           //“极轴”追踪 0°水平向右，捕捉与圆的交点
指定下一点或［闭合（C）/放弃（U）］：  //回车
命令：_ trim                          //修剪掉多余线条
当前设置：投影 = UCS，边 = 无
选择剪切边...
选择对象或 <全部选择>：   指定对角点：找到 7 个  //框选需要修剪的对象
选择对象：                            //对象选择完毕，点击鼠标右键结束选择
选择要修剪的对象，或按住 Shift 键选择要延伸的对象，或
［栏选（F）/窗交（C）/投影（P）/边（E）/删除（R）/放弃（U）］：
                                      //点选需要被修剪去掉的对象
```

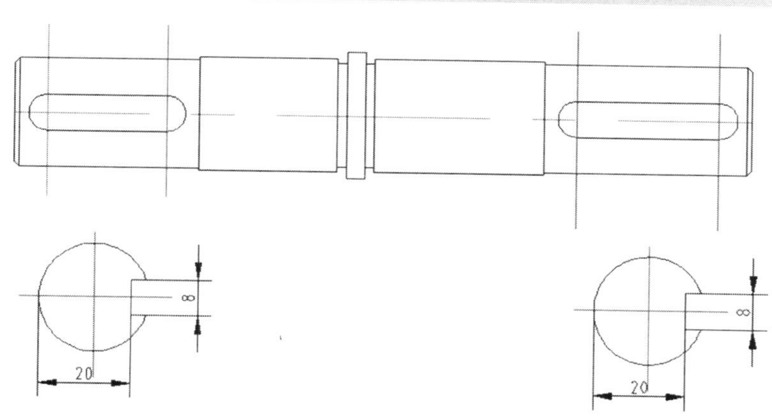


**图 3.15　绘制完成的阶梯轴剖面轮廓线**

（3）剖面图的剖面线填充。

设置“剖面线”层为当前层。单击“绘图”菜单中的图案填充图标，打开“边界图案填充”对话框，在“图案”菜单中选择 ANSI31。单击“拾取点”，在剖面图轮廓线内部单击鼠标，系统自动完成边界定义。选择“预览”按钮，观察填充效果，单击“确定”按钮，完成剖面线填充。

如此完成阶梯轴主视图和局部剖面图的绘制，如图 3.16 所示。

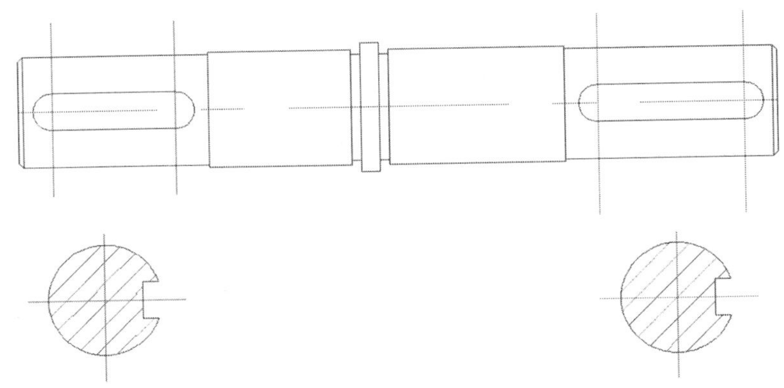

图 3.16　绘制完成的阶梯轴轮廓线

## 3.5　任务三　对阶梯轴零件进行标注

尺寸标注是图形设计中的一个重要步骤，是施工的依据，进行尺寸标注后能够清晰准确地反映设计元素的图形大小和相互关系。标注是向图形中添加尺寸的过程。AutoCAD 2008 提供多种标注及设置标注格式的方法，可以在各个方向上为各类对象创建不同的标注。所以通过创建标注样式，可以快速设置标注格式，并且确保图形中的标注符合行业标准。

一个完整的尺寸标注一般由尺寸线、尺寸界线、尺寸箭头和标注文字、中心标记等组成。每个标注都采用当前标注样式，用于控制箭头样式、文字和尺寸公差等的特性。因此，在设置标注样式之前，应该先确定图纸中所采用的文字样式。

### 3.5.1　操作步骤

(1) 设置文字样式。

(2) 设置标注样式。

(3) 标注阶梯轴。

(4) 块的创建与插入。

### 3.5.2　任务实施

1. 设置文字样式

根据阶梯轴文字的要求，设置标注文字的样式。单击“格式”菜单中的“文字样式”选项，打开“文字样式”对话框，选择“新建”按钮，输入新的样式名“机械 3.5”；字体选择 gbenor. shx，勾选“使用大字体”复选框，输入高度 3.5，宽度因子 1.0，单击“应用”按钮。“文字样式”对话框如图 3.17 所示。

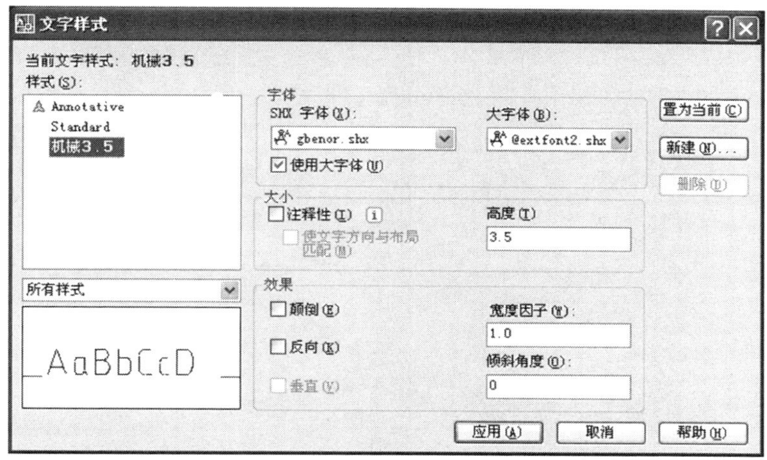


**图 3.17　“文字样式”对话框**

设置好的文本样式“机械 3.5”，不仅可作为本绘图中文本部分的样式，还可以在标注样式的文本选项中选择该文本样式，实现全图文本的统一。

2. 设置标注样式

AutoCAD 2008 提供了以下几种标注类型，其中最基本的标注类型为线性、半径和角度。

（1）线性尺寸标注 （Dli）是指标注对象在水平方向、垂直方向或指定方向的尺寸，又分水平、垂直和旋转三种标注类型。

（2）对齐尺寸标注 （Dal）指尺寸线与两尺寸界线起点的连线相平行。

（3）坐标尺寸标注 （Dor）用来标注相对于坐标原点的坐标。

（4）基线尺寸标注 （Dba）是指各尺寸线从同一尺寸界线处引出。

（5）连续尺寸标注 （Dco）是指相邻两尺寸线共用同一尺寸界线。

（6）半径标注 、直径标注 （Dra/Ddi）用来标注圆或圆弧的半径和直径。

（7）角度标注 （Dan）用来标注角度。

（8）圆心 ：Dimcenter，用来绘制圆或圆弧的圆心标记或中心线。

（9）引线：Qleader，利用引线标注可以标注一些注释、说明等。

以下列出几种简单的标注示例，如图 3.18 所示。

根据阶梯轴标注的要求，设置标注的样式。

（1）新建标注样式。

单击“格式”菜单中的“标注样式”选项，打开“标注样式管理器”对话框。利用此管理器，可以新建标注样式，也可以对标注样式进行修改。在此，选择“新建”按钮，输入新的样式名“机械标注”，单击“继续”按钮，打开“新建标注样式：机械标注”对话框，如图 3.19 所示。

“新建标注样式：机械标注”对话框内含有“线”、“符号和箭头”、“文字”、“调整”、“主单位”、“换算单位”、“公差”7 个选项。

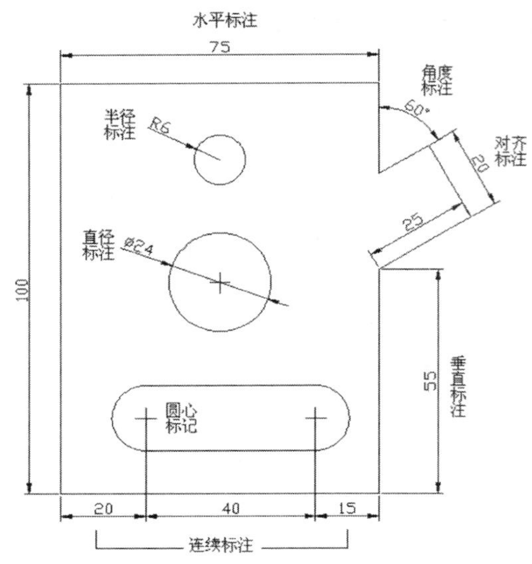


图 3.18 标注示例

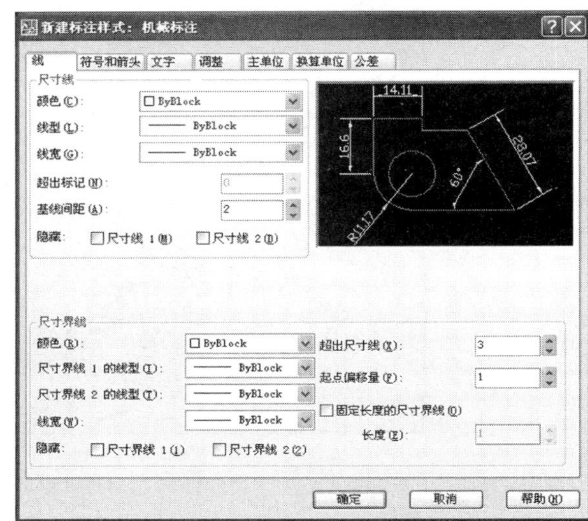


图 3.19 “新建标注样式”对话框“线”选项

“线”选项内又分为“尺寸线”和“尺寸界线”两个小项。修改“尺寸线”→“基线间距”为2；修改“尺寸界线”→“超出尺寸线”为3，“起点偏移量”为1；其余保持默认值，如图3.19所示。

“符号和箭头”选项内又分为“箭头”、“圆心标记”、“折断标注”、“弧长符号”、“半径折弯标注”、“线性折弯标注”6个小项。修改“箭头”为实心闭合，“箭头大小”为4，如图3.20所示。

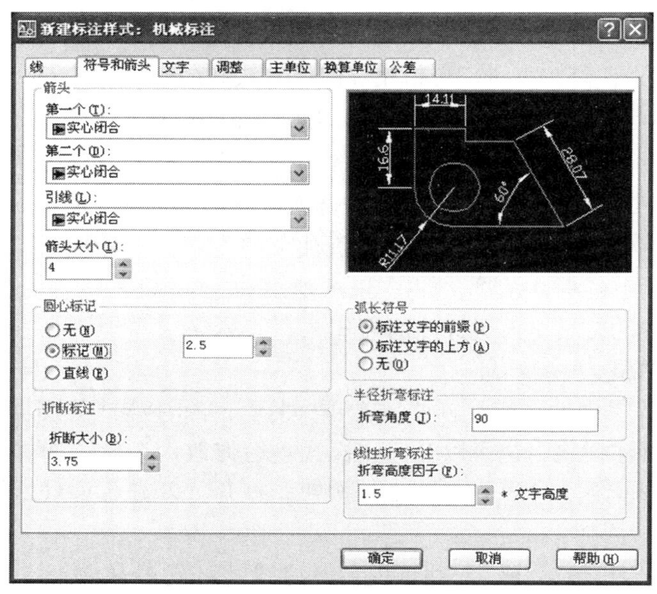


图 3.20 “符号和箭头”选项

“文字”选项又分为“文字外观”、“文字位置”、“文字对齐”3个小项。修改“文字外观”→“文字样式”为之前设置好的“机械3.5”；修改“文字位置”→“垂直”为上方，“水平”为居中；修改“文字对齐”为“与尺寸线对齐”，如图3.21所示。

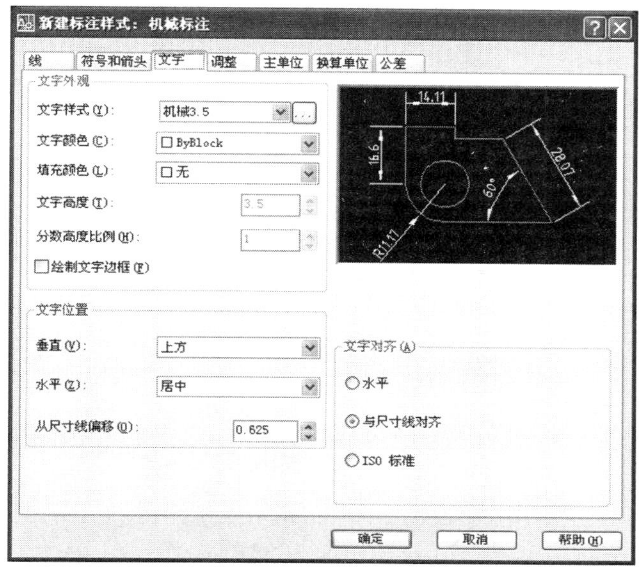


**图3.21　“文字”选项**

“主单位”选项又分为“线性标注”和“角度标注”两个小项。修改“线性标注”→“精度”为0.0（一位小数）；修改“角度标注”→“单位格式”为十进制度数，“精度”为0，如图3.22所示。完成这些设置所单击“确定”按钮完成新的标注样式“机械标注”的创建。

**图3.22　“主单位”选项**

（2）以“机械标注”标注样式为基础样式，修改角度标注样式。

单击“格式”菜单中的“标注样式”选项，打开“标注样式管理器”对话框，选择“新建”按钮，在打开的“创建新标注样式”对话框（见图 3.23）中，选择基础样式为“机械标注”，在“用于”下拉列表中选择“角度标注”，单击“继续”按钮，打开“新建标注样式：机械标注：角度”对话框，如图 3.24 所示。

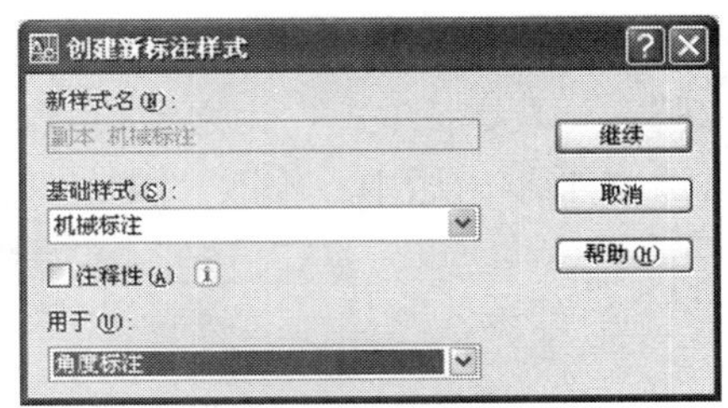


图 3.23　角度标注样式

选择“文字”选项，将“文字对齐”方式改为“水平”，单击“确定”按钮完成创建“角度标注”样式。

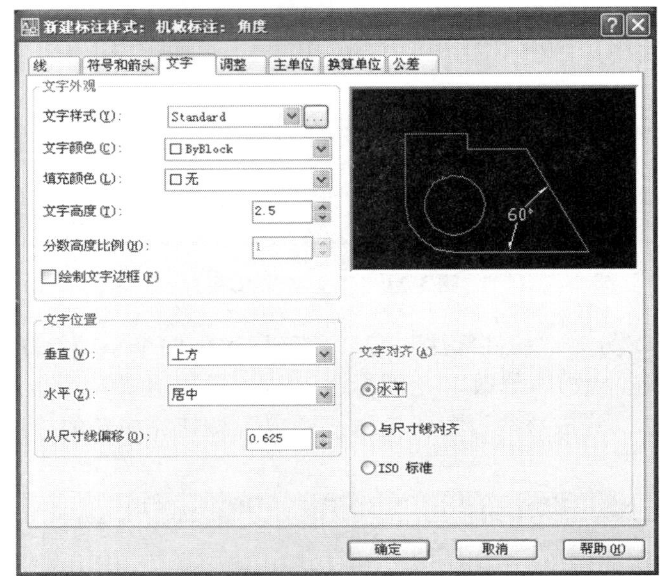


图 3.24　角度标注样式——文字

这样以“机械标注”为基础创建的“角度标注”，除了“文字对齐”样式与“机械标注”不同，其余都是一致的。如果当前的标注样式选择了“机械标注”，当标注到角度的时候，文字的对齐方式为“水平对齐”，而其他标注时，文字对齐方式都是与“尺寸线对齐”。这种附属关系如图 3.25 所示。

（3）新建“副本机械标注”。

由于阶梯轴图的标注比较复杂，所以必须创建多种标注样式，以便在标注时灵活选用。

观察发现阶梯轴图上有不少直径的尺寸标注，由于在主视图内并不以圆形画出，而是使用直线，标注时“$\phi$”的标记不会自动生成，必须手动修改。为了作图的效率，特新建“副本机械标注”。

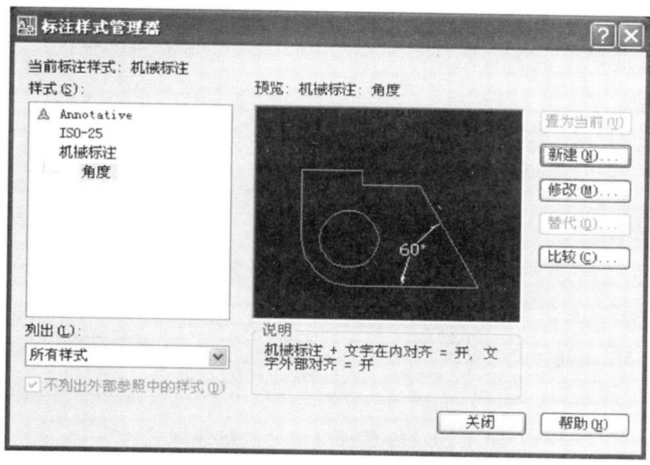


图 3.25　“角度标注”与“机械标注”的附属关系

“副本机械标注”以“机械标注”为基础，但有别于“角度标注”样式的附属关系，是独立于“机械标注”的新的标注样式，只是为了提高作图效率，在“机械标注”的基础上进行修改。

在“主单位”选项卡中的“前缀”对话框栏内输入特殊符号“%%c”，则在标注时会自动生成圆直径符号“ϕ”，如图 3.26 所示。

**注意**

在 AutoCAD 2008 中，对于某些特殊的符号，必须采用特殊的输入方式。例如，输入文字%%d 表示度符号“°”，%%p 表示正负号“±”，%%c 表示直径“ϕ”。

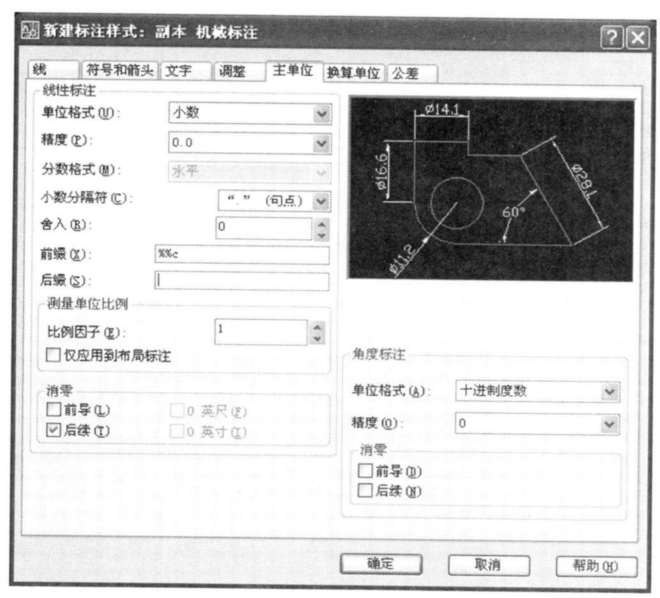


图 3.26　副本机械标注

这样，当选择“副本机械标注”作为当前标注时，标注的尺寸之前自动生成前缀符号“$\phi$”，提高作图效率。

3\. 标注阶梯轴

（1）标注长度尺寸。

1）标注横向的长度尺寸。将标注层置为当前层，并将工具栏中当前标注样式选择之前已经定义好的“机械标注”，先标注横向的长度尺寸。单击“标注”菜单中的“线性”选项，或者单击“标注”工具栏中⊢⊣图标，如图 3.27 所示。

**图 3.27　设置长度尺寸的标注样式**

命令：_ dimlinear

指定第一条尺寸界线原点或 <选择对象>：//对象捕捉阶梯轴最左端与中心线的交点

指定第二条尺寸界线原点：　　　　　　　//对象捕捉左半圆圆心

指定尺寸线位置或［多行文字（M）/文字（T）/角度（A）/水平（H）/垂直（V）/旋转（R）］：　　　　//在窗口内选择合适的位置放置尺寸标注

标注文字 =7

全部横向长度尺寸标注完成后如图 3.28 所示。

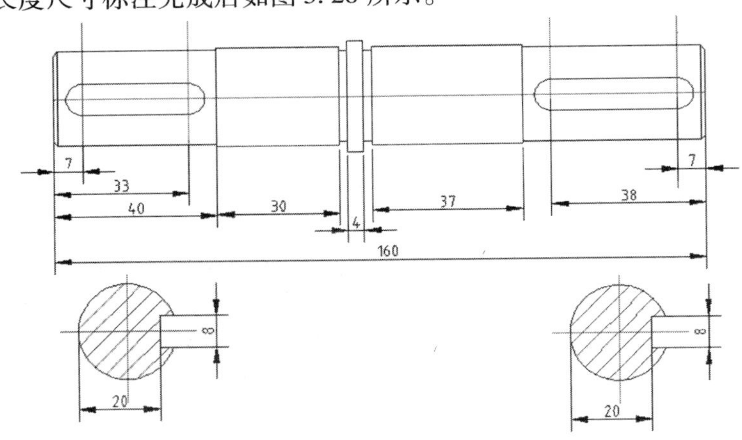


**图 3.28　标注横向长度尺寸**

2）将标注纵向长度尺寸。将工具栏中当前标注样式选择为“副本机械标注”，标注纵向长度尺寸——轴的直径，含有前缀符号“$\phi$”。标注后的效果如图 3.29 所示。

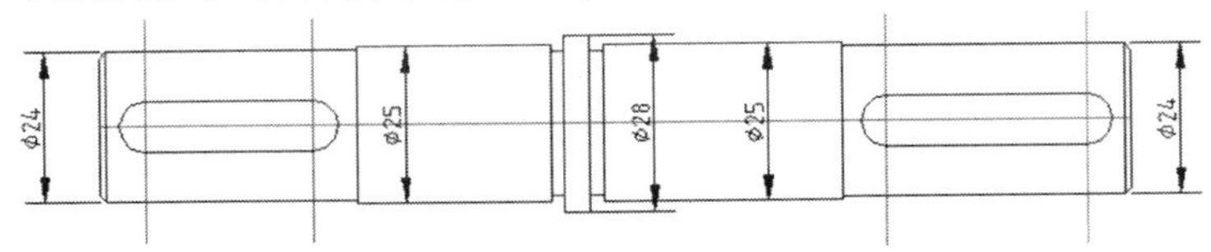


**图 3.29　标注纵向长度尺寸**

3）修改长度尺寸的文本。在一些特殊的位置，为了更清晰地标注长度的尺寸，又限于尺寸的限制，往往需要修改长度尺寸的文本。如图 3. 30a 所示的标注，修改成图 3. 30b 的形式则更为直观。

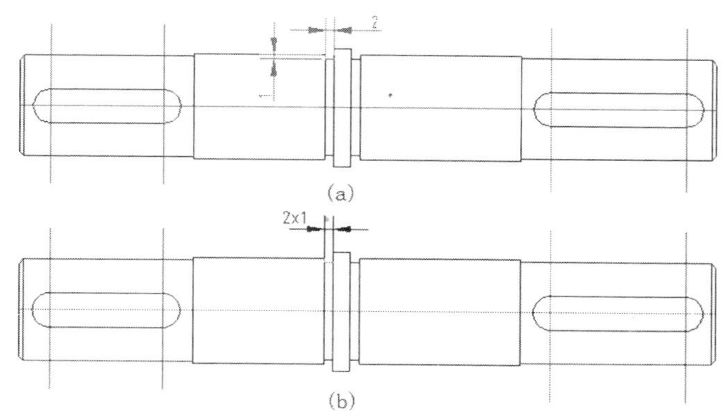


**图 3. 30　修改尺寸线文本**

删除图 3. 30a 的纵向尺寸线，双击横向尺寸标注，打开“特性”对话框，如图 3. 31 所示。在特性对话框的“文字”选项内，找到“文字替代”，输入 2×1 即可。关闭“特性”对话框，横向尺寸标注已经修改为图 3. 30b。

4）修改长度尺寸的公差。阶梯轴的某些尺寸需要标注公差。例如，阶梯轴的轴半径由原始的 $\phi24$ 修改为 $\phi24^{0}_{-0.05}$。

双击原始的 $\phi24$ 的尺寸标注，打开“特性”对话框，如图 3. 32 所示。在特性对话框的“公差”选项内，找到“显示公差”，选择极限偏差，并输入公差下偏差 0. 05，公差上偏差 0，水平放置公差选为居中的形式。

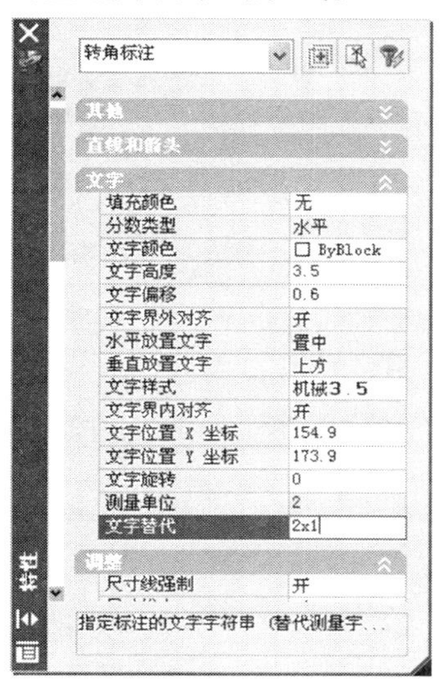


**图 3. 31　标注的“特性”对话框**

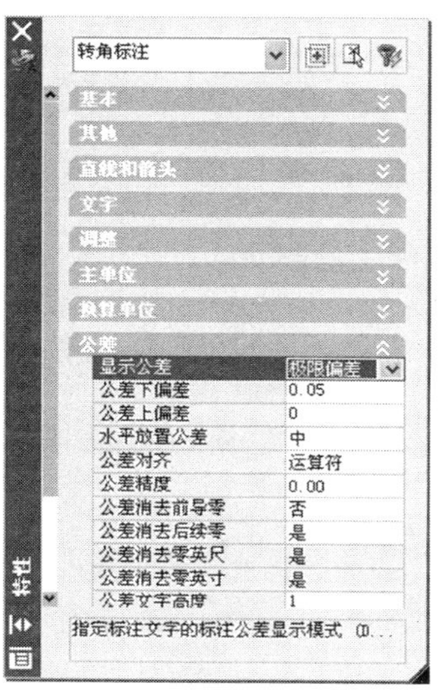


**图 3. 32　修改公差标注的特性**

注意公差精度一定是要至少两位小数，才能显示 0. 05 的下偏差。

关闭“特性”对话框，公差标注已经修改为图 3. 33。

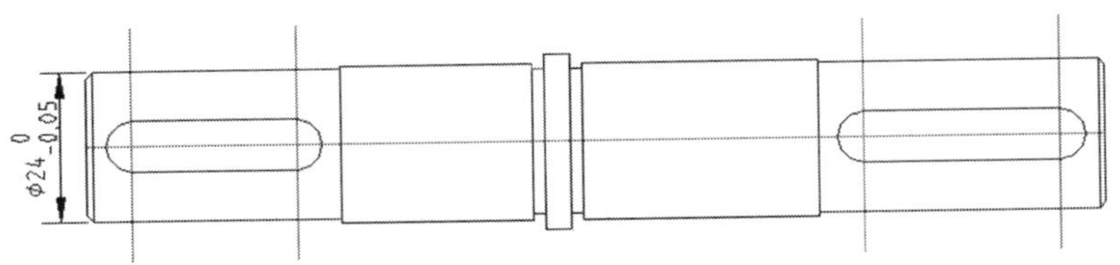


图 3.33　公差的标注

(2) 标注角度及倒角尺寸。

阶梯轴倒角的标注一般采用“引线标注”，如果采用角度标注也无可厚非。

图 3.34a 采用引线标注，选择“机械标注”作为当前标注样式。单击标注工具栏内角度标注，命令行的显示如下。

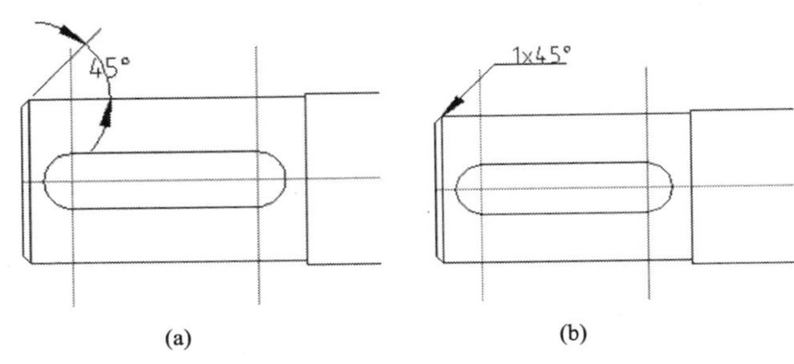


图 3.34　倒角的标注

```
命令：_ dimangular
选择圆弧、圆、直线或 <指定顶点>：          //选取倒角斜线
选择第二条直线：                          //选取水平线
指定标注弧线位置或 [多行文字 (M) /文字 (T) /角度 (A) /象限点 (Q)]：
标注文字 = 45                             //系统自动给出角度值45°
```

图 3.34b 采用引线标注，输入命令 qleader，命令行的显示如下。

```
命令：qleader                                //输入引线标注命令
指定第一个引线点或 [设置 (S)] <设置>：
                    //回车，则弹出“引线设置”对话框，如图 3.35 所示
```

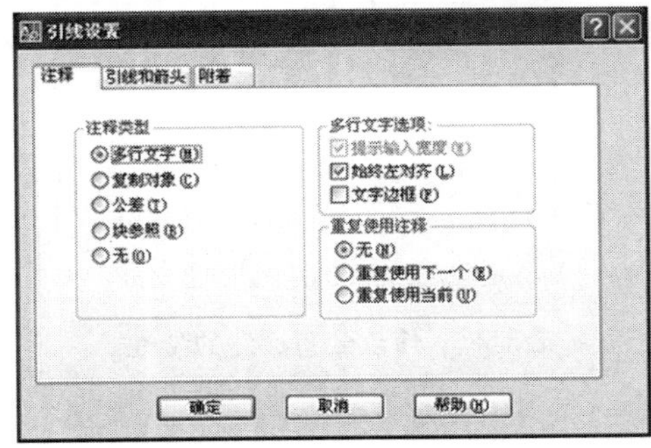


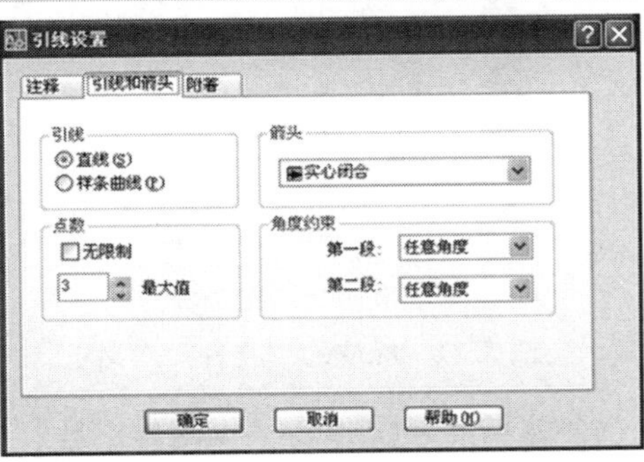


图 3.35　设置引线

设置完毕，继续完成引线标注，命令行延续如下。

```
指定第一个引线点或［设置（S）］<设置>：   //对象捕捉倒角顶点
指定下一点：                           //极轴追踪45°拉伸引线，足够长
                                         则显示箭头，否则为一直线
指定下一点：                           //水平拉伸引线
输入注释文字的第一行 <多行文字（M）>：1x45%%d
                                       //输入文本%%d表示“°”
输入注释文字的下一行：*取消*
```

倒角的标注一般采用引线标注，给出角度的同时也标注了倒角距离的尺寸，更为直观和简洁。

（3）标注表面及形位公差。

加工后的零件不仅有尺寸误差，构成零件几何特征的点、线、面的实际形状或相互位置与理想几何体规定的形状和相互位置还不可避免地存在差异，这种形状上的差异就是形状误差，而相互位置的差异就是位置误差，统称为形位误差。

形位公差包括形状公差与位置公差，而位置公差又包括定向公差和定位公差，具体包括的内容及公差表示符号如表 3. 2 所示。

**表 3. 2　形位公差**

| 分类 | 特征项目 | 符号 |
| --- | --- | --- |
| 形状公差 | 直线度 | — |
| | 平面度 | ▱ |
| | 圆度 | ○ |
| | 圆柱度 | ⌭ |
| | 线轮廓度 | ⌒ |
| | 面轮廓度 | ⌓ |

| 分类 | | 特征项目 | 符号 |
| --- | --- | --- | --- |
| 位置公差 | 定向 | 平行度 | // |
| | | 垂直度 | ⊥ |
| | | 倾斜度 | ∠ |
| | 定位 | 同轴度 | ◎ |
| | | 对称度 | ⌯ |
| | | 位置度 | ⌖ |
| | 跳动 | 圆跳动 | ↗ |
| | | 全跳动 | ⌰ |

1）形状公差。

① 直线度（—），是限制实际直线对理想直线变动量的一项指标。它是针对直线发生不直而提出的要求。

② 平面度（▱），是限制实际平面对理想平面变动量的一项指标。它是针对平面发生不平而提出的要求。

③ 圆度（○），是限制实际圆对理想圆变动量的一项指标。它是对具有圆柱面（包括圆锥面、球面）的零件，在一正截面（与轴线垂直的面）内的圆形轮廓要求。

④ 圆柱度，符号为两斜线中间夹一圆（/○/），是限制实际圆柱面对理想圆柱面变动量的一项指标。它控制了圆柱体横截面和轴截面内的各项形状误差，如圆度、素线直线度、轴线直线度等。圆柱度是圆柱体各项形状误差的综合指标。

⑤ 线轮廓度，符号为一上凸的曲线（⌒），是限制实际曲线对理想曲线变动量的一项指标。它是对非圆曲线的形状精度要求。

⑥ 面轮廓度，符号上面为一半圆下面加一横（⌓），是限制实际曲面对理想曲面变动量的一项指标。它是对曲面的形状精度要求。

2）定向公差。

① 平行度（//），用来控制零件上被测要素（平面或直线）相对于基准要素（平面或直线）的方向偏离0°的要求，即要求被测要素对基准等距。

② 垂直度（⊥），用来控制零件上被测要素（平面或直线）相对于基准要素（平面或直线）的方向偏离90°的要求，即要求被测要素对基准成90°。

③ 倾斜度（∠），用来控制零件上被测要素（平面或直线）相对于基准要素（平面或直线）的方向偏离某一给定角度（0°~90°）的程度，即要求被测要素对基准成一定角度(除90°外)。

3）定位公差。

① 同轴度（◎），用来控制理论上应该同轴的被测轴线与基准轴线的不同轴程度。

② 对称度（⌯），一般用来控制理论上要求共面的被测要素（中心平面、中心线或轴线）与基准要素（中心平面、中心线或轴线）的不重合程度。

③ 位置度（⌖），用来控制被测实际要素相对于其理想位置的变动量，其理想位置由基准和理论正确尺寸确定。

4）跳动公差。

① 圆跳动，符号为一带箭头的斜线（↗），是被测实际要素绕基准轴线作无轴向移动、回转一周中，由位置固定的指示器在给定方向上测得的最大与最小读数之差。

② 全跳动，符号为两带箭头的斜线（⌰），是被测实际要素绕基准轴线作无轴向移动的连续回转，同时指示器沿理想素线连续移动，由指示器在给定方向上测得的最大与最小读数之差。

绘制A－B之间的跳动公差（圆跳动），如图3.36所示。

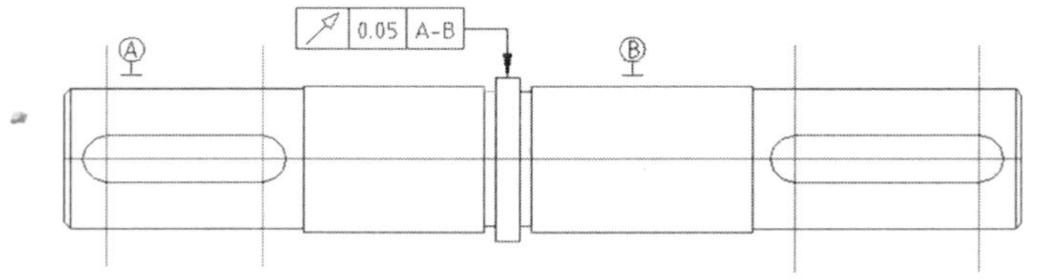


**图3.36 A－B之间圆跳动公差**

首先要标注表面A与B，利用“圆”与“直线”的命令，并输入文本，得到表面标注符号Ⓐ Ⓑ。然后输入“引线标注”命令qleader，命令行的显示如下。

命令：qleader
指定第一个引线点或［设置（S）］＜设置＞：
//回车，则弹出“引线设置”对话框，如图 3.37 所示

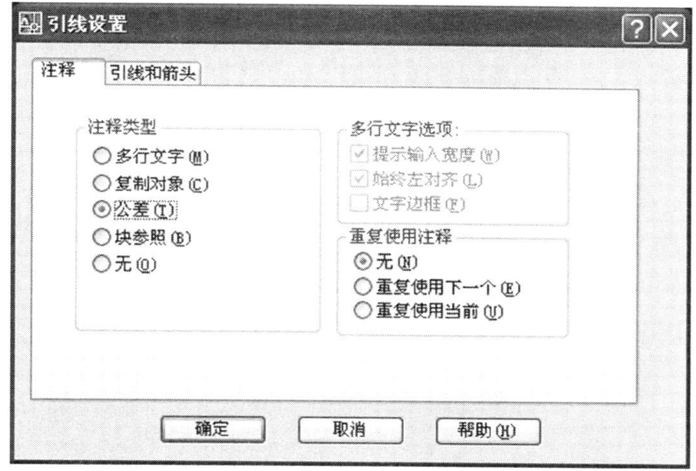


图 3.37　引线设置为“公差”

设置完毕，继续完成引线标注，命令行延续如下。

指定第一个引线点或［设置（S）］＜设置＞：　　//指定引线的起点
指定下一点：　　//垂直向上拉伸引线
指定下一点：　　//水平向左拉伸引线，点击鼠标左键，弹出“形位公差”对话框，如图 3.38 所示

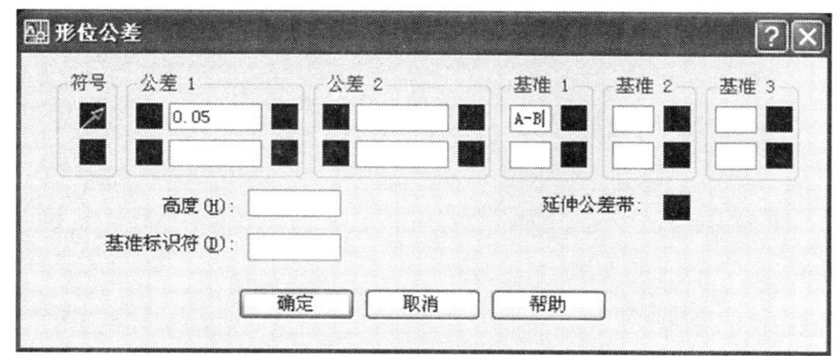


图 3.38　“形位公差”对话框

点击“符号”黑框，弹出“特征符号”对话框，如图 3.39 所示。选择“圆跳动”公差符号，“公差 1”栏输入公差值“0.05”，“基准 1”栏输入“A－B”，单击“确定”完成形位公差的标注，如图 3.36 所示。

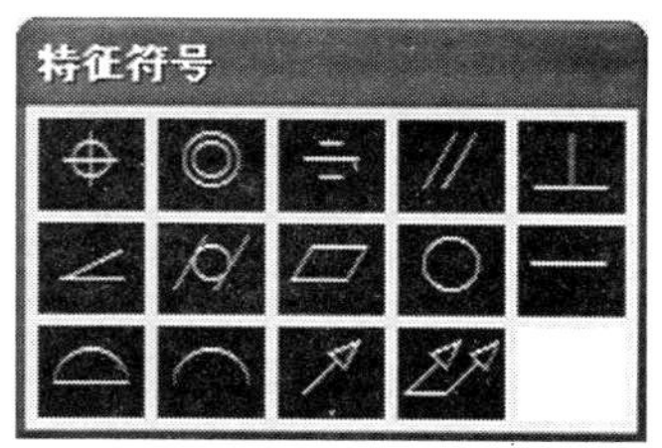


图 3.39　“特征符号”对话框

4. 块的创建与插入

块（BLOCK）是一组由用户定义的图形对象的集合。一

个块可以包含多个图形对象，它是 AutoCAD 提供给用户最有用的工具之一。

绘制工程样图时，往往有大量的图形对象要重复使用，如标准件、常用件、表面粗糙度符号等，如果每次使用这些图形都要重新绘制，则需要花费大量的时间，是一种重复劳动。利用 AutoCAD 提供的块功能，用户可以将重复使用的图形对象预先定义为块。使用的时候，只要在需要位置上插入它们即可，从而大大提高了绘图的速度。块的使用还有利于用户建立图形库，便于对子图形进行修改和重定义，节省存储空间。

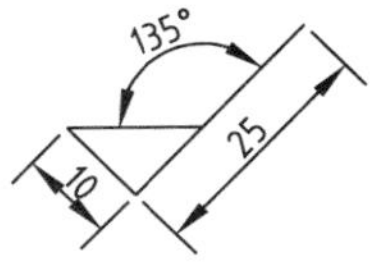

在阶梯轴图中，有不少表面粗糙度的标注，而表面粗糙度在机械制图中有专用的符号、参数代号、参数值及文字说明，这就要求用户定义带有属性的块，通过块来实现表面粗糙度的自动标注。



**图 3.40　绘制完成的表面粗糙度块**

(1) 绘制表面粗糙度块。设置极轴增量角为 45°，利用直线绘图命令，绘制完成的表面粗糙度块如图 3.40 所示。

```
命令：_ line 指定第一点：
指定下一点或［放弃（U）］：10        //极轴追踪斜下 45°，输入长度 10
指定下一点或［放弃（U）］：25        //极轴追踪斜上 45°，输入长度 25
命令：_ line 指定第一点：            //对象捕捉左端点
指定下一点或［放弃（U）］：          //极轴追踪水平 0°，捕捉右线交点
```

(2) 定义粗糙度块的属性。

AutoCAD 中，用户可为图块附加一些可以变化的文本信息，以增强图块的通用性。若图块带有属性，则用户在图形文件中插入该图块时，可根据具体情况按属性为图块设置不同的文本信息。这点对那些在绘图中要经常用到的图块来说，利用属性就显得极为重要。例如，在机械制图中，表面粗糙度值有 3.2、1.6、0.8 等，若我们在表面粗糙度符号的图块中将表面粗糙度值定义为属性，则在每次插入这种带有属性的表面粗糙度符号的图块时，AutoCAD 将会自动提示输入表面粗糙度的数值，这就大大拓展了该图块的通用性。

单击“绘图”菜单中的“块”选项，选择“定义属性”选项，打开“属性定义”对话框，如图 3.41 所示。其中，属性“标记”输入“num”，“提示”输入“粗糙度值”，“默认”输入“1.6”，“文字样式”已经默认为“机械 3.5”，单击“确定”，将标记“num”移动到粗糙度块的上方，完成块的属性设置。

(3) 创建并保存表面粗糙度块。

利用“写块 wblock”命令完成块的创建于保存。在命令行输入 wblock，弹出写块对话框，如图 3.42 所示。

其中，选择的“基点”是块在插入时的插入点，单击“拾取点”，选择粗糙度块的下角点作为基点。单击“选择对象”，框选粗糙度块及“num”标记，选择“转换为块”。“文件名及路径”框内输入保存块的路径及块的名称。

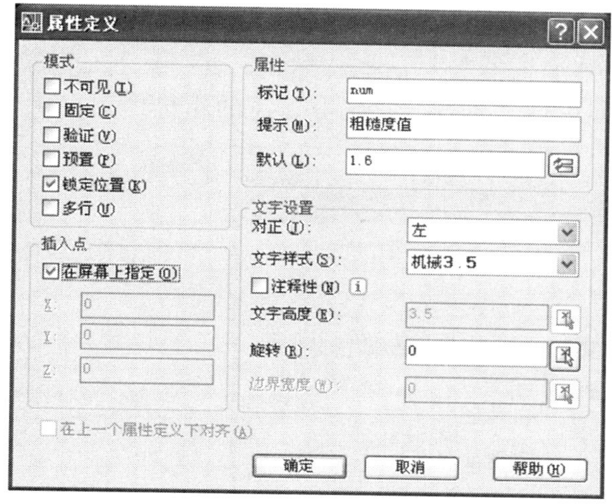


图 3.41　块的“属性定义”对话框

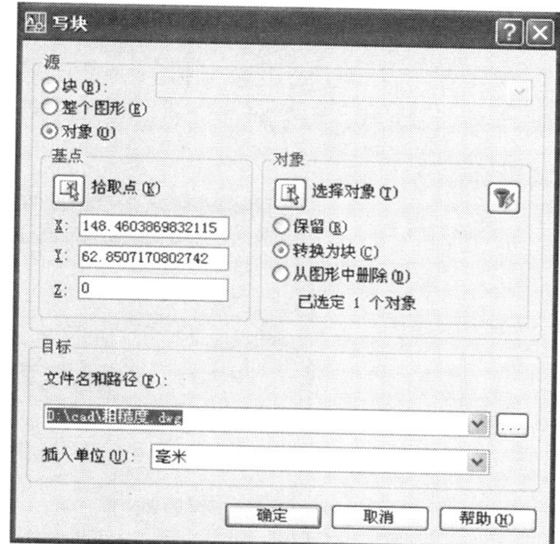


图 3.42　写块对话框

（4）插入表面粗糙度。

单击“插入”菜单中的“块”选项，或者直接输入命令 insert，打开插入对话框，如图 3.43 所示。浏览选择块，“插入点”、“比例”及“旋转”都可以设置“在屏幕上指定”。

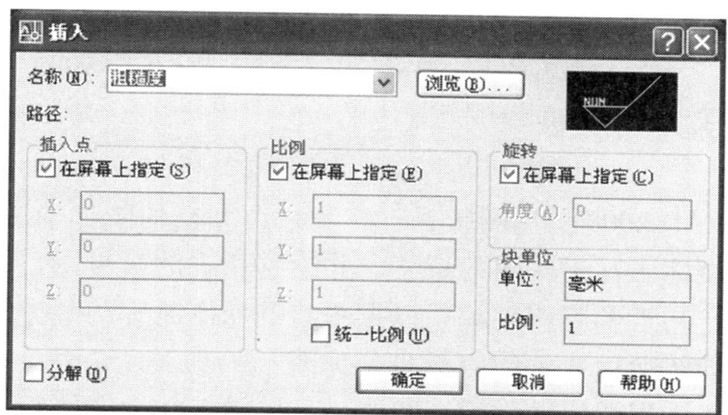


图 3.43　块的插入对话框

命令行的显示如下。

```
命令：_ insert
指定插入点或 [基点 (B) /比例 (S) /X/Y/Z/旋转 (R)]：
输入 X 比例因子，指定对角点，或 [角点 (C) /XYZ (XYZ)] <1>：0.5
                                          //X 方向缩小一半
输入 Y 比例因子或 <使用 X 比例因子>：0.5    //Y 方向缩小一半
指定旋转角度 <0>：                         //回车，表示不旋转
输入属性值
粗糙度值 <1.6>：                           //回车，属性值即为默认值 1.6
```

（5）修改图块属性。

在插入粗糙粗块时缩小了原来的块的比例，以至于数值也相应的缩小了一半，此时，

需要修改图块属性。

双击插入的粗糙度块，弹出“增强属性编辑器”对话框，如图 3.44 所示。重新选择其中文本样式“机械 3.5”，文本高度即可恢复到 3.5，使得标注的粗糙度值的大小恢复正常。

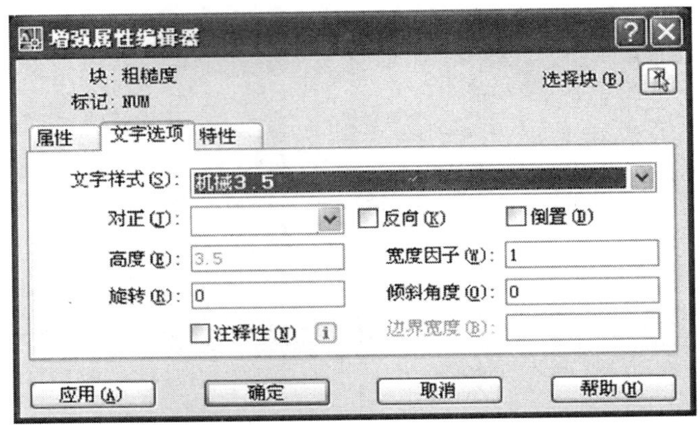


**图 3.44　增强属性编辑器**

标注完成的阶梯轴如图 3.2 所示。

## 3.6　项目小结

本项目是以 AutoCAD 2008 为制图工具，绘制一个完整的阶梯轴主视图和局部剖面图，介绍了三视图和局部剖面图对于作图的意义，并绘制相应的效果图，同时也介绍了对阶梯轴效果图的标注。对于初学者应该在掌握三视图和剖面图原理的基础上，发挥三维空间思维和想象能力，灵活熟练运用 AutoCAD 软件来作图。

在项目实施的过程中用图示展示了绘图的过程，对于初学者能很快掌握相关命令的使用，通过引入绘制阶梯轴的例子，主要介绍了 A4 样板的工程应用，同时介绍三视图中主视图与局部剖面图的关系和数据的互补，并绘制相应效果图。然后对阶梯轴进行标注，标注之前先对文本样式、标注样式进行设置。最后对于需要不断重复标注的粗糙度块实现转换为块的属性设置和保存，并在图中需要的位置插入粗糙度块。

阶梯轴的绘制是一个相对比较综合的项目，一般平面图的绘图过程都会遵循这个项目的实施流程。在此过程中，对于 AutoCAD 的初学者而言，不仅要加强巩固平面图形的画法，更重要的是掌握各种标注工具的具体使用及细化修改，尽可能使得标注的尺寸和数据更加清晰、直观和准确，在此基础上还要能不断提高作图的效率。

## 3.7　拓展练习

(1) 应用 A4 样板绘制阶梯轴，尺寸如图 3.45 所示，文字样式和标注样式要求如下。

1）文字样式（符合国标的文字）：新建文字样式，样式名为“机械 3.5”，字体为 gbenor. shx，使用大字体（gbcbig. shx），高度 3.5、宽度比例 1。

2）尺寸标注格式。新建尺寸标注样式，样式名为“机械标注”，修改内容如下（未提到的均为默认）。

尺寸线：基线距离 2；尺寸界线：超出尺寸线 3、起点偏移量 1；箭头：实心闭合，箭头大小 4；字体：机械 3.5；文字位置：垂直 上方、水平 置中；文字对齐：与尺寸线对齐；主单位：线性标注精度 0；

在机械标注下建立一个角度标注样式，仅将其中的文字对齐方式改为水平。

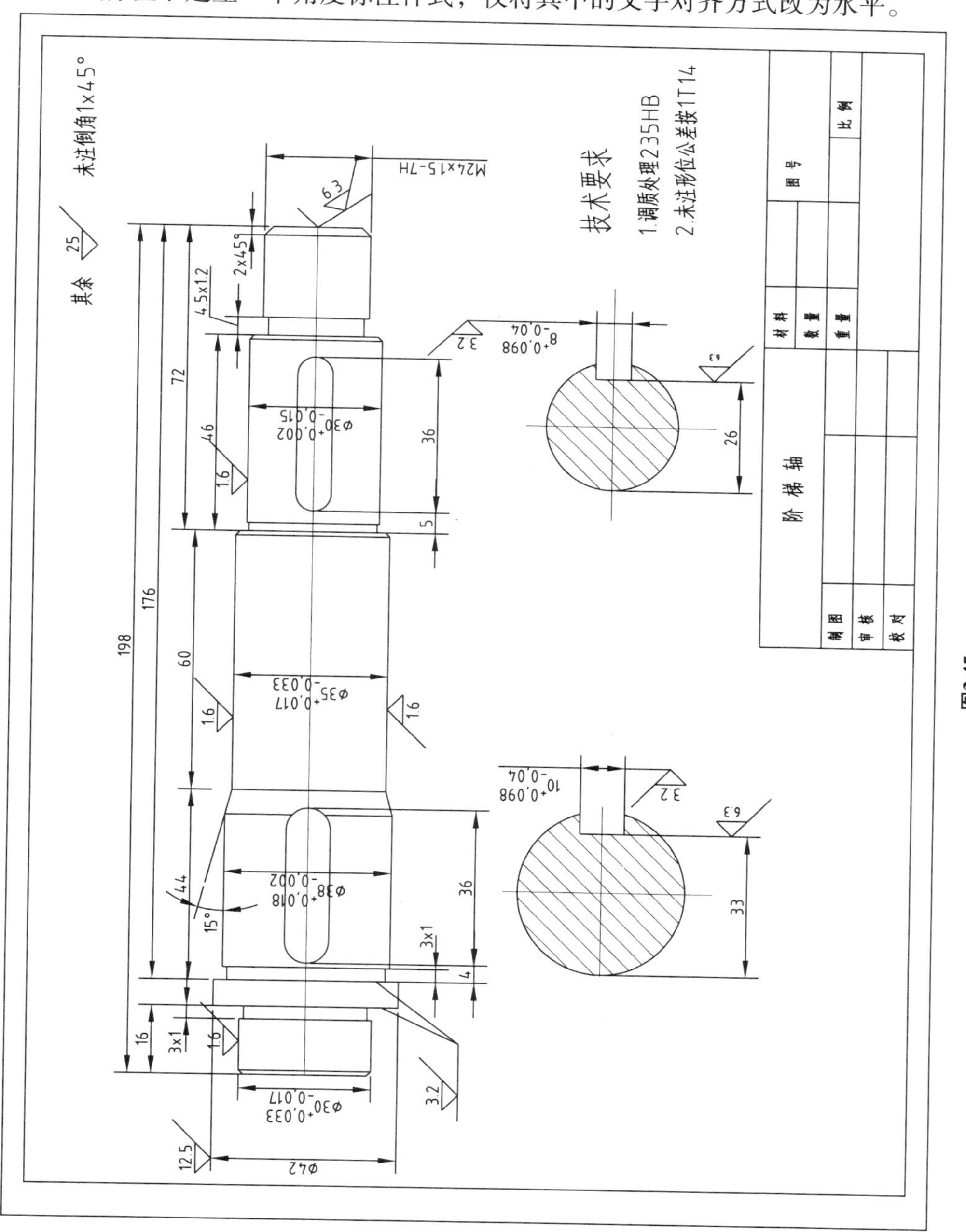


图3.45

（2）应用 A4 样板绘制主动轴，尺寸如图 3.46 所示，文字样式和标注样式如上题所述。

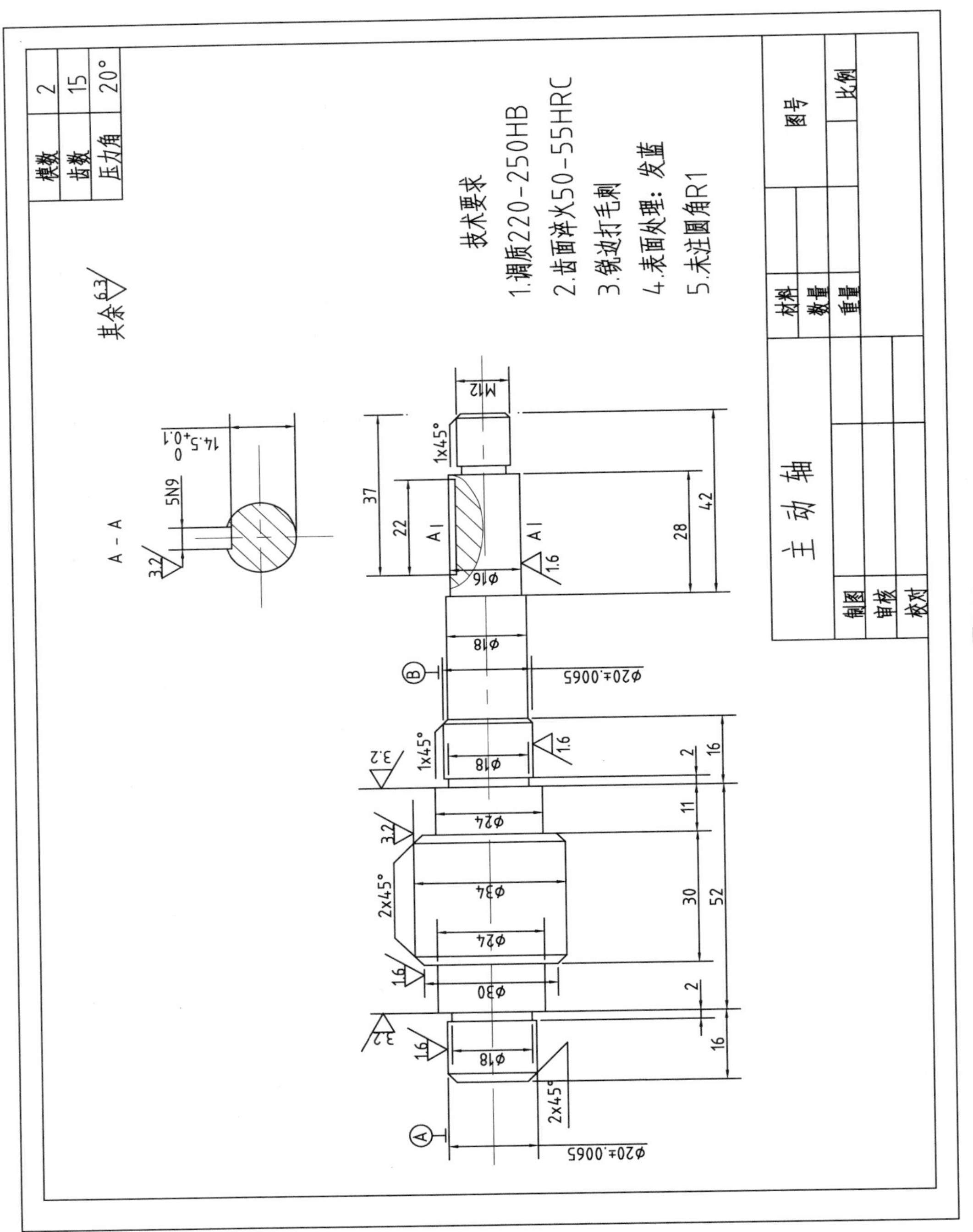


图3.46

# 绘制装配图

【能力目标】

- 熟练掌握常用件和标准件的绘制和图块定制
- 熟练掌握将图块拼装成装配图

【知识点】

- 图块的创建与插入

## 4.1 项目引入

装配图是表达机器或部件的图样，主要表达其工作原理和装配关系。在机器设计过程中，装配图的绘制位于零件图之前，并且装配图与零件图的表达内容不同，它主要用于机器或部件的装配、调试、安装、维修等场合，也是生产中的一种重要的技术文件。

在产品或部件的设计过程中，一般是先设计画出装配图，然后再根据装配图进行零件设计，画出零件图；在产品或部件的制造过程中，先根据零件图进行零件加工和检验，再按照依据装配图制定的装配工艺规程将零件装配成机器或部件；在产品或部件的使用、维护及维修过程中，也经常要通过装配图来了解产品或部件的工作原理及构造。.

本项目将在前面 AutoCAD 2008 平面图形绘制的基础上，以绘制铣刀头的装配图为例(如图 4.1 所示)，先将已有的零件图定制成图块，然后将这些图块拼装成装配图，同时清除多余的图线并完成零件序号的编写，使读者在巩固二维平面图形绘制的基础上，掌握机械装配图的绘制过程。

本项目推荐课时为 8 学时。

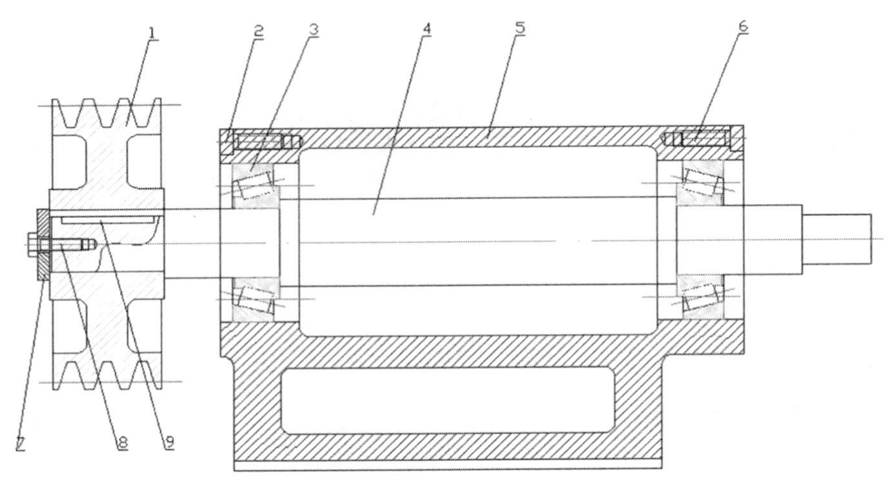


图 4.1 拼装完成的铣刀头装配图

## 4.2 项目分析

绘制机械装配图是一个比较综合的项目，可以采用先绘制标准件和常用件并定制成图块，然后利用已有的零件图拼画装配图的方法来实施。

本项目分成以下 9 个任务来完成，分别给出作图目标分析和详细操作步骤，结合具体的作图效果，将平面图形的画法融合在其中，并着重介绍图形定制成块的过程，以及块的插入操作。

具体任务如下：

任务一 绘制轴承块

任务准备：直线、创建块、修剪、图案填充等命令。

任务二 绘制螺钉块

任务准备：直线、倒角、创建块、修剪等命令。

任务三 绘制内六角螺钉块

任务准备：直线、倒角、创建块、修剪等命令。

任务四 绘制轴块

任务准备：直线、创建块、修剪、图案填充等命令。

任务五 绘制皮带轮块

任务准备：直线、圆、圆角、创建块、修剪、图案填充等命令。

任务六 绘制挡圈块

任务准备：直线、创建块、修剪、图案填充等命令。

任务七 绘制底座

任务准备：直线、圆角、圆角矩形、创建块、修剪、图案填充等命令。

任务八　在底座上进行装配图拼装
　　　　任务准备：插入块、块的缩放。
任务九　装配图中的零件编号
　　　　任务准备：创建块、插入块等命令。

# 4.3　任务一　绘制轴承块

拼装完成的铣刀头装配图效果如图4.1所示。观察该装配图，不难发现它是由一系列标准件和常用件构成的，本任务就是绘制其中一个标准件——轴承块。

## 4.3.1　操作步骤

（1）绘制轴承轮廓线。
（2）将轴承轮廓线制成块。

## 4.3.2　任务实施

1. 绘制轴承轮廓线

新建一个图形文件，按照如图4.2所示的尺寸绘制轴承轮廓线，绘制完成如图4.3所示。

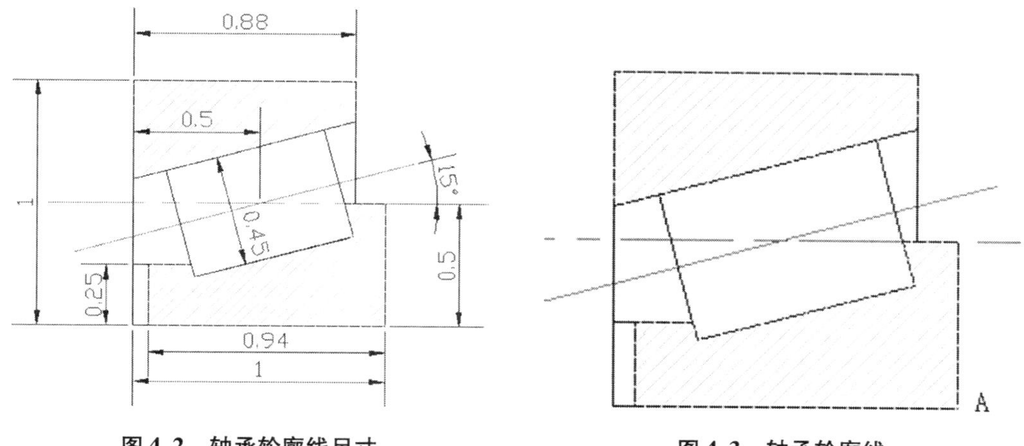


图4.2　轴承轮廓线尺寸　　图4.3　轴承轮廓线

2. 将轴承轮廓线定制成块

命令行输入“wblock”命令，弹出“写块”对话框，如图4.4所示。将“目标”选项区域中的“文件名和路径”下拉菜单改为“D:\装配图\轴承块.dwg”，框选如图4.3所示的图形为块对象，并且以轴承的右下角的A点为插入点。单击“确定”按钮即生成轴承图块。

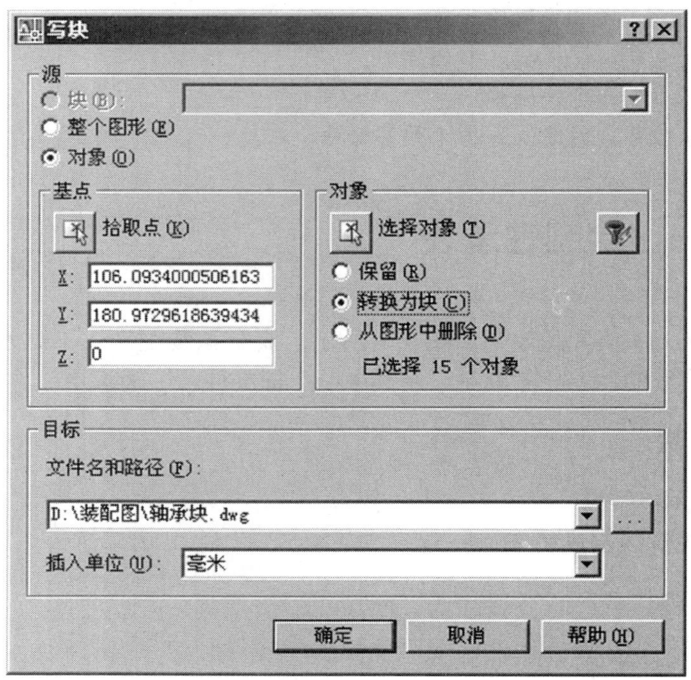


图 4.4　生成轴承块

**注意**

为了在插入图块时比较容易确定块的缩放比例值，一般将标准件绘制在 1×1 的正方形中。但是像轴承这样的复杂图形，将其整体分成块，在插入时采用相同比例，不能保证轴承的内孔、外径及宽度尺寸都正确，所以仅将如图 4.3 所示的图形生成块。

## 4.4　任务二　绘制螺钉块

### 4.4.1　操作步骤

（1）绘制螺钉轮廓线。

（2）将螺钉轮廓线定制成块。

### 4.4.2　任务实施

1. 绘制螺钉轮廓线

新建一个图形文件，按照如图 4.5 所示的尺寸绘制螺钉轮廓线，绘制完成如图 4.6 所示。

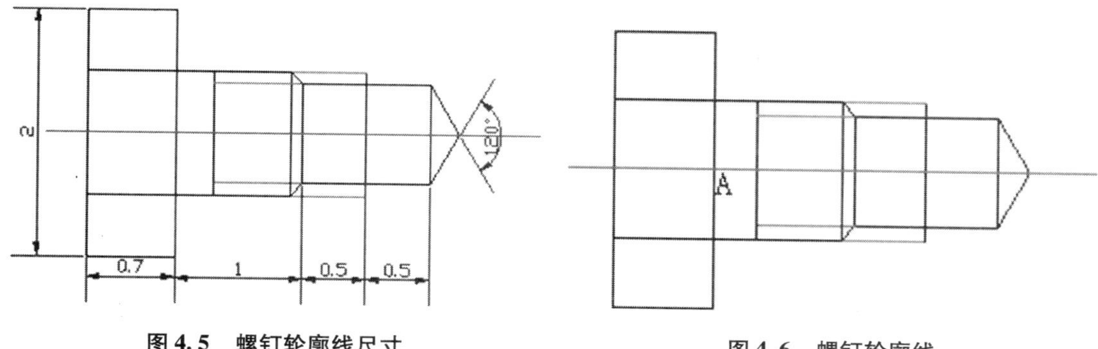


图 4.5　螺钉轮廓线尺寸

图 4.6　螺钉轮廓线

2. 将螺钉轮廓线制成块

用前述方法将如图 4.6 所示的图形定制为螺钉图块，并且以螺钉的中心点 A 点为插入点。

# 4.5　任务三　绘制内六角螺钉块

## 4.5.1　操作步骤

（1）绘制内六角螺钉轮廓线。

（2）将内六角螺钉轮廓线定制成块。

## 4.5.2　任务实施

1. 绘制内六角螺钉轮廓线

新建一个图形文件，按照如图 4.7 所示的尺寸绘制内六角螺钉轮廓线，绘制完成如图 4.8 所示。

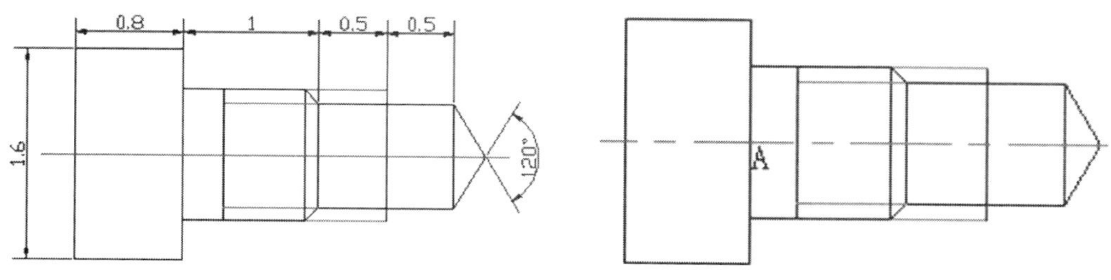


图 4.7　内六角螺钉轮廓线尺寸

图 4.8　内六角螺钉轮廓线

2. 将内六角螺钉轮廓线定制成块

用前述方法将如图 4.8 所示的图形定制为内六角螺钉图块，并且以内六角螺钉的中心点 A 点为插入点。

# 4.6 任务四　绘制轴块

## 4.6.1 操作步骤

(1) 绘制轴轮廓线。

(2) 将轴轮廓线定制成块。

## 4.6.2 任务实施

1. 绘制轴轮廓线

新建一个图形文件，按照如图 4.9 所示的尺寸绘制轴轮廓线。

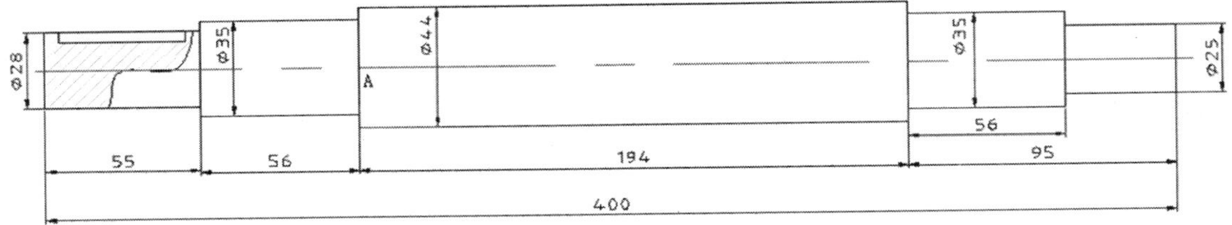


**图 4.9　轴轮廓线尺寸**

2. 将轴轮廓线定制成块

如图 4.9 所示图形的尺寸标注层，用前述方法将此图形定制为轴块，并且以轴的中心点 A 点为插入点。

# 4.7 任务五　绘制皮带轮块

## 4.7.1 操作步骤

(1) 绘制皮带轮的轮廓线。

(2) 将皮带轮的轮廓线定制成块。

## 4.7.2 任务实施

1. 绘制皮带轮的轮廓线

新建一个图形文件，按照如图 4.10 所示的尺寸绘制皮带轮的轮廓线。绘制完成的皮带轮的轮廓线如图 4.11 所示。

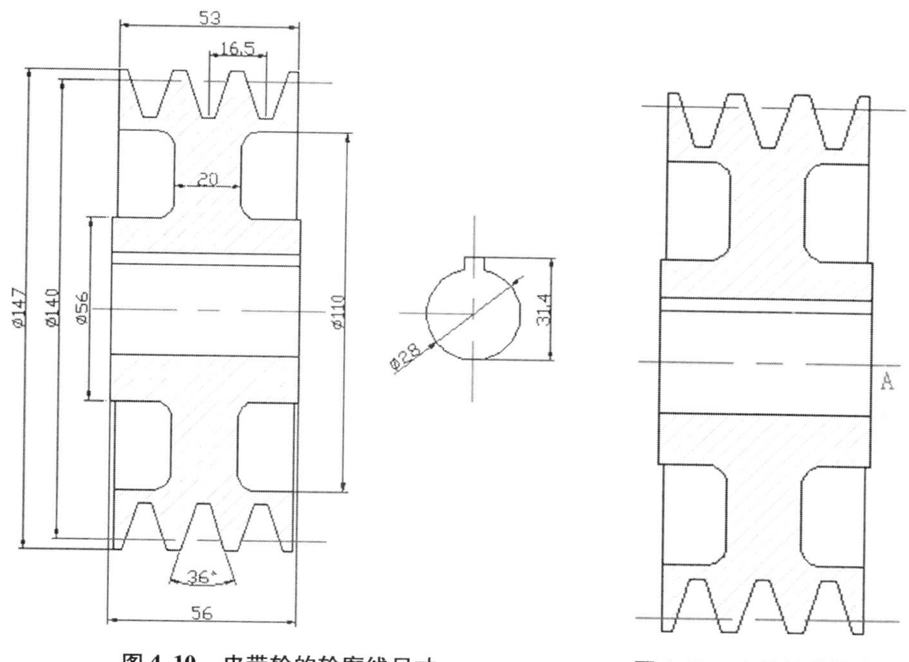


图 4.10　皮带轮的轮廓线尺寸　　　图 4.11　皮带轮的轮廓线

2. 将皮带轮的轮廓线定制成块

用前述方法将如图 4.14 所示的皮带轮的轮廓线定制为皮带轮块，并且以皮带轮的中间点 A 为插入点。

# 4.8　任务六　绘制挡圈块

## 4.8.1　操作步骤

（1）绘制挡圈轮廓线。

（2）将挡圈轮廓线定制成块。

## 4.8.2　任务实施

1. 绘制挡圈轮廓线

新建一个图形文件，按照如图 4.12 所示的尺寸绘制挡圈轮廓线。绘制完成的挡圈轮廓线如图 4.13 所示。

2. 将挡圈轮廓线定制成块

用前述方法将如图 4.13 所示的挡圈轮廓线定制为挡圈块，并且以挡圈的中间点 A 为插入点。

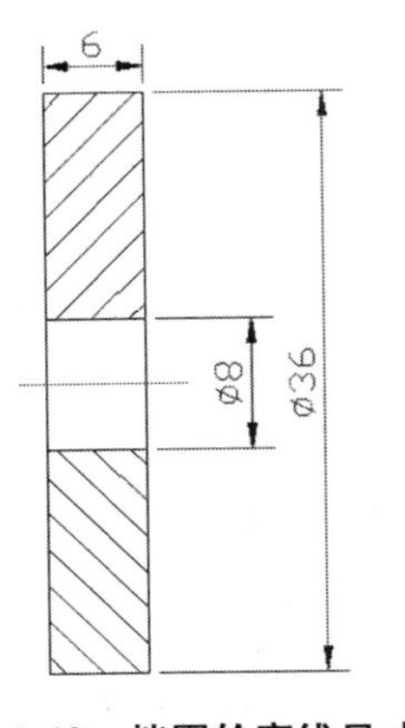


图 4.12　挡圈轮廓线尺寸

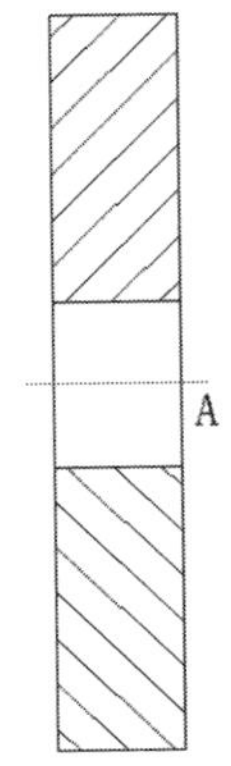


图 4.13　挡圈轮廓线

## 4.9　任务七　绘制底座

### 4.9.1　操作步骤

（1）绘制底座轮廓线。

（2）保存底座轮廓线。

### 4.9.2　任务实施

1. 绘制底座轮廓线

新建一个图形文件，按照如图 4.14 所示的尺寸绘制底座轮廓线。

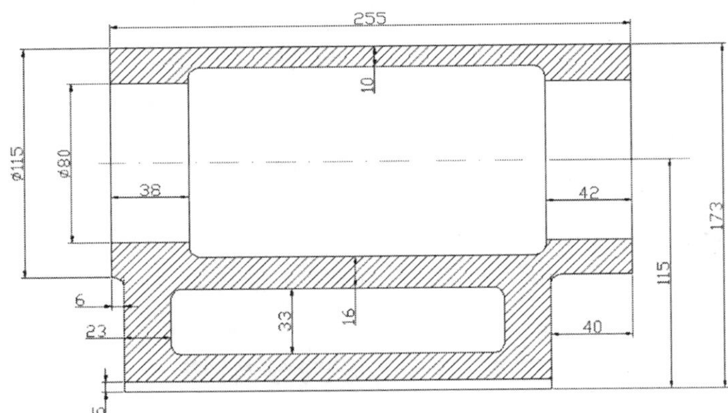


图 4.14　底座轮廓线尺寸

2. 保存底座轮廓线

单击“文件”菜单中的“保存”按钮，将其中的“文件名和路径”改为“D:\装配图\底座.dwg”，单击“确定”按钮保存。

# 4.10　任务八　在底座上进行装配图拼装

## 4.10.1　操作步骤

（1）打开底座文件并另外保存。

（2）拼装轴块。

（3）拼装轴承块。

（4）拼装内六角螺钉。

（5）拼装皮带轮和挡圈。

（6）拼装螺钉。

## 4.10.2　任务实施

1. 打开底座文件并另外保存

打开之前绘制完成的底座零件图文件，将其另存为一个新文件。具体操作是，选择下拉菜单“文件”→“另存为”，在弹出的“图形另存为”对话框里的“文件名”对话栏中输入“铣刀头装配图”，再单击“保存”按钮即可。

2. 拼装轴块

关闭尺寸标注层，选择下拉菜单“插入”→“块”，或者在命令行中直接输入“insert”命令，弹出“插入”对话框，如图4.15所示。

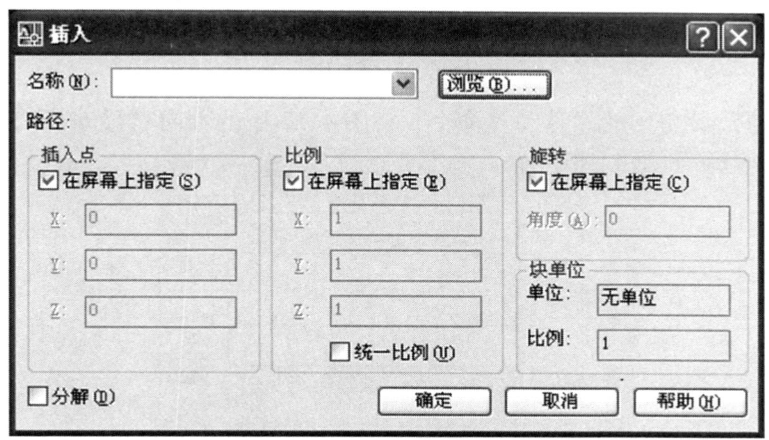


**图4.15　“插入”对话框**

单击右上角的“浏览”按钮，弹出“选择图形文件”对话框，如图4.16所示。

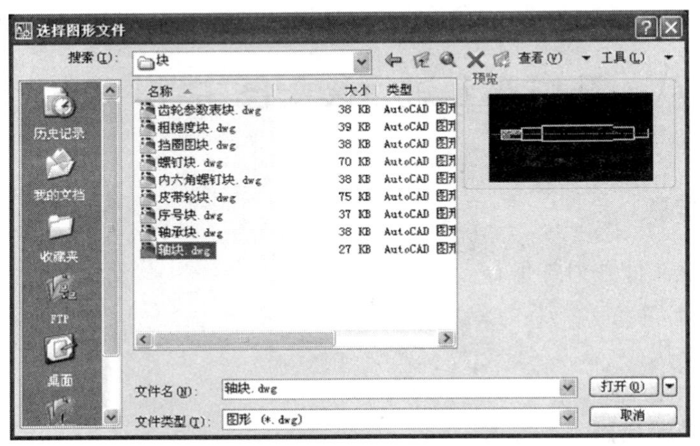


图 4.16 “选择图形文件”对话框

找到块所保存的文件夹，选择“轴块”，单击“打开”按钮，回到“插入”对话框。单击其中的“确定”按钮，将轴块插入到底座图的适当位置，如图 4.17 所示。

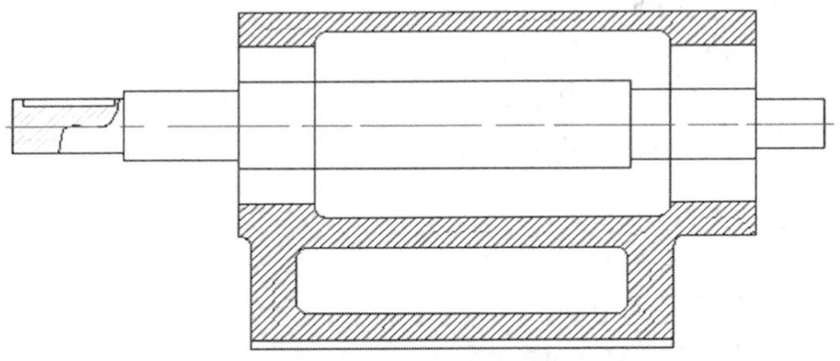

图 4.17 插入轴

选择“修改”菜单中的“移动”命令，将图 4.17 中的轴向右移动 28.5 个单位，调整后的轴在底座的位置如图 4.18 所示。

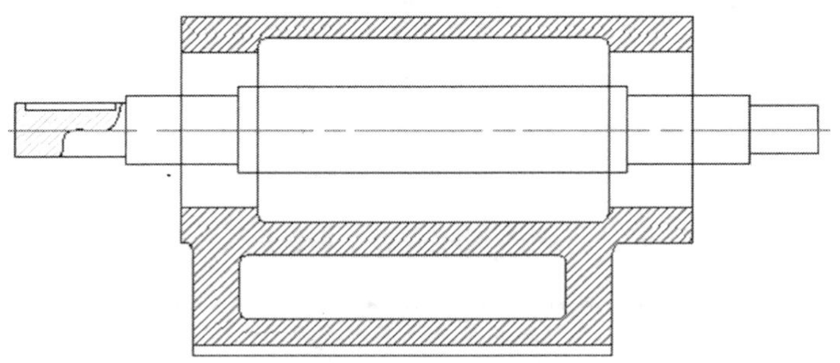

图 4.18 调整后的轴

### 3. 拼装轴承块

用前述方法打开“插入”对话框（见图 4.15），在“名称”下拉菜单中选择要插入的“轴承块”选项，并将缩放比例调整为 X = 23，Y = 22.5，单击“确定”按钮，将轴承块插入到底座图中适当的位置，如图 4. 19 所示。

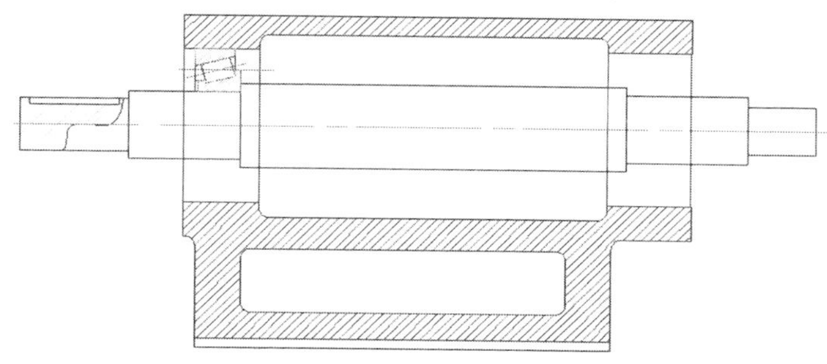

**图 4. 19　插入轴承块**

单击“修改”菜单中的“镜像”命令，对照中心线完成镜像命令后的轴承图如图 4. 20 所示。

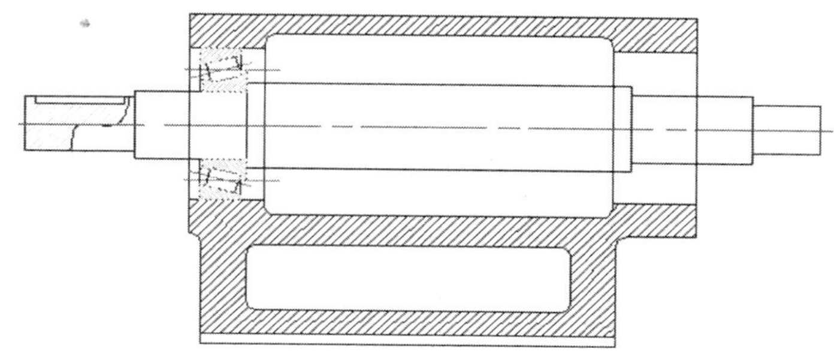

**图 4. 20　完成镜像后的轴承图**

在如图 4. 15 所示的“插入”对话框中，缩放比例仍然调整为 X = 23，Y = 22. 5，并将“旋转”选项区域中的“角度”设置为 180°，插入右下角另一端的轴承块。单击“修改”菜单中的“镜像”命令，对照中心线完成镜像命令后的轴承图如图 4. 21 所示。

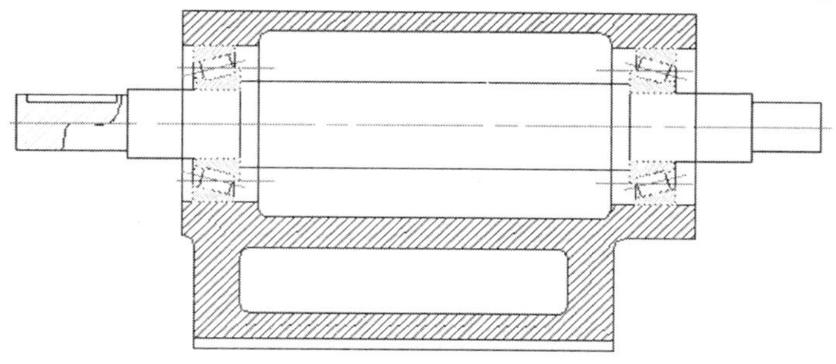

**图 4. 21　插入另一端的轴承块**

4. 拼装内六角螺钉

利用前面所述的方法，找到要插入的内六角螺钉块，在“插入”对话框中，将缩放比例设置为 X 和 Y 的比例均为 8，然后将其插入到绘图区的空白位置。插入后的内六角螺钉块如图 4. 22 所示。

因为需要将螺钉块的局部进行拉伸，所以首先要将整体的内六角螺钉块进行分解。选择“修改”菜单中的“分解”命令，将如图 4.22 所示的内六角螺钉块整体进行分解，分解成彼此独立的轮廓线条。继续选择“修改”菜单中的“拉伸”命令，对插入的内六角螺钉局部进行拉伸，操作如下：框选如图 4.23 所示的虚线框范围，鼠标水平向右，极轴追踪 0°角，拉伸长度为 16 个单位。命令行的显示如下所述。

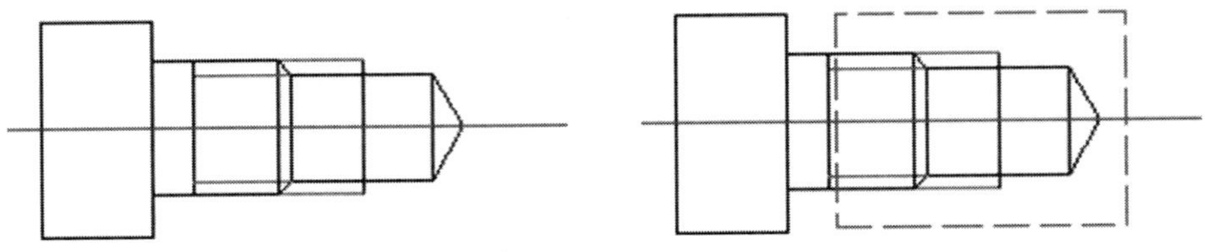

图 4.22　插入后的内六角螺钉块　　　　图 4.23　拉伸时框选区域

```
命令：_ stretch                                //拉伸命令
以交叉窗口或交叉多边形选择要拉伸的对象……
选择对象：指定对角点：找到 24 个               //框选如图 4.29 所示的虚线框范围
选择对象：                                     //鼠标右键取消选择
指定基点或［位移（D）］＜位移＞：              //选择 A 点为基点
指定第二个点或＜使用第一个点作为位移＞：   16
                                               //极轴追踪向右捕捉0°角，输入拉伸长度16
```

拉伸后的内六角螺钉如图 4.24 所示。

利用“移动”命令，将内六角螺钉移动到底座图的合适位置。插入内六角螺钉后的完成图如图 4.25 所示。

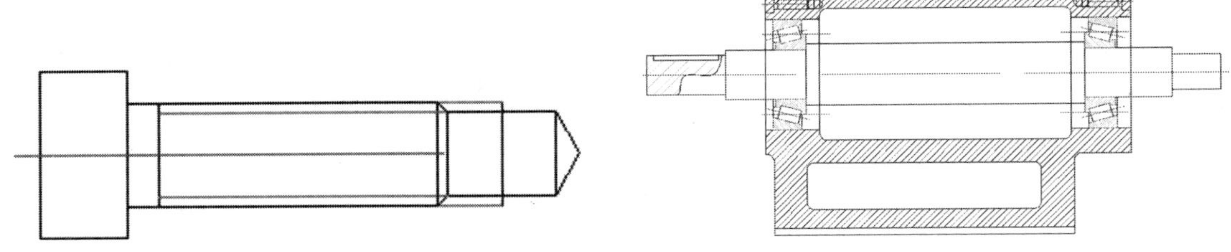

图 4.24　拉伸后的内六角螺钉　　　　图 4.25　插入内六角螺钉后的完成图

5. 拼装皮带轮和挡圈

利用前面介绍的方法，分别插入皮带轮和挡圈，如图 4.26 所示。

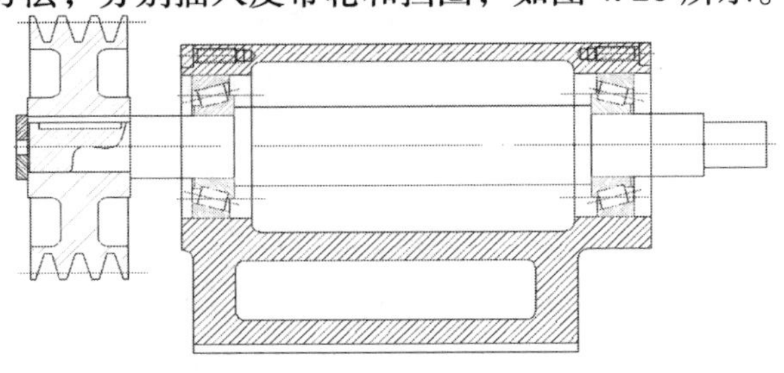

图 4.26　插入皮带轮和挡圈

6. 拼装螺钉

利用前面介绍的方法，找到要插入的螺钉块，在“插入”对话框中，将缩放比例设置为X和Y均为6，然后将其插入到绘图区的空白位置。插入后的螺钉如图4.27所示。

用前面所述的方法对螺钉进行拉伸。拉伸后的螺钉如图4.28所示。

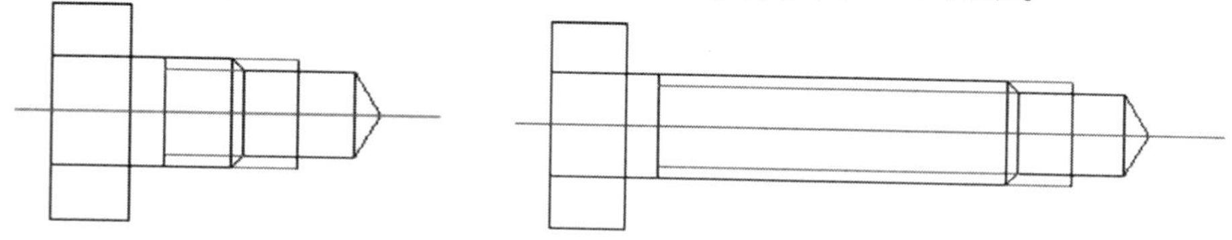

图4.27　插入后的螺钉块

图4.28　拉伸后的螺钉

利用“移动”命令，将螺钉移动到底座图的合适位置。插入螺钉后的完成图如图4.29所示。至此，铣刀头的装配图绘制完毕，下面给零件编号。

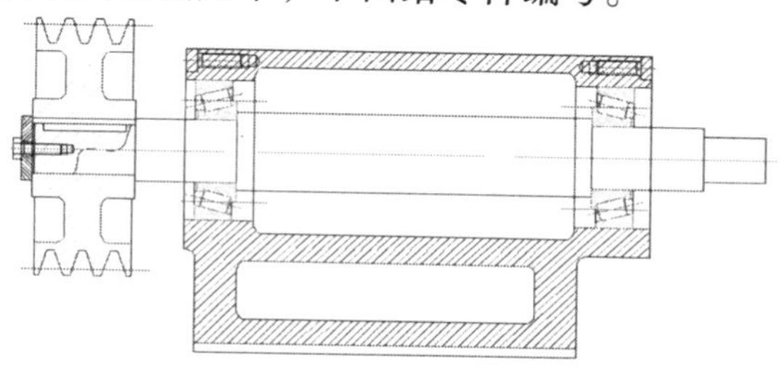

图4.29　插入螺钉块后的装配图

## 4.11　任务九　装配图中的零件编号

### 4.11.1　操作步骤

（1）绘制零件序号轮廓线并定制成块。

（2）插入零件序号块为零件编号。

### 4.11.2　任务实施

1. 绘制零件序号轮廓线并制成块

零件编号的常用形式如图4.30所示。对于这两种情况，可以先将引出线末端的直线或圆圈定义成块，并且在序号A处定义块的属性，这样就给标注带来很大方便。下面以图4.30a所示的形式加以说明。

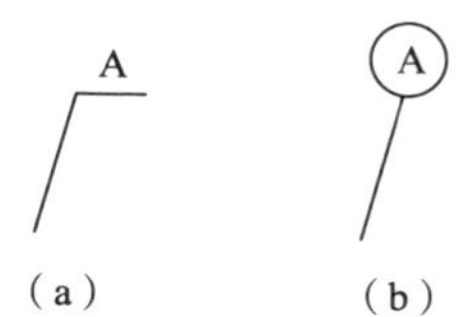


图4.30　零件编号常用的形式

单击下拉菜单“绘图”→“块”，选择“定义属性”命令，打开“属性定义”对话框，如图4.31所示。分别在“标记”、“提示”、“值”填写栏内输入“A”、“序号”、“1”，在“文字设置”的“文字高度”栏中输入数值

"5"，单击"确定"按钮，退出"属性定义"对话框的同时，在绘图区内输出属性文字 A。

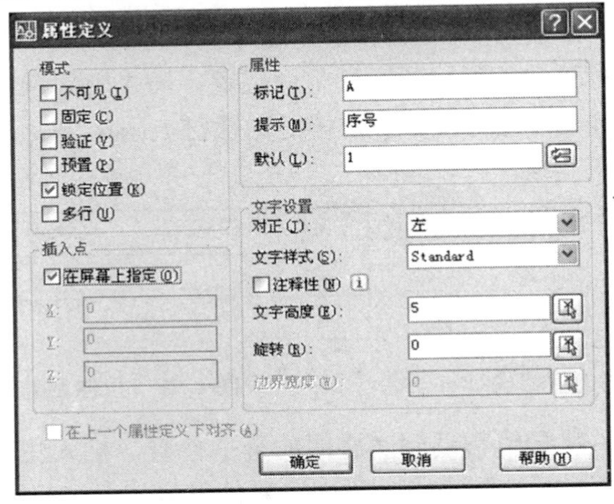

图 4.31 "属性定义"对话框

在属性文字 A 的下方绘制一条短实线，如图 4.32 所示。

图 4.32 定义带属性的块

将图 4.32 定义为块，块命名为"序号块"，基点为直线的左端点。

2. 插入零件序号块为零件编号

在装配图中为每个零件绘制指引线，插入"序号块"编写序号，将块插入到各个指引线的端点，每次插入时逐个修改块属性值。完成标注序号的效果图如图 4.1 所示。

## 4.12 项目小结

本项目是以 AutoCAD 2008 为制图工具，通过铣刀头装配图的绘制，介绍了零件图的分解绘制、图形图块的转换以及装配图的拼装。

在项目实施的过程中用图示展示了绘图的过程，对于初学者能很快地掌握相关命令的使用。铣刀头的装配图是一个综合性比较强、图形比较复杂的二维平面图形。在前面熟练掌握平面图形画法的基础上，先将这复杂的图形分解成一系列小的零件块，再将这些小的零件块重新组合，拼装成复杂的装配图。

本项目着重介绍了铣刀头的分解与拼装组合，在此过程中，又以零件图块的创建和插入为重中之重。对于 AutoCAD 的初学者而言，不仅要熟练掌握平面图形的画法，更重要的是要学会分析复杂图形，有效分解图形，并定制成块，找出最有效的绘图方式和方法，不断提高作图的效率。

## 4.13 拓展练习

根据图 4.33 中所给尺寸，拆画零件图，将零件图定制成图块，再进行装配图的拼装，然后标注零件编号并制作标题栏和明细表。

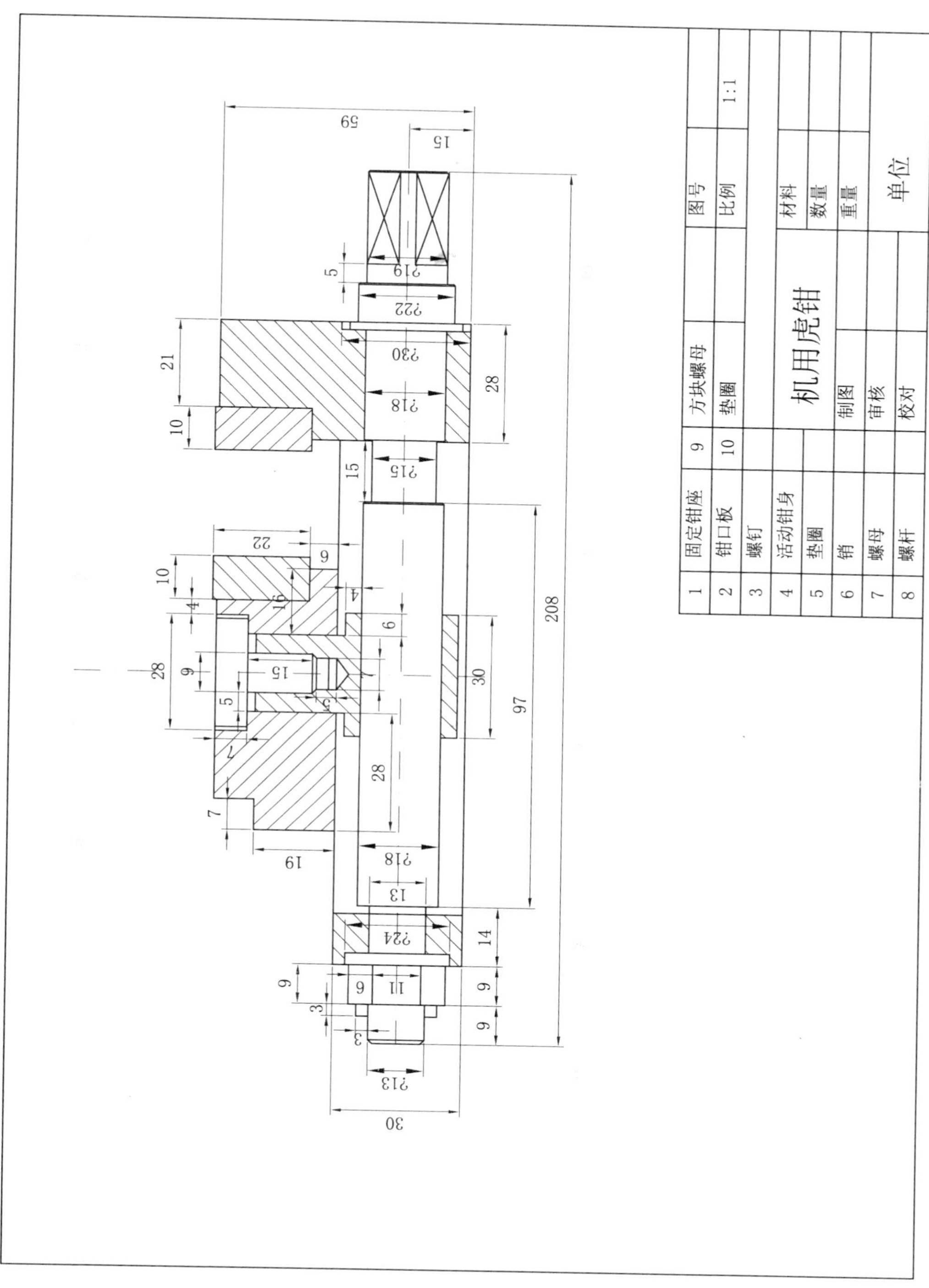


图4.33

# 绘制电气控制图

【能力目标】

- 掌握 AutoCAD 的创建块命令
- 分析电气图和接线图在图纸中的布局设置
- 绘制电气控制原理图

【知识点】

- 利用创建块命令，生成元件块
- 制作元件库
- 在电气图中插入元件块，使用线性命令和编辑命令绘制电气图

## 5.1 项目引入

本项目以 AutoCAD 2008 软件为工作平台，利用 AutoCAD 的创建块命令，绘制电气图中各种元器件，分析电气图在图纸中的布局设置，以绘制车床电气控制原理图为例讲述电气控制图绘制过程。绘制电气控制原理图是电气自动化专业及机电专业学生的基本技能，AutoCAD 是常用的电气图绘制工具，学习掌握 AutoCAD 绘制电气原理图和接线图等是工程技术中的一个重要技能。

本项目推荐课时为 8 学时。

## 5.2 项目分析

所谓电气图就是用电气图形符号、带注释的围框或简化外形表示电气系统或设备中组成部分之间相互关系及其连接关系的一种图。广义地说，表明两个或两个以上变量之间关系的曲线，用以说明系统、成套装置或设备中各组成部分的相互关系或连接关系，或者用以提供工作参数的表格、文字等，也属于电气图之列。

电气原理图绘制是电气设计工作中重要的环节。从图纸上能清楚地表达机床和电气设备的工作原理，使用者依此进行线路连接和设备维修。要求绘图者严格遵守国家标准，正确表达电气原理图中各个元件及符号。电气图是电气技术人员的语言，是他们共同沟通的工具，电气图的绘制要求非常严格，技术人员对电气图包含的内容一定要非常熟练的掌握，如电气制图的一般规则、电气图形符号、电气技术中的文字符号和项目符号、电气图的基本表示方法、基本电气图等。

电气原理图一般由主电路、控制电路、保护、配电电路等几部分组成。绘制电气原理图的一般规律如下。

（1）绘制主电路时，应依规定的电气图形符号用粗实线画出主要控制、保护等用电设备，如断路器、熔断器、变频器、热继电器、电动机等，并依次标明相关的文字符号。

（2）控制电路一般是由开关、按钮、信号指示、接触器、继电器的线圈和各种辅助触点构成，无论简单或复杂的控制电路，一般均是由各种典型电路（如延时电路、联锁电路、顺控电路等）组合而成的，用以控制主电路中受控设备的“起动”、“运行”、“停止”，使主电路中的设备按设计工艺的要求正常工作。对于简单的控制电路，要依据主电路要实现的功能，结合生产工艺要求及设备动作的先后顺序依次分析，仔细绘制。对于复杂的控制电路，要按各部分所完成的功能，分割成若干个局部控制电路，然后与典型电路对照，找出相同之处，本着“先简后繁、先易后难”的原则逐个画出每个局部环节，再找到各环节的相互关系。由于电气原理图具有结构简单、层次分明、适于研究、分析电路的工作原理等优点，所以无论在设计部门还是生产现场都得到了广泛应用。标准原理图样式如图 5.1 所示。

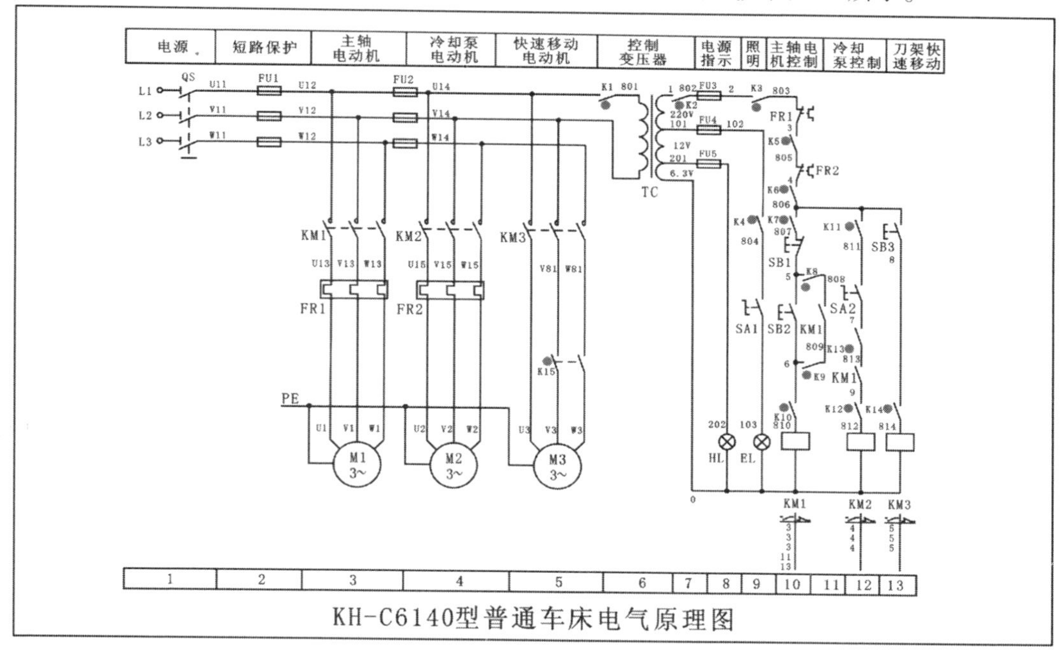


**图 5.1　车床电气原理图**

依据 KH－C6140 型普通车床电气原理图的要求绘制原理图，刚开始绘制电气图应学习绘制断路器、熔断器、变频器、继电器、接触器、电动机等块，生成相应的电气图元件库。分割复杂的电气原理图，分别绘制主电路和控制电路，然后依据相应关系连接成整体，本着“先简后繁、先易后难”的原则逐个画出每个局部环节。

本项目分成四个任务来完成。

任务一　绘制电气元件块，创建电气元件库

任务准备：图中涉及接触器、断路器、熔断器、继电器、电动机等器件，将其逐个绘制成块。

任务二　绘制车床主电路图

任务准备：插入任务一中生成的图块，用线条连接好相应的主电路图，并对其进行文字符号标注。

任务三　绘制车床控制电路图

任务准备：插入任务一中生成的电气元件块，用线条连接好相应的控制电路，并对其进行文字符号标注。

任务四　连接主电路和控制电路，并对图纸参数和元件代号进行标注

## 5.3　任务一　绘制电气元件块，创建电气元件库

以创建“QS 断路器”块为例，介绍电气元件块的创建方法。启动 AutoCAD 2008，在新建界面上绘制 QS 断路器的图形，如图 5.2 所示。把画好的 QS 断路器图标生成块，在命令栏输入 WBLOCK，弹出写块对话框，如图 5.3 所示。单击“拾取点”按钮，以断路器上一点作为拾取点；单击“选择对象”按钮，然后框选中所有线条；单击“文件名和路径”按钮，选择“电气图块”文件夹（相当于电子元器件库）保存生成的块，并取名“QS 断路器”。单击“确定”按钮，完成“QS 断路器”块的生成。

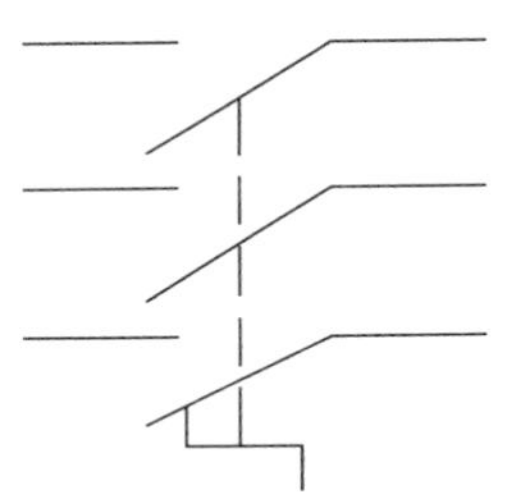

**图 5.2　QS 断路器**

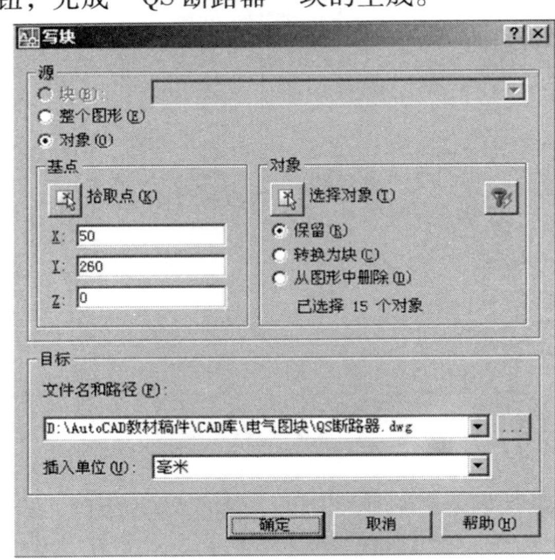


**图 5.3　生成“QS 断路器”块**

下面创建“接触器”、“热继电器”、“变压器”、“电动机”、“熔断器”、“时间继电器”、“指示灯”、“按钮”等其他元件的图块。首先在图上画出上述各元件的图形，如图 5.4 所示。然后生成与此对应的块，保存在“电气图块”文件夹内，如图 5.5 所示。这里不再详细叙述每个块的生成过程，方法与 QS 断路器块的相同。

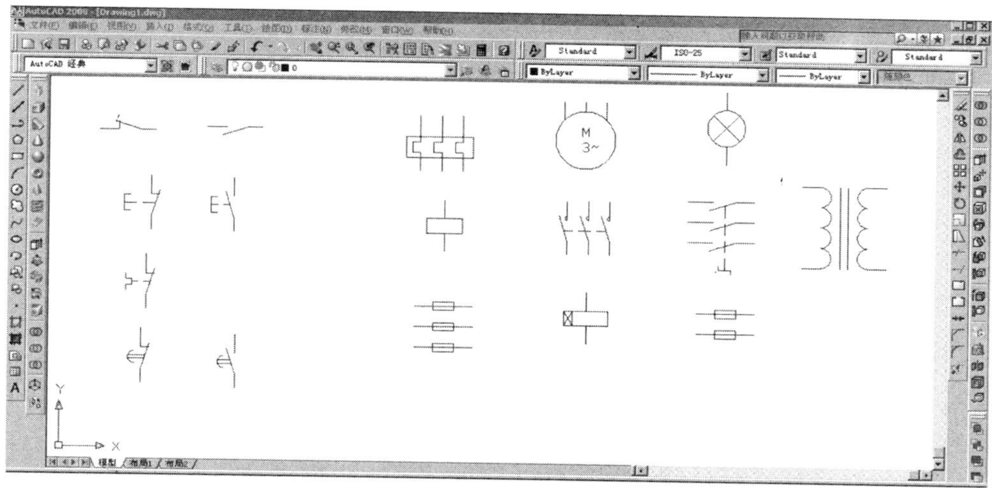


**图 5.4　各种电气元件图**

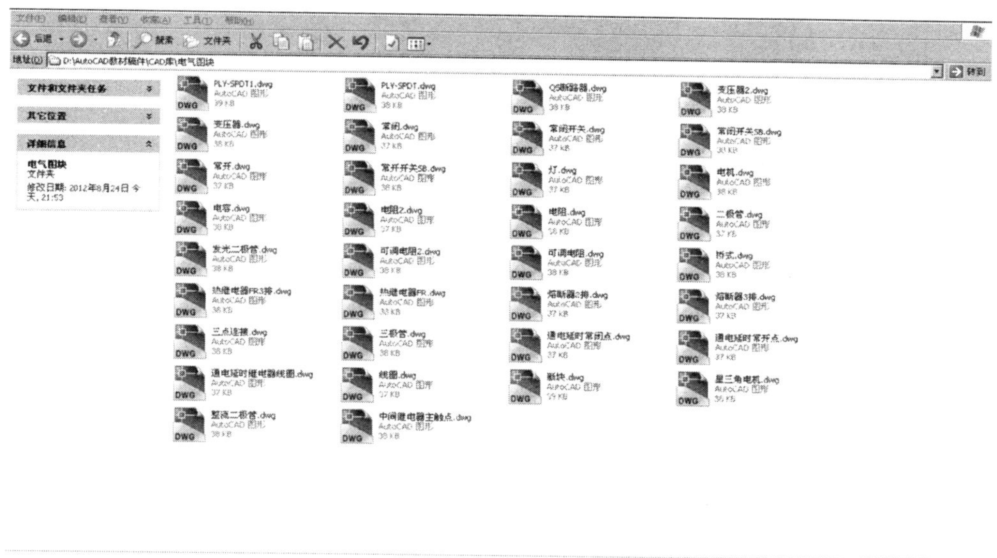

**图 5.5　生成的各种电气元件块**

## 5.4　任务二　绘制车床主电路图

打开一个 A3 样板图纸，用前面叙述的方法在图纸的合适位置插入“QS 断路器”块，如图 5. 6 所示。

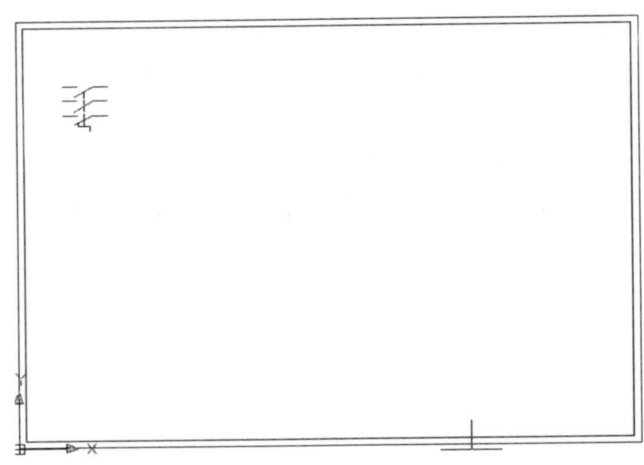

图 5. 6　插入“QS 断路器”块

用同样的方法插入“熔断器”块，选择插入点和断路器相连接，如图 5. 7 所示。把第一个熔断器向右延长 30mm，插入第二个熔断器块，如图 5. 18 所示。

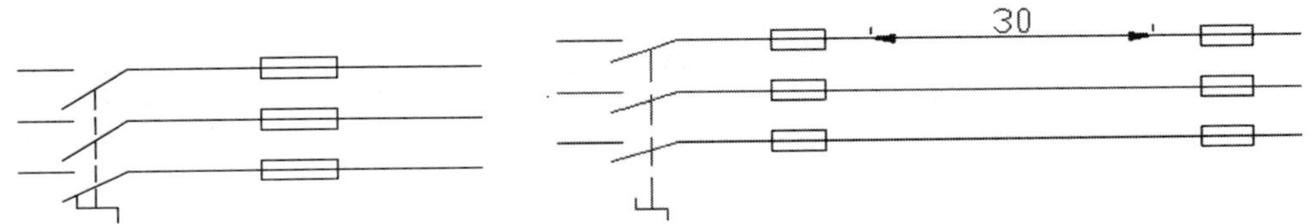


图 5. 7　插入“熔断器”块　　图 5. 8　插入第二个熔断器块

把第二个熔断器向右延长 60mm，插入 3 个“继电器主触头”块，如图 5. 9 所示。

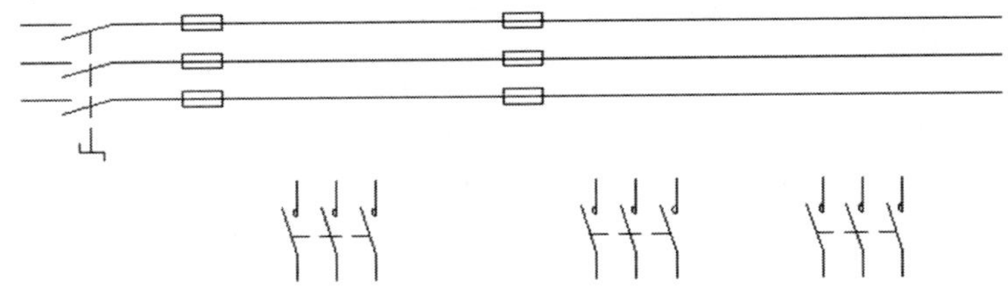

图 5. 9　插入“继电器主触头”块

连接好主触头和三相线之间的连线，插入两个热继电器块，如图 5. 10 所示。

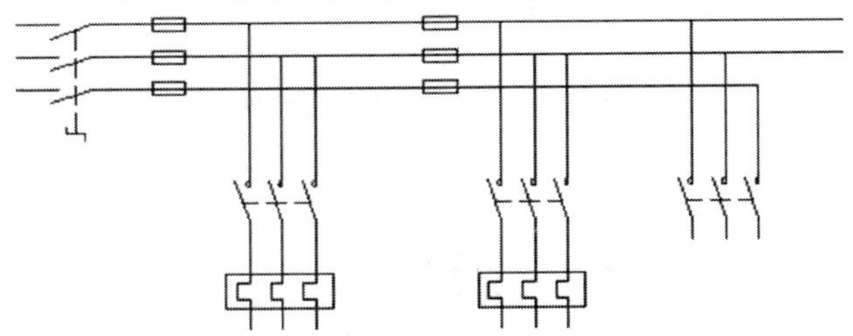

图 5. 10　插入热继电器块

继续插入电动机块，如图 5. 11 所示。插入两个“常开触头”块，利用在屏幕上旋转生产竖直状，如图 5. 12 所示。

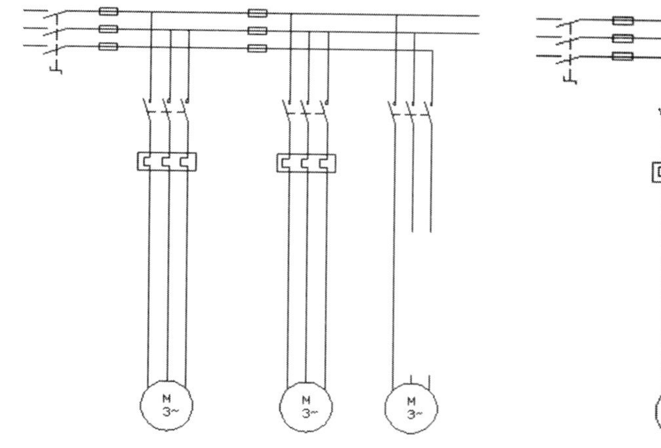

**图 5. 11　插入“电动机”块**

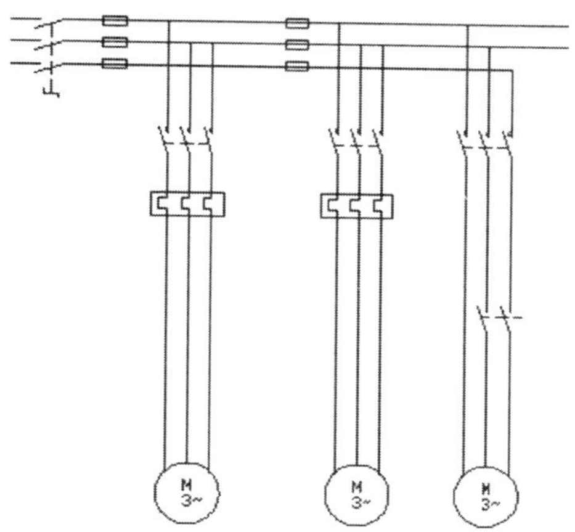

**图 5. 12　插入两个“常开触头”块**

插入“变压器”块，如图 5. 13 所示。至此，主电路绘制完毕。下面开始绘制控制电路。

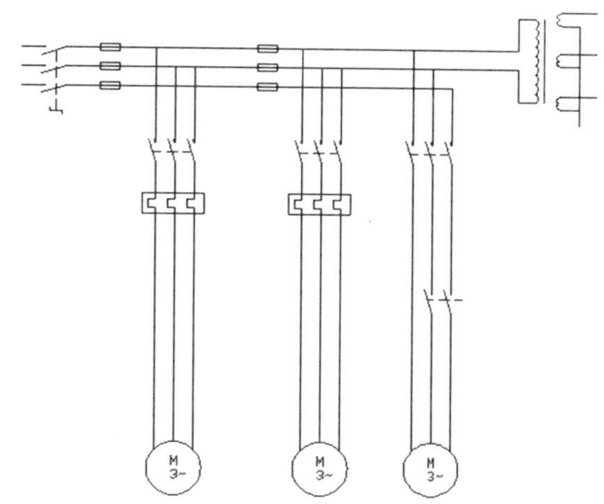

**图 5. 13　插入“变压器”块**

# 5. 5　任务三　绘制车床控制电路图

分析控制电路，遵循从上往下、由左到右的顺序进行画图。在变压器的右侧插入熔断器并连接线，如图 5. 14 所示。

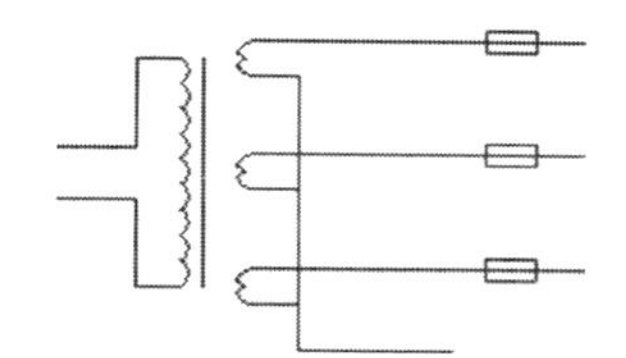

**图 5. 14　在变压器右侧插入熔断器**

连接变压器一侧回路至指示灯线，插入指示灯，如图 5. 15 所示。插入两个常开触头和一盏指示灯，连接

第 2 条垂直支路，如图 5. 16 所示。

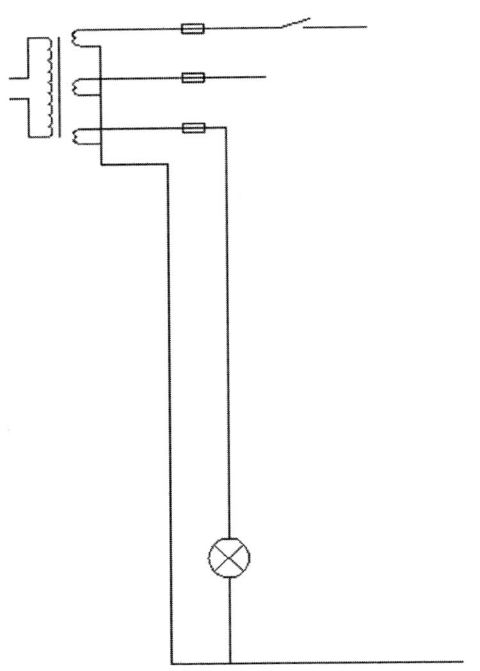

**图 5. 15　绘制第 1 条垂直支路**

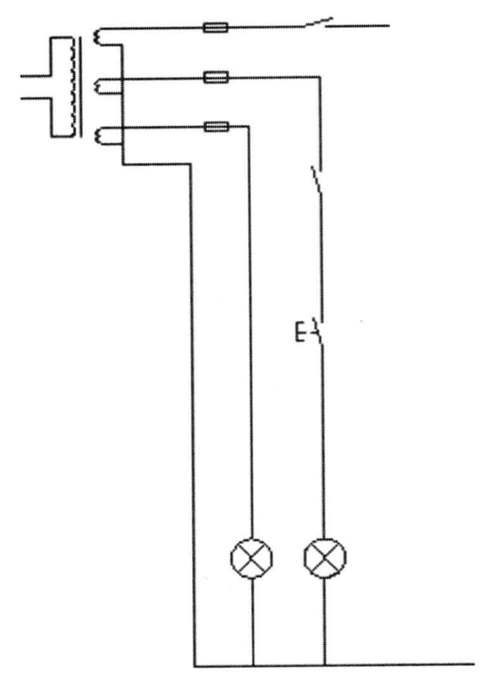


**图 5. 16　绘制第 2 条垂直支路**

插入两个热继电器的常闭触头，再插入两个常开触头，如图 5. 17 所示。插入接触器的线圈，插入多个常开和常闭触头，完成第 3 条支路，如图 5. 18 所示。

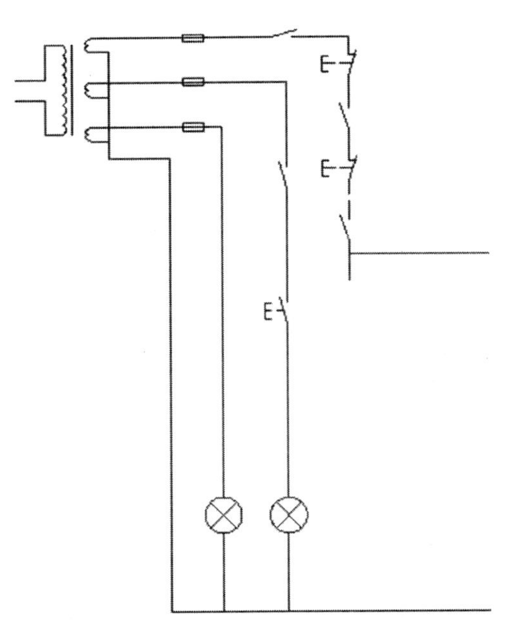


**图 5. 17　插入热继电器的常闭触头**

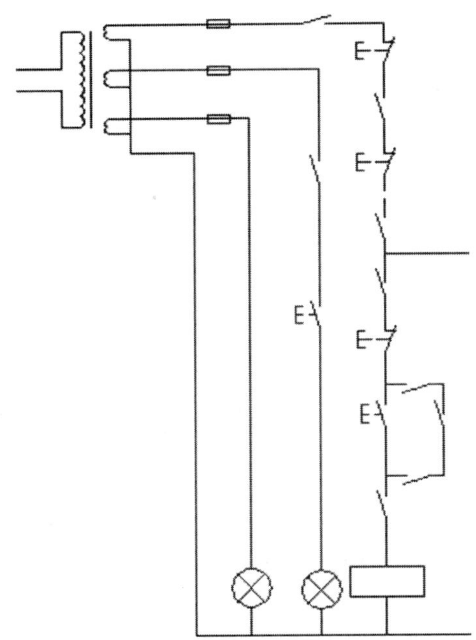


**图 5. 18　绘制第 3 条垂直支路**

插入多个常开触头和继电器线圈，完成第 4 条支路，如图 5. 19 所示。绘制的时候注意各元件放置的位置。

插入两个常开触头和最后一个线圈，绘制第 5 条支路，如图 5. 20 所示。

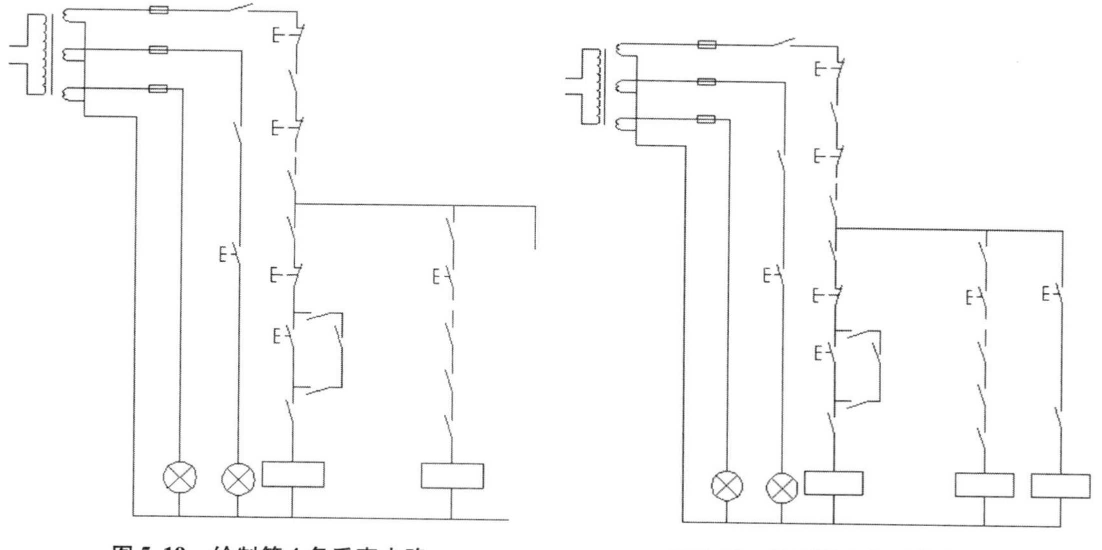

**图 5. 19　绘制第 4 条垂直支路**　　**图 5. 20　绘制第 5 条垂直支路**

完成后的控制电路图与主电路图连接起来，形成了完整的电路，如图 5. 21 所示。该图还需要进行标注文字和符号，并对图纸中的一些参数及注意点进行描述。

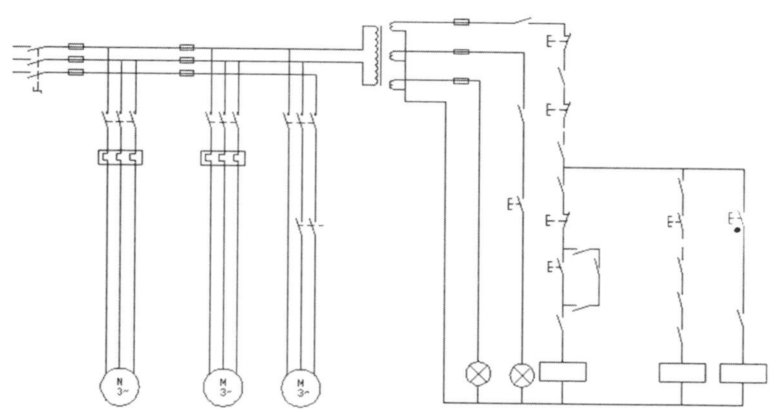

**图 5. 21　未标注的车床电气原理图**

## 5. 6　任务四　连接主电路和控制电路，对图纸参数和元件代号进行标注

对电气原理图标注参数和符号有以下作用。

（1）电气图的作用是阐述电路的工作原理，描述产品的构成和功能，提供装接和使用信息的重要工具和手段。

（2）用 AutoCAD 等工具表达的电气原理图是用图形符号、带注释的围框或简化外形表示系统或设备中各组成部分之间相互关系及其连接关系的一种图。

（3）元件和连接线是电气图的主要表达内容。

（4）图形符号、文字符号（或项目代号）是电气图的主要组成部分。一个电气系统或一种电气装置由各种元器件组成，在主要以简图形式表达的电气图中，无论是表示构成、功能，还是表示电气接线等，通常用简单的图形符号表示。

（5）对能量流、信息流、逻辑流、功能流的不同描述构成了电气图的多样性。一个电气系统中，各种电气设备和装置之间，从不同角度、不同侧面存在着不同的关系。

## 5.6.1 新建文字样式

单击下拉菜单，选择“格式”→“文字样式”，弹出“文字样式”对话框，如图 5.22 所示。

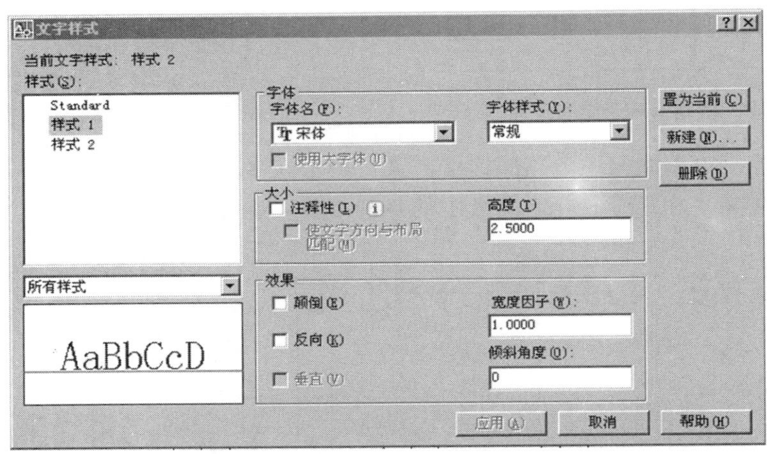


**图 5.22 “文字样式”对话框**

单击“新建”按钮，添加样式 1 ~ 样式 4 四种文字样式，并进行如下设置。

（1）样式 1：宋体，高度 2.5，用来标注各元件符号。

（2）样式 2：宋体，高度 2.0，用来标注各线路和电动机电源相序。

（3）样式 3：宋体，高度 4.0，用来标注各部分的中文名称。

（4）样式 4：宋体，高度 6.5，用来标注图纸标题。

## 5.6.2 对车床原理图标注符号

设定好四种文字样式后，开始对车床电气原理图标注符号，如图 5.23 所示。

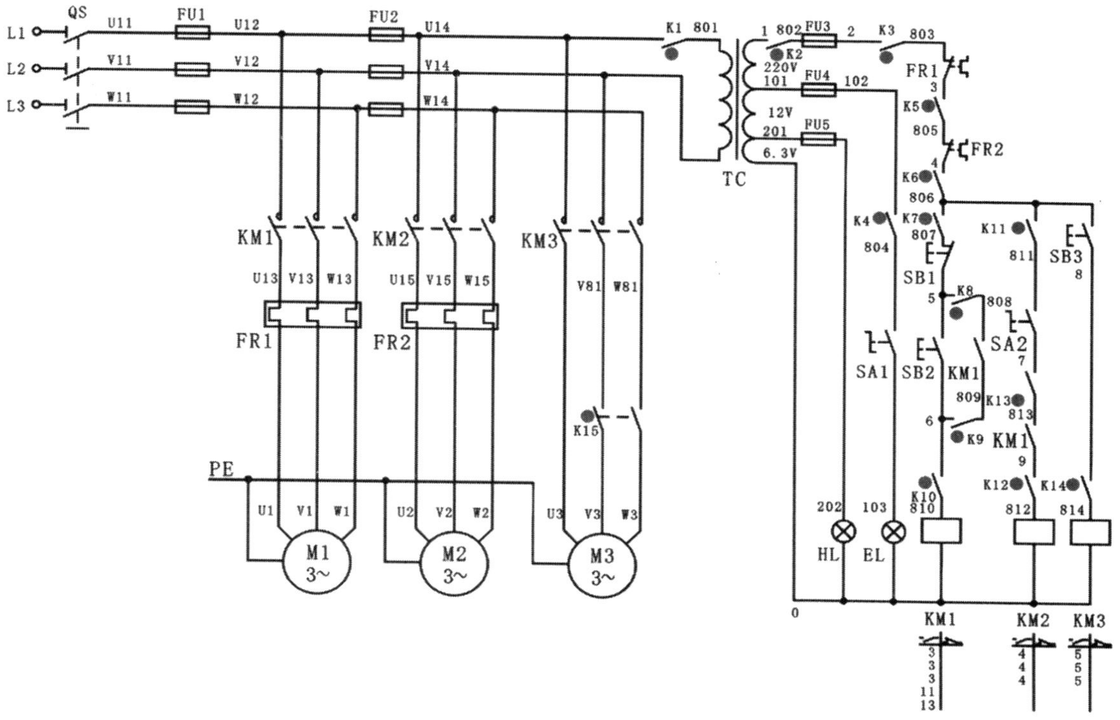


图 5.23　标注完成的车床电气原理图

## 5.6.3　绘制标题栏

在标题栏 1 中用样式 3 标注各部分的中文名称，如图 5.24 所示。

| 电源 | 短路保护 | 主轴电动机 | 冷却泵电动机 | 快速移动电动机 | 控制变压器 | 电源指示 | 照明 | 主轴电机控制 | 冷却泵控制 | 刀架快速移动 |
|---|---|---|---|---|---|---|---|---|---|---|

图 5.24　标注标题栏 1

在标题栏 2 中用样式 1 标注各部分的数字编号，如图 5.25 所示。

| 1 | 2 | 3 | 4 | 5 | 6 | 7 | 8 | 9 | 10 | 11 | 12 | 13 |
|---|---|---|---|---|---|---|---|---|---|---|---|---|

图 5.25　标注标题栏 2

最后在图纸的下面添加标题，并对原理图的部分注意点进行添加，如图 5.26 所示。

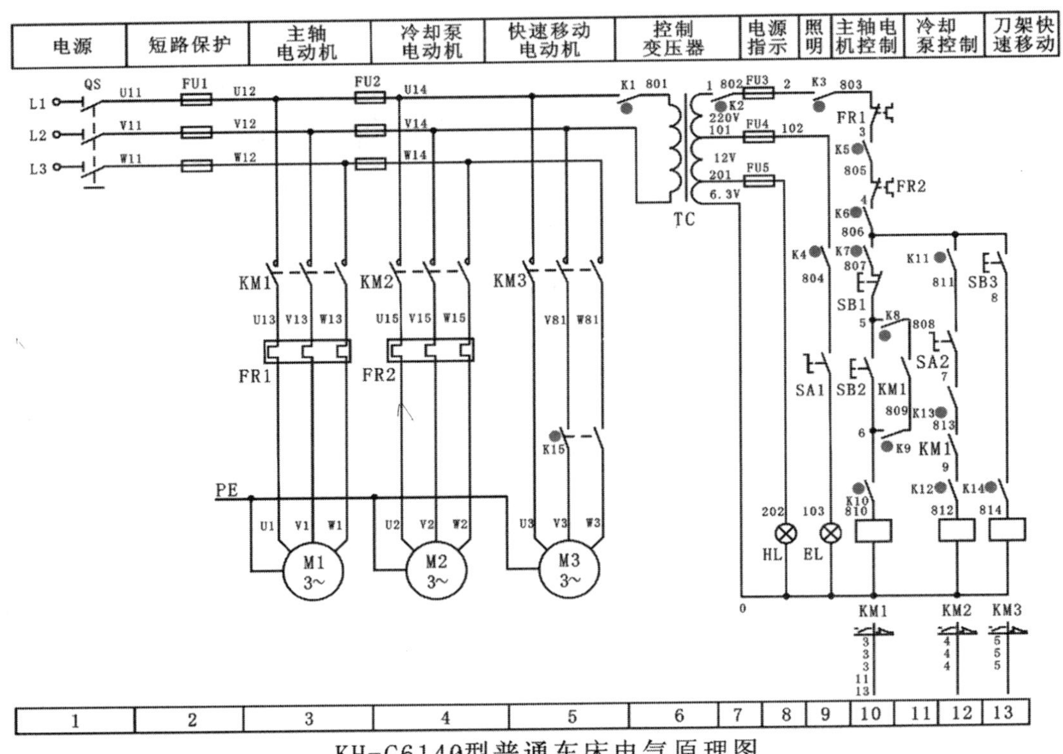


图 5.26　完成标注的车床电气原理图

## 5.7　项目小结

本项目是以 AutoCAD 2008 为制图工具绘制一幅车床电气原理图，介绍了如何分析认识电气图纸中的元件的名称和符号。首先创建各种电气元件的块，按照统一标准生成元件库。对复杂电路分主电路和控制电路单独绘制，最后标注各部分名称，完善图纸中各种元素。本项目的介绍，对于初学者使用 AutoCAD 软件绘制各种电气图很有帮助。

在项目实施的过程中用图示展示了绘图的过程，使初学者能很快掌握电气图形的绘制步骤。通过引入创建块的方式绘制各种元件，复习巩固了块的创建、保存、插入和调用。同时，绘制电气图的过程也是分析和理解电气原理图的过程。最后提醒，对于初学 AutoCAD 的读者必须注意保持电气图的原样性，即不能随意改动图纸中各参数及符号的位置和标注，绘制好的标准电气图是工程安装和维修的重要参考资料。

## 5.8　拓展练习

（1）根据图 5.27 绘制可逆起动半波能耗制动的电气原理图。

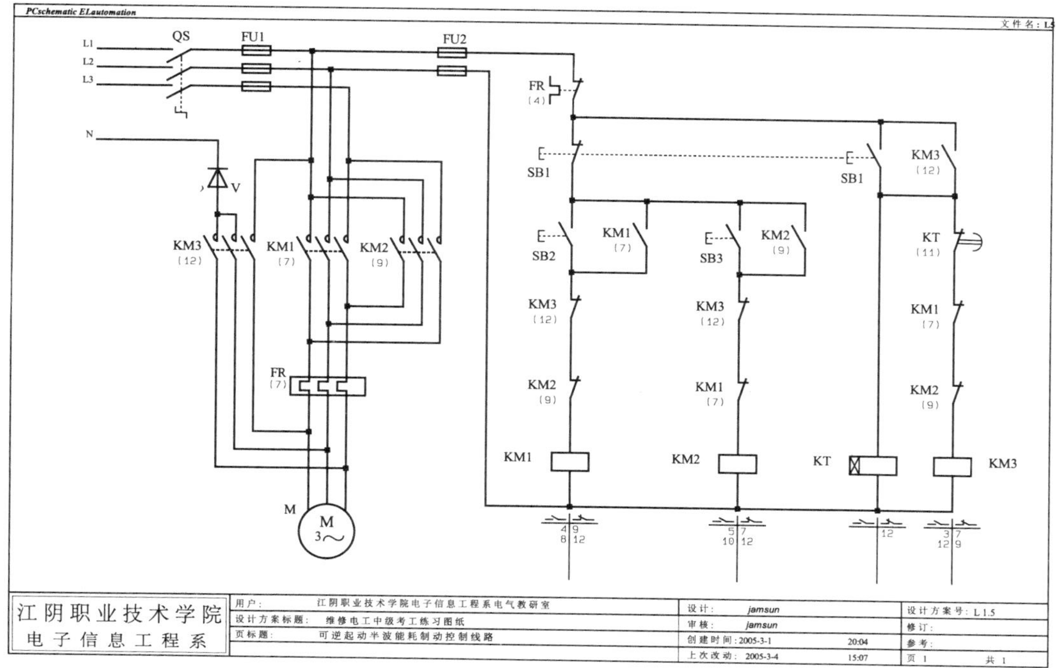


图 5.27

（2）根据图 5.28 绘制两台电动机连锁控制的电气原理图。

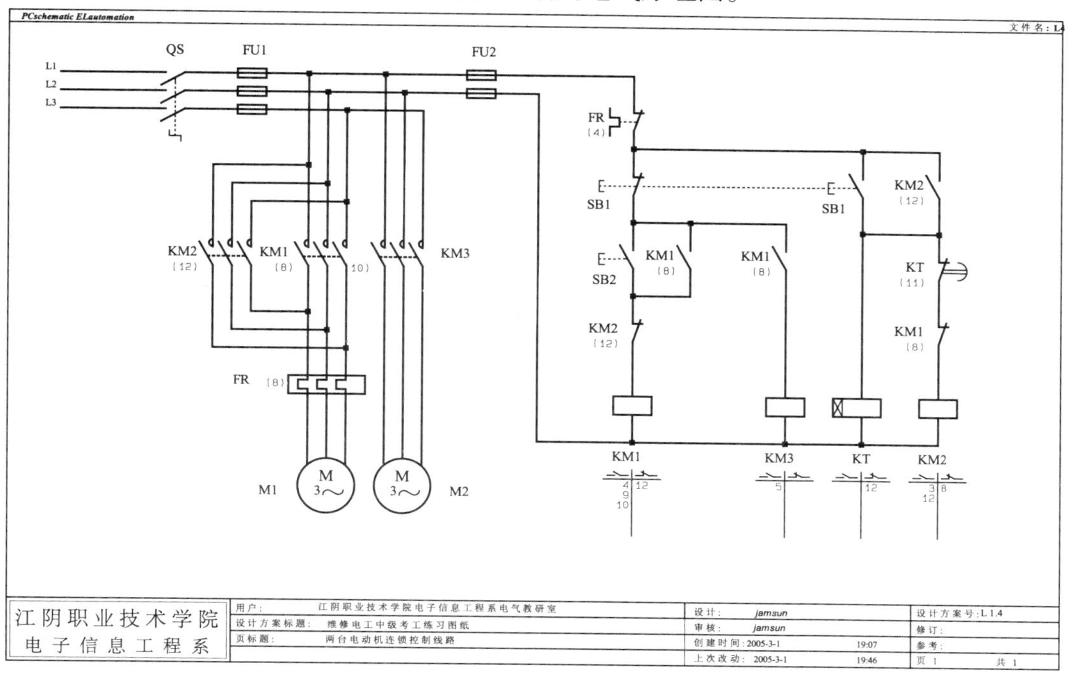


图 5.28

（3）根据图5.29绘制Y－Δ降压起动的控制线路图。

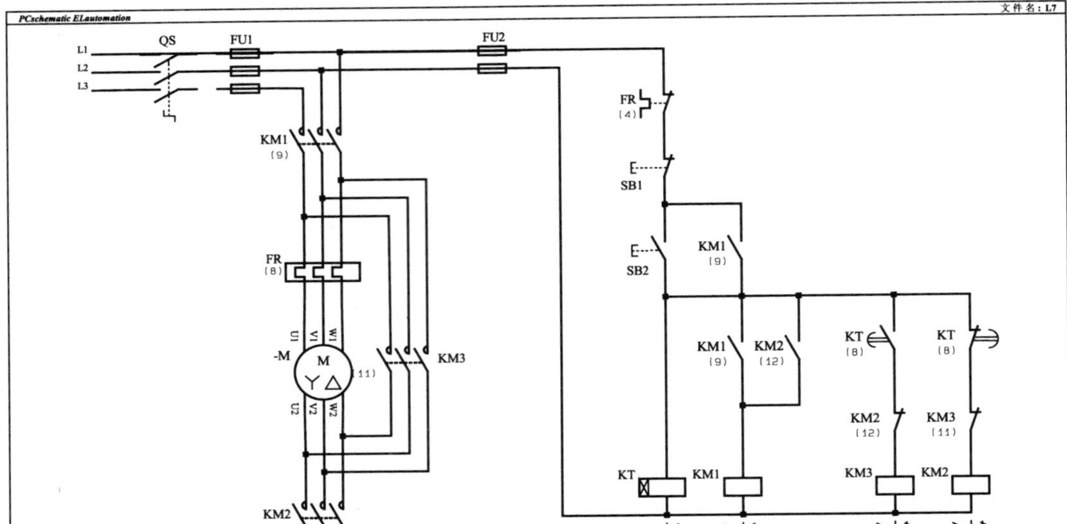


图5.29

（4）根据图5.30绘制双速电动机起动反接制动的控制线路图。

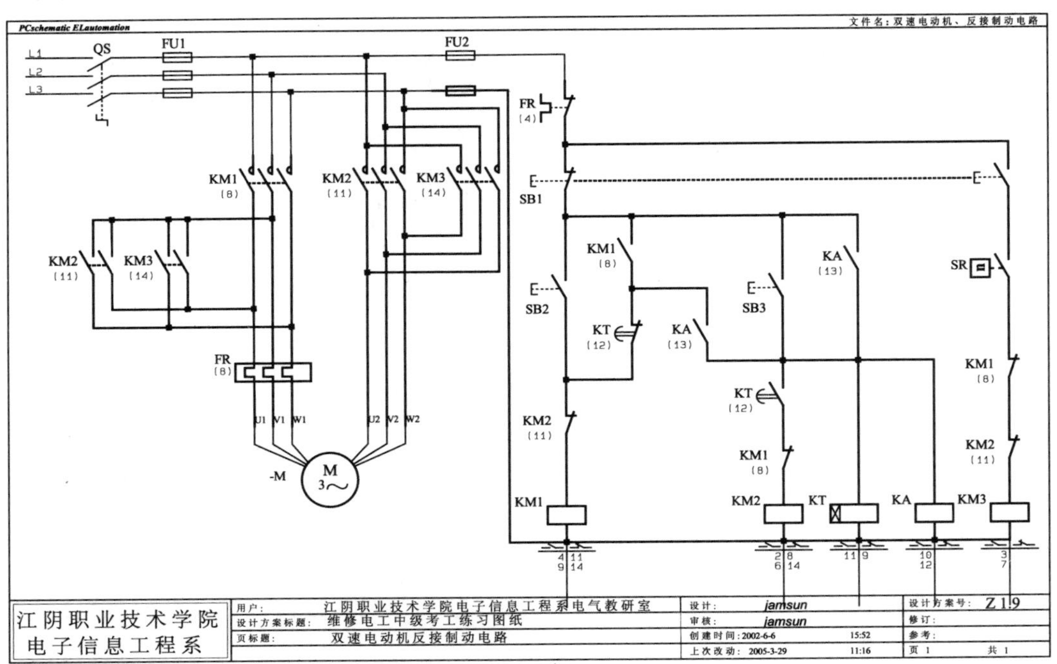


图5.30

（5）根据图 5.31 绘制摇臂钻床的电气维修线路图。

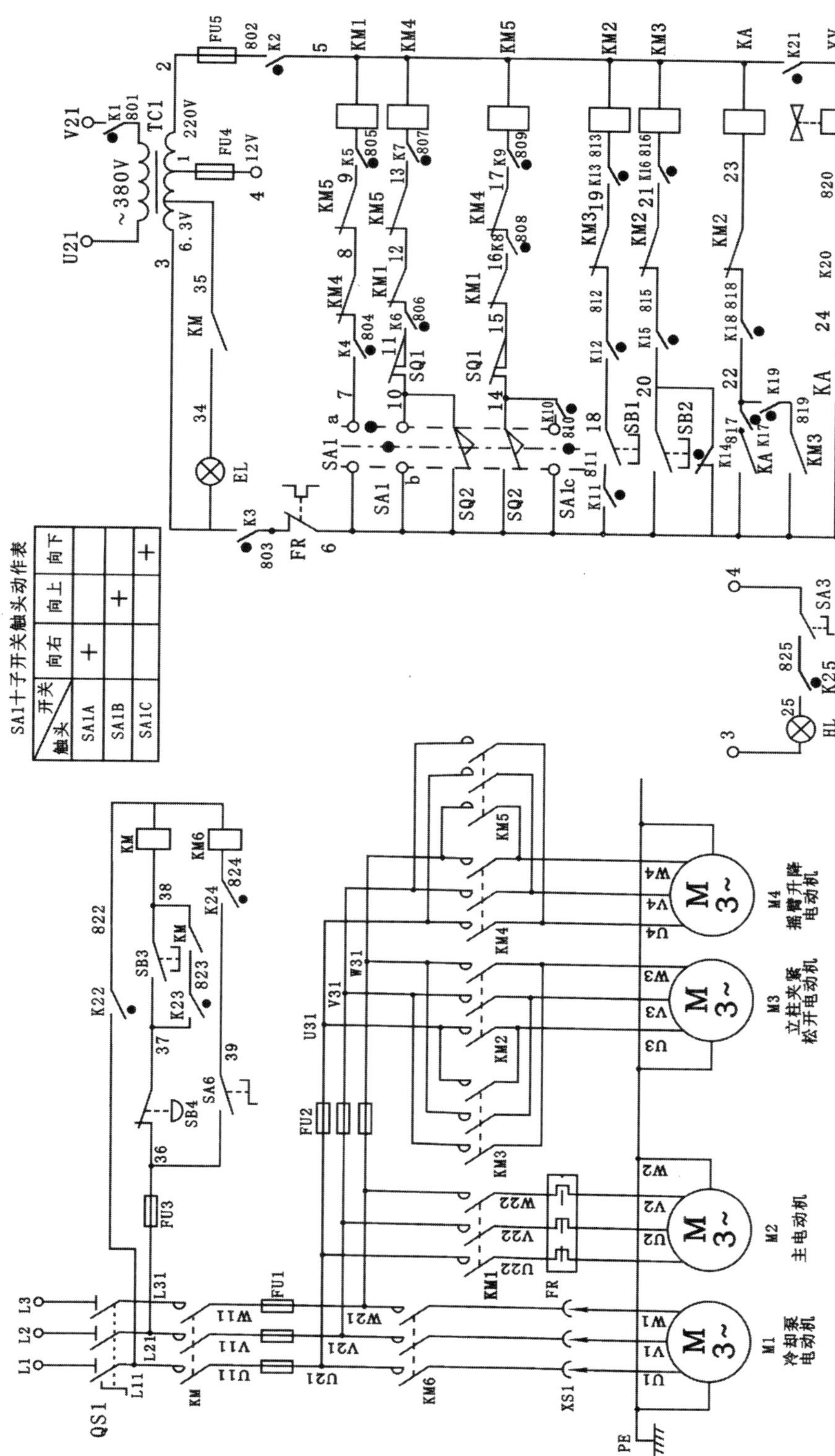

SA1十字开关触头动作表

| 触头＼开关 | 向右 | 向上 | 向下 |
| --- | --- | --- | --- |
| SA1A | + | | |
| SA1B | | + | |
| SA1C | | | + |

KH-Z3040B 摇臂钻床故障电气原理图

图5.31

# 绘制电子线路图

【能力目标】

- 有效利用 AutoCAD 的创建块命令，创建并不断完善电子元件库
- 分析电子线路图中各元件在图纸中的布局设置
- 绘制一般电子线路图

【知识点】

- 创建块命令，生成各种元件块
- 建设电子元件库
- 在电子线路图中插入各种元件块，使用各种线性命令和编辑命令

## 6.1 项目引入

本项目以 AutoCAD 2008 软件为工作平台，首先利用 AutoCAD 的创建块命令，绘制电子线路图中各种元件并创建电子元件库，接着分析电子元件在图纸中的布局设置，以绘制串联稳压电源电路原理图为例，如图 6.1 所示。绘制电子线路原理图是电气自动化专业及机电专业学生的基本技能，AutoCAD 是常用的电气图绘制工具，学习掌握 AutoCAD 绘制电子线路图和接线图等是工程技术中的一个重要技能。

本项目推荐课时为 8 学时。

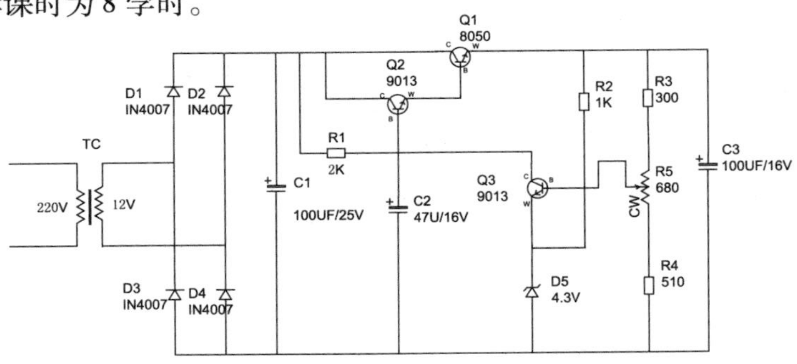


**图 6.1　串联稳压电源电路原理图**

## 6.2　项目分析

所谓电子线路图是指用来描述电子装置或电子设备的电气原理、结构和安装接线方式的图样，是电子工程界共同的技术语言，是指导产品生产、维修的重要技术资料。绘制和阅读电子线路原理图的能力是电子技术工作人员的一种基本能力，只有看了电路图之后才能进一步对电路进行测试、改进和维修。虽然目前有很多专业的电子线路设计软件，但是AutoCAD是应用最广泛的一种工程绘图软件。本项目介绍利用AutoCAD软件来绘制简单的电子线路图，在此过程中创建并不断完善电子元件库，有效提高作图效率，方便工程技术人员使用。

电子线路图绘制是设计和改进工程图纸的重要环节，从图纸上能清楚地表达各种电子元件布局、线路连接和电气原理等，使用者依此进行线路连接和维修设备的重要依据。要求绘图者严格遵守国家标准，正确表达电子线路图中各个元件及符号。

电子线路图是电工电子技术人员的语言，是他们沟通的工具。电子线路图和电气图的绘制要求一样严格，技术人员对电气图包含的内容一定要非常熟练的掌握，如电子线路图设计的一般规则、电子元件图形符号、技术图纸中的文字符号和项目符号、电子线路图的基本表示方法、基本电气图等。设计电子线路图的一般规律如下：

（1）绘制主电路时，应依规定的电气图形符号用粗实线画出主要控制、保护等用电设备，如断路器、熔断器、变频器、热继电器、电动机等，并依次标明相关的文字符号。

（2）控制电路一般是由开关、按钮、信号指示、接触器、继电器的线圈和各种辅助触点构成，无论简单或复杂的控制电路，一般均是由各种典型电路（如延时电路、连锁电路、顺控电路等）组合而成的，用以控制主电路中受控设备的“起动”、“运行”、“停止”，使主电路中的设备按设计工艺的要求正常工作。对于简单的控制电路，要依据主电路要实现的功能，结合生产工艺要求及设备动作的先后顺序依次分析，仔细绘制。对于复杂的控制电路，要按各部分完成的功能，分割成若干个局部控制电路，然后与典型电路相对照，找出相同之处，本着“先简后繁、先易后难”的原则逐个画出每个局部环节，再找到各环节的相互关系。由于电子线路图具有结构简单、层次分明、适于研究、分析电路的工作原理等优点，所以无论在设计部门还是生产现场都得到了广泛应用。

依据串联稳压电源电路原理图的要求，要绘制该线路接线图，应学习绘制二极管、晶体管、稳压二极管、电解电容、电阻、电位器、继电器、晶闸管、晶振、数码管、变压器、电源、RS触发器、SR触发器、按键、各种芯片等块，生成相应的电子元件库。分割复杂的电子线路图，分别绘制主电路和控制电路，然后依据相应关系连接成整体，本着“先简后繁、先易后难”的原则逐个画出每个局部环节。

需要说明的是，本项目中部分元器件的画法采用了工程中的常用画法，而且也是大多数制图软件的通用画法，与现行国家标准不符，请读者注意。

本项目分成如下三个任务来完成。

任务一　绘制电子元件块，创建电子元件库

任务准备：二极管、晶体管、稳压二极管、电解电容、电阻、电位器、继电器、晶闸管、晶振、数码管、变压器、电源、RS 触发器、SR 触发器、按键、各种芯片等块的绘制，并建立电子元件库。

任务二　绘制串联稳压电源电路图

任务准备：插入任务一中生成的电子元件块，连接相应的电路图。

任务三　完善电子线路图

任务准备：对图纸参数和元件代号进行标注。

## 6.3　任务一　绘制电子元件块，创建电子元件库

以创建“变压器”图块为例，介绍电子元件块的创建方法。启动 AutoCAD 2008，绘制变压器的图形，如图 6.2 所示。把画好的变压器图形生成块：在命令栏输入 WBLOCK，弹出写块对话框如图 6.3 所示。单击“拾取点”按钮，以变压器上一点作为拾取点；单击“选择对象”按钮，然后框选该图形中所有线条；单击“文件名和路径”按钮，选择“电子图块”文件夹（相当于电子元件库），保存生成的块，取名为“12V 变压器”。单击“确定”按钮，完成“12V 变压器”块的生成。

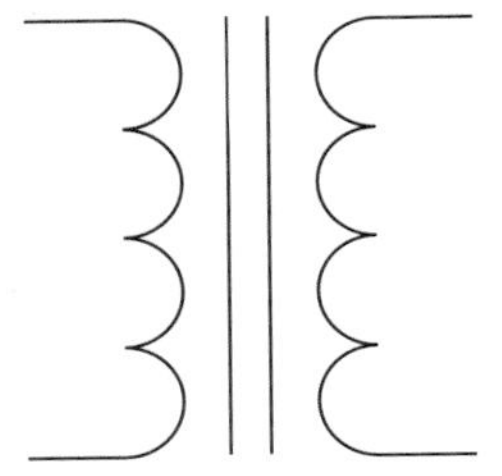

**图 6.2　变压器图形**

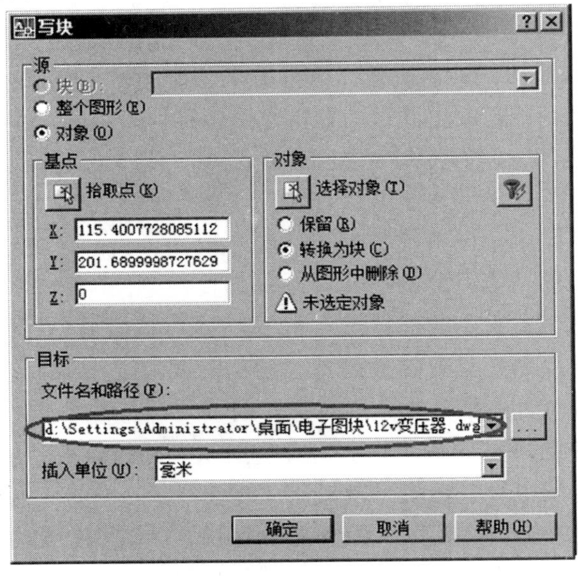


**图 6.3　生成“12V 变压器”块**

下面创建二极管、晶体管、稳压二极管、电解电容、电阻、电位器等其他元件块。首先在图上画出上述各元件的图形，如图 6.4 所示。然后用前面叙述的方法分别生成各自的块文件，保存在“电子图块”文件夹，如图 6.5 所示。

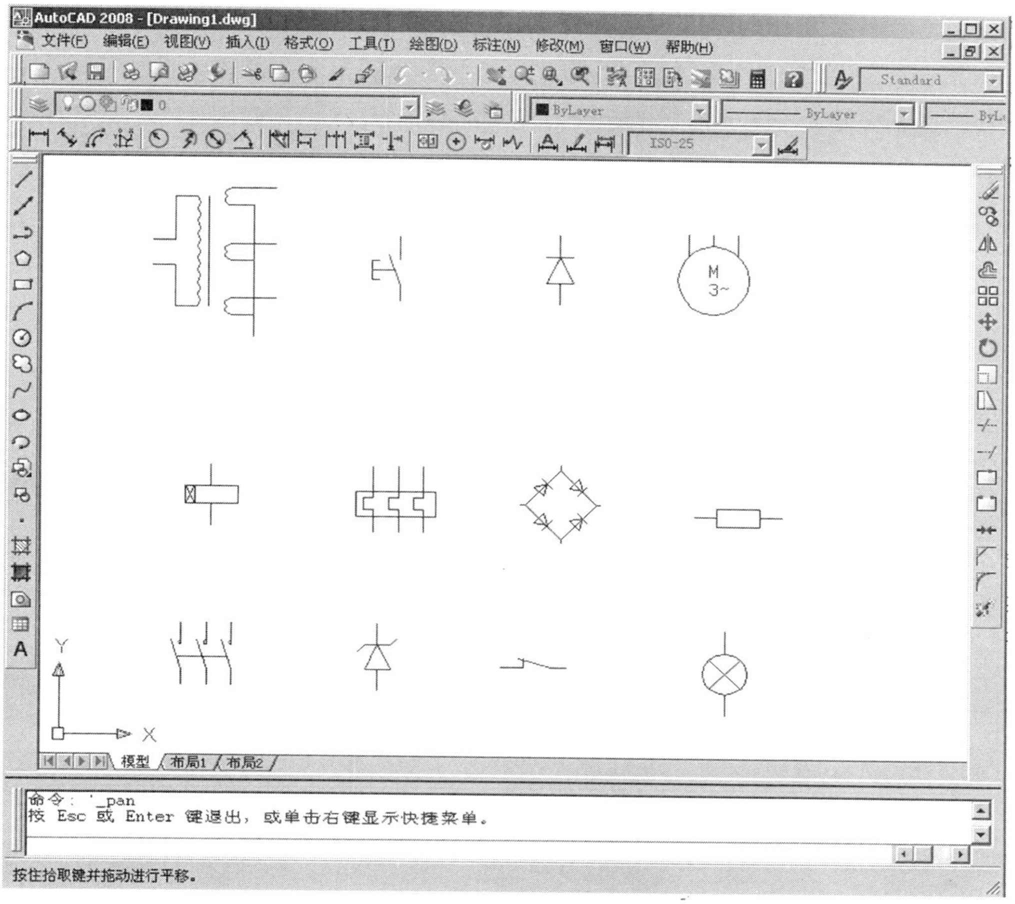

图 6.4　各种电子元件图形

图 6.5　生成的各种电子元件块

**注意**

电子元件块的生成与集中管理，对于以后的电子线路绘图有着至关重要的意义。“电子图块”文件夹相当于是电子元件的元件库，在平时的绘图中，要注意不断积累与整理，这对提高绘制电子线路的作图效率有着很大的帮助。元件块积累的越多、元件库越完善，作图效率就越高。

## 6.4 任务二　绘制串联稳压电源电路图

打开一个 A3 样板图纸，用前面介绍的方法在图纸的合适位置插入“变压器块”，如图 6.6 所示。

用同样的方法，插入两个“IN4007 二极管”块，选择插入点和变压器连接，如图 6.7 所示。

**图 6.6　插入变压器**

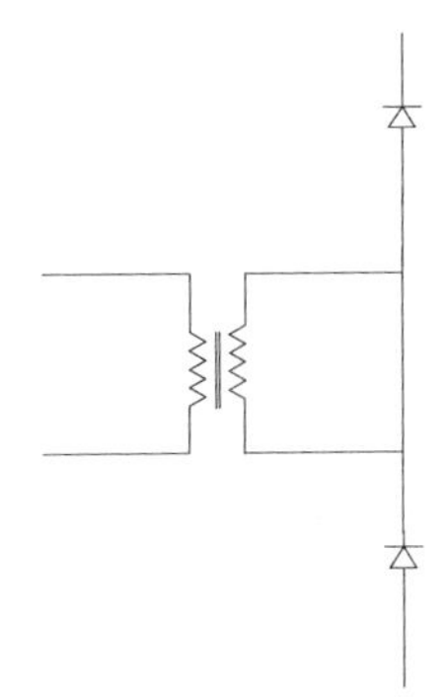

**图 6.7　插入 IN4007 二极管**

用复制命令，绘制另外一条同样支路，如图 6.8 所示。并把两条二极管支路与变压器电源用直线命令连接起来，如图 6.9 所示。

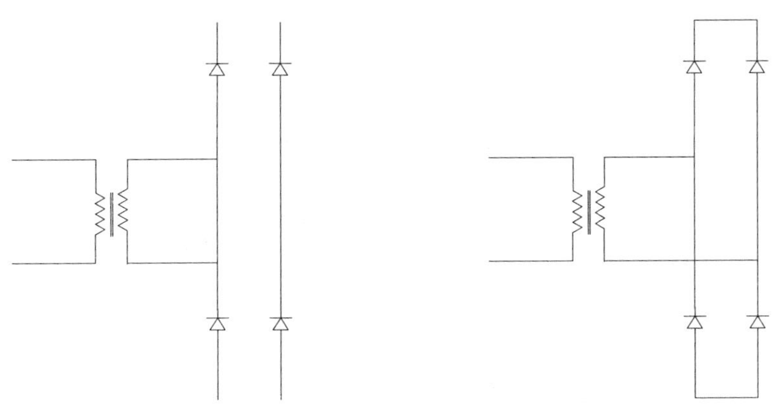

**图 6.8　绘制另一条支路**　　**图 6.9　连接变压器与二极管支路**

继续插入三极管块、稳压管块、电阻块、电位器块和电容块，如图 6.10 所示。

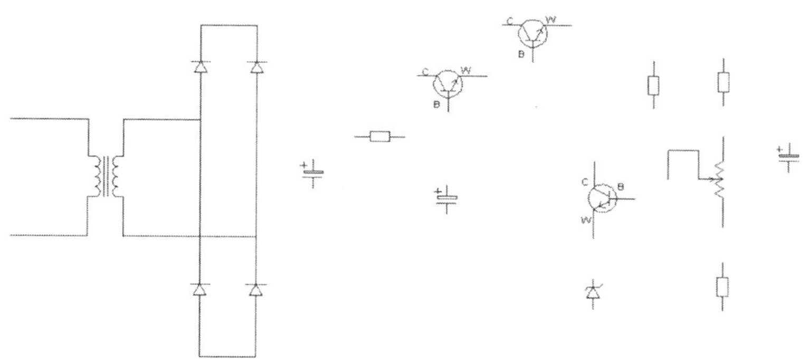

图 6.10　插入其他元件块

用导线连接各个元件并调整相应元件位置，如图 6.11 所示。

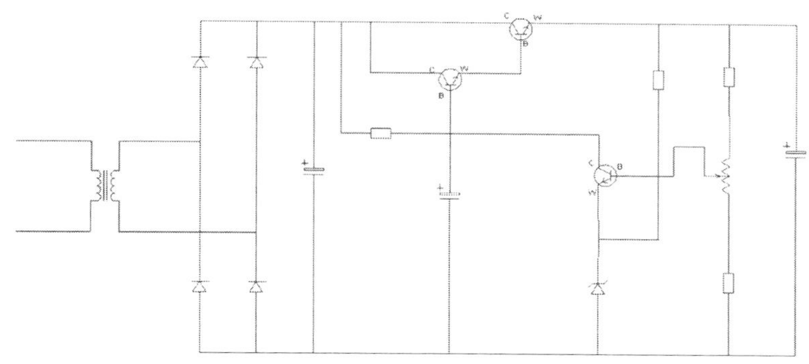

图 6.11　连接完成的电路图

## 6.5　任务三　完善电子线路图

单击下拉菜单“格式”→“文字样式”，弹出“文字样式”设置对话框，如图 6.12 所示。新建“文字样式 1”，设置字体为“宋体”，文字高度为“10.0”，单击“应用”，保存文字样式的设置。

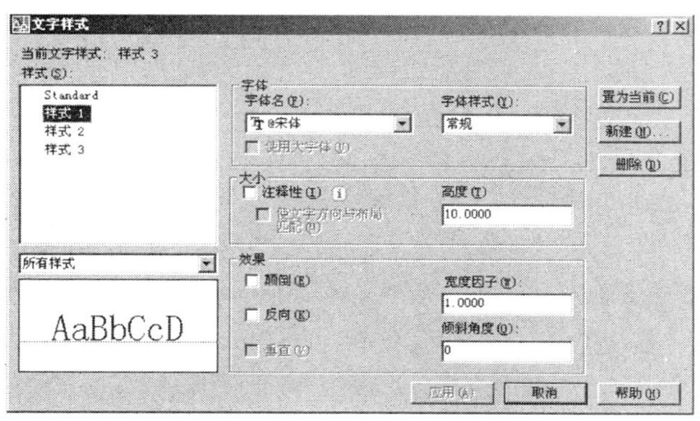


图 6.12　设置“文字样式”

将“文字样式 1”设置为当前文字样式。单击“多行文字”图标 **A**，添加变压器参数，如图 6.13 所示。标注完电路图上其他元件的参数，如图 6.14 所示。

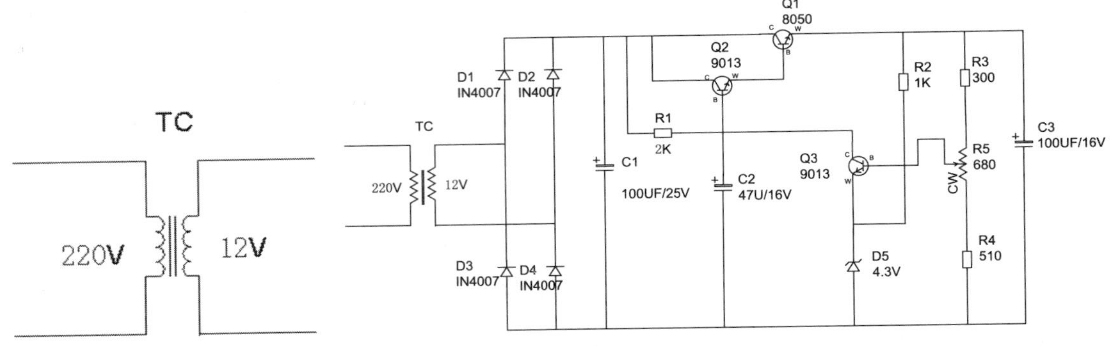


**图 6.13　标注变压器的参数**　　　　**图 6.14　参数标注完毕**

最后添加图纸名称“串联稳压电源图”，文字高度“20”，如图 6.15 所示。

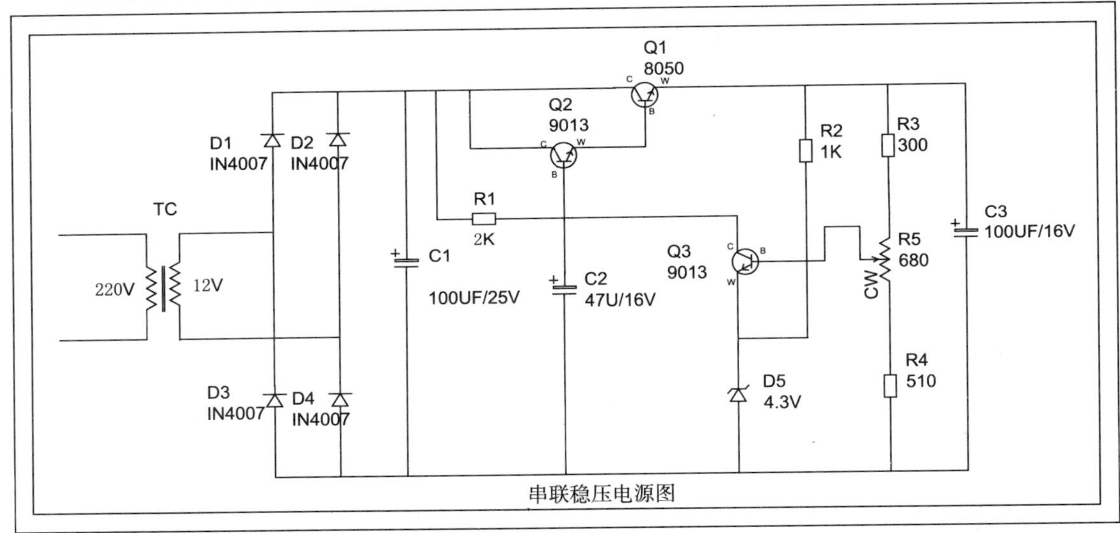


**图 6.15　完成标注的串联稳压电源图纸**

## 6.6　项目小结

本项目是以 AutoCAD 2008 为制图工具绘制一幅电子线路原理图，介绍了如何分析认识一幅电子图纸中的各种电子元件名称和符号。首先创建各种元件的块，按照统一标准生成元件库。在平时作图的过程中，要注意不断积累和完善元件库，这对绘制电子线路图能起到事半功倍的效果。对复杂电子线路进行分析，通过元件块能迅速绘制图纸布局，调整元件位置用导线进行连接，最后标注各部分名称，完善图纸中各种元素。本项目的介绍，对于初学者使用 AutoCAD 软件绘制各种电子线路图很有帮助。

在项目实施的过程中用图示展示了绘图的过程，使初学者能很快地掌握简单电子线路图的绘制步骤，通过引入创建块的方式绘制各种元件，复习巩固了块的创建、保存、插入和调用。同时，绘制电子元件块的过程也是分析和理解电子线路图的过程。最后提醒，对于初学 AutoCAD 的读者必须注意保持线路图布局的原样性，即不能随意改动图纸中各参数及符号的位置和标定，绘制好的标准电子线路图是制作电路板或者维修使用的重要资料。

## 6.7　拓展练习

（1）绘制如图 6.16 所示的光电控制电路线路图。

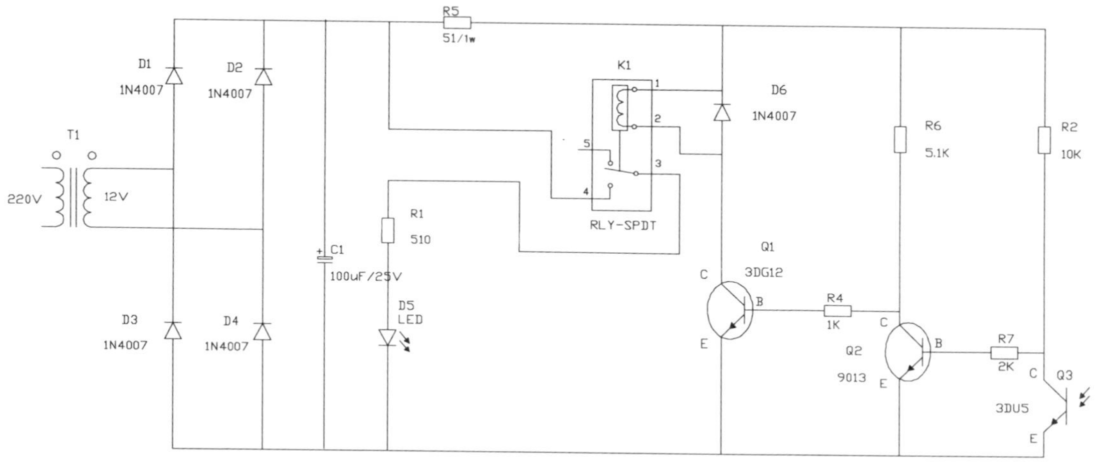


**图 6.16**

（2）绘制如图 6.17 所示的晶体管延时电路线路图。

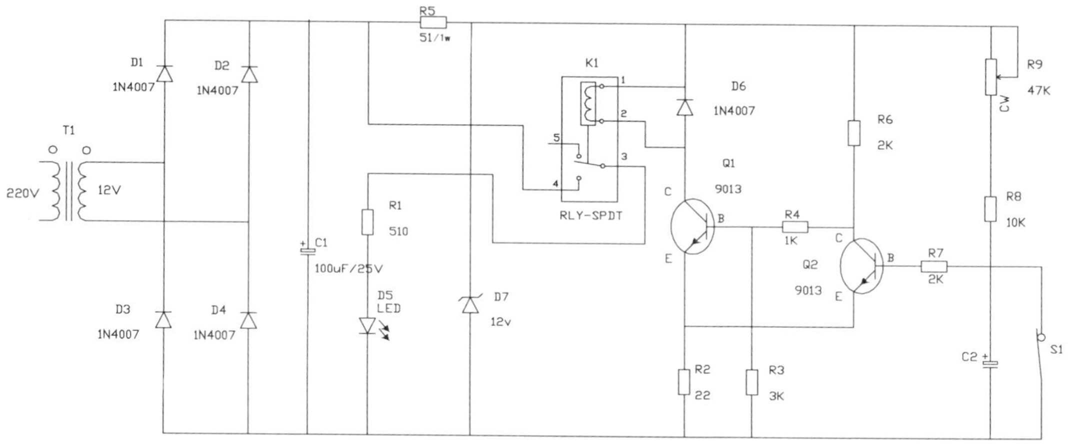


**图 6.17**

（3）绘制如图 6.18 所示的晶体管闪光电路（NPN）电路线路图。

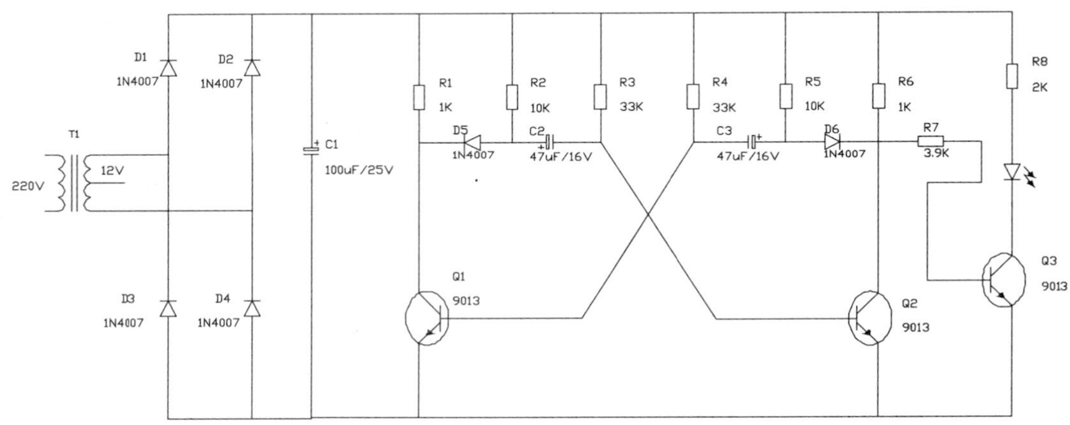


图 6.18

# 项目七 绘制安全防范工程图

【能力目标】

- 熟悉安防系统设计原则
- 掌握安防系统设计过程
- 了解安防系统通用图形符号

【知识点】

- 安防系统的设计规则和国家标准
- 安防系统的设计过程
- 各种通用图形符号

## 7.1 项目引入

本项目以某集团总部办公大楼智能化电气安全防范工程为例进行介绍。该办公大楼共有地上十一层、地下两层，包括办公、餐饮、住房等，建筑面积一万多平方米。安防系统的方案主要由以下几个子系统组成：闭路电视监控系统、防盗报警系统、综合布线及网络系统、有线电视系统、公共广播系统和会议系统。

以上系统总体设计将本着高效、经济、适用的原则，力争覆盖适合现代化、智能化大楼所需求的所有弱电系统；针对每个系统进行详尽的功能分析，去除华而不实的功能，使整个系统操作简单、管理方便和功能实用，同时最大限度地合理利用业主的每一份资源。

本项目推荐课时为16学时。

## 7.2 项目分析

### 7.2.1 设计原则

为了确保能够达到智能化大楼的要求，设计方案应遵循以下基本原则。

(1) 安全性及保密性。为了保证整个系统安全、可靠的运行，既要考虑信息资源的充分共享，又要注意信息的保护和隔离，因此系统应分别针对不同的应用和不同的网络通信环境，采取不同的措施，包括系统安全机制、数据存取的权限控制等。

(2) 实用性和经济性。该系统采用成熟先进的生产技术，产品质量可靠，注重实效，坚持实用、经济的原则。

(3) 先进性和成熟性。系统设计既要采用先进的概念、技术和方法，又要注意结构、设备、工具的相对成熟，不但能反映当今的先进水平，而且具有发展潜力，能保证在未来若干年内占主导地位。

(4) 开放性和标准性。为了满足系统所选技术和设备的协同运行能力，系统投资的长期效应以及系统功能不断扩展的需求，必须追求系统的开放性和标准性。

(5) 灵活性和可扩充性。为保证整个系统在总体结构上的先进性和合理性，实现各个子系统的分散控制、集中统一管理和监控，总体结构上应留有合理的扩充余地和可兼容性，使整个智能化系统可以随着技术的发展和进步，不断得到充实和提高。

(6) 设备档次和合理性价比。设备选取采用目前国内外主流知名产品，如与 SONY 合作的 DEITECH 监控、ADEMCO 报警、3COM 的网络设备、TCL 布线产品、合资 T－KOKO 公共广播、JBL 音响扩声设备、HoneyWell 楼宇自控产品等，同时兼顾系统的性价比。

### 7.2.2 设计依据

设计涉及的所有设备和材料，除专门规定外，均依照下列标准规范进行设计、制造、检验和试验。

(1)《智能建筑设计标准》GB/T 50314—2006；

(2)《建筑物智能化系统验收标准》DB 31/219.1—1998；

(3)《安全防范工程程序与要求》GA/T 75—2000；

(4)《安全防范系统通用图形符号》GA/T 74—2000；

(5)《防盗报警控制器通用技术条件》GB 12663—2001；

(6)《入侵探测器 第一部分：通用要求》GB 10408.1—2000；

(7)《民用建筑电气设计规范》JGJ 16—2008；

(8)《商用建筑线缆标准》EIA/TIA—569；

(9)《楼寓对讲系统及电控防盗门通用技术条件》GA/T 72—2005；

(10)《民用闭路监控电视系统工程技术规范》GB 50198—2011；

(11)《民用建筑电气设计规范》JCJ 16—2008；

(12)《建筑设计防火规范》GB 50016—2014。

### 7.2.3 任务分解

安防工程就是实现采用现代科技手段实现安全防护的过程，安防产品则是服务于安防工程的设备。安防工程包括楼宇智能化（楼宇对讲等）、视频监控、门禁考勤、防盗报警、停车场管理、智能家居、机房工程等。

依据某集团总部办公大楼智能化电气安全防范工程要求，用 AutoCAD 软件绘制该大楼的安全防范工程图。首先要对该大楼的安防系统进行设计，本着高效、经济、适用的原则，力争覆盖适合现代化、智能化大楼所需求的所有弱电系统，把该项目分成六个子系统来完成，具体由两个任务来实现。

任务一　设计大楼的系统配置方案

任务准备：将本设计分成综合布线及网络、有线电视、闭路电视监控、防盗报警、公共广播及会议系统六个子系统完成。

任务二　绘制具体施工图

任务准备：需完成图纸封面、图纸目录、设计说明、智能化系统图、一层平面图、三层平面图、十一层平面图、会议系统图的绘制。

# 7.3　任务一　设计大楼的系统配置方案

## 7.3.1　闭路电视监控系统

闭路电视监控系统是实现现代社会管理的一个重要工具，通过本系统可以实现本需要耗费大量人力物力才可办到的事情，提高管理效率。普通本地监控示意图和大型集中监控示意图分别如图 7.1 和图 7.2 所示。闭路电视监控的构成分为前端摄像机、传输电缆及后端录像、控制设备。本系统采用数字化录像记录解决方案，监控点设置：地下室主出入口（2 个）、一层的消防楼梯口（2 个）、电梯内（2 个）、一层大堂（1 个）、十层客房走廊及室外广场（各 2 个），共 11 个摄像机。本系统可以与后期的大楼组成联网监控。

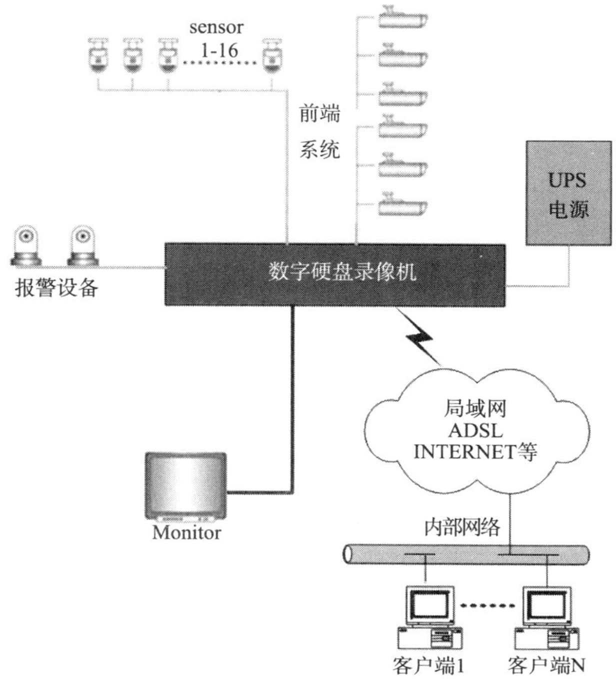


图 7.1　普通本地监控示意图

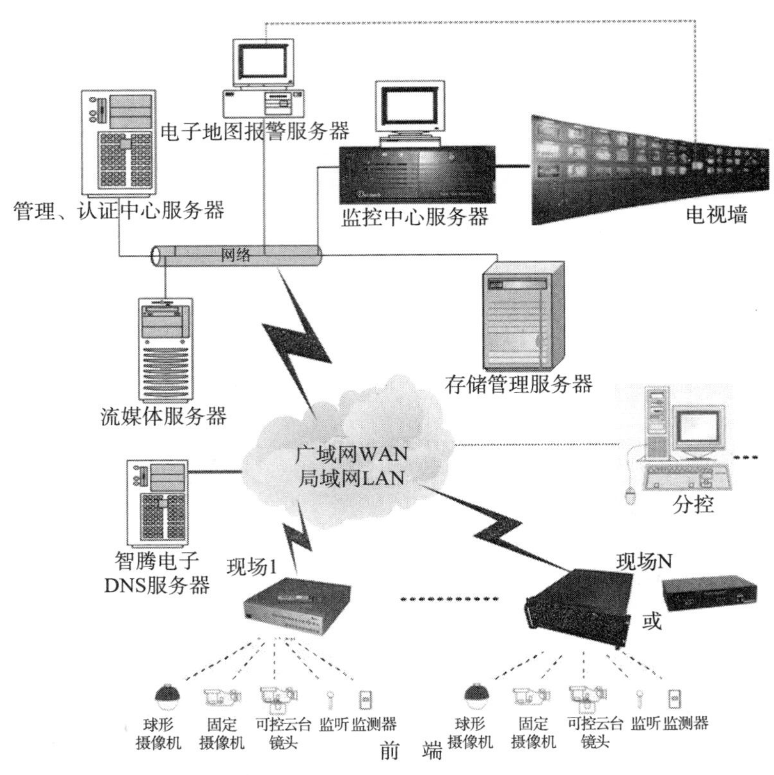


图 7.2　大型集中监控示意图

### 7.3.2　防盗报警系统

防盗报警系统用来防止非法入侵者进入领导办公室及财务室。一旦发现非法入侵，系统将报警至控制中心，保安人员迅速处理警情。系统由红外报警设备、传输线缆、报警主机等组成。

利用本报警系统可对大楼进行 24h 不间断监控，自动实时报警（报警响应时间不大于 1.2s），并指示报警位置（电子地图）。本系统能自动记录并打印备份警情，系统记录可事后查询。报警可编程不同防区并划分成不同分区，不同报警防区可编程不同类型防区。

### 7.3.3　综合布线及网络系统

综合布线系统的设计支持信息系统对外界的信息交换，包括与上级主管单位、国内外同行的信息交换，大楼信息发布以及各种活动期间的通信及网络互联（包括 Internet）等。这些信息包含了大量视频、语音、图形图像信号，这需要大楼内外两大网络系统的紧密结合。本综合布线系统的建设是在实现局域网和广域网互联的物理基础之上，内部连接广域网的数据点与局域网的数据点，达到物理上的隔离要求。

该大楼的综合布线系统是数据、语音、视频网络的综合系统，如图 7.3 所示。

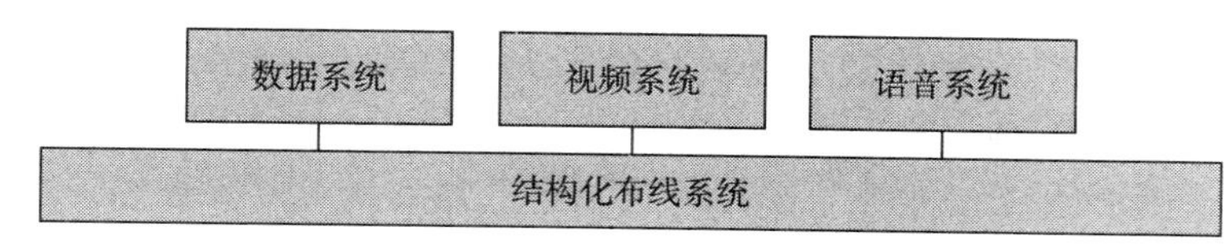


图 7.3　综合布线系统

整个系统的拓扑结构为星型结构。网络运行中心设在机房，分别用光纤与各楼层配线架连接起来，建成主干系统，配线架与室内各点相连。电话网络采用大对数电缆。系统共配置了 500 多个语音数据点。该系统为大楼信息发布的基础，是其通信自动化的关键，它能够实现智能化系统的各子系统之间的数据共享，为以后系统的扩展和业务的扩展提供了保证。

计算机网络是智能大厦进行数据通信的基础设施。现代智能化大楼或楼群中的计算机网络主要由建立在结构化布线系统基础上的三部分组成：主干网（Backbone）、局域网（Lan）、广域网（Wan）。大楼的计算机网络主要由接入交换机、核心交换机组成，其主干传输介质设计为光纤。因此，选择网络设备在考虑到性能价格比，综合考虑选择 3COM 的带有光纤接口的交换机。

### 7.3.4　有线电视系统

从目前我国智能化大楼的建设来看，有线电视系统已经成为必不可少的部分。有线电视在会议室、餐厅、客房及接待室均配置点位。

在前端设置放大器，且其信号电平需满足系统分配网络的要求，系统分配网络要使用各种规格的分配器、分支器、分支串线单元以及用户终端等无源部件，最后使用户终端的电视机处于最佳的工作状态。有线电视系统是利用宽频带同轴电缆实时传输高性能的图像、语音、数据和控制信号，可以接受公用天线电视节目、交互式视频点播节目以及卫星节目。

### 7.3.5　公共广播系统

紧急广播与背景音乐系统被称为公共广播系统，互相包含。在本次方案中，背景音乐泛指背景音乐和公共广播系统的集合，具有紧急广播功能。

扬声器布置：扬声器布置在楼层的走廊、电梯大堂、会议室。扬声器间距需满足背景音乐行业标准及消防规范设置。

音量开关配置：每层公共场所合用一个音量开关，每个会议室和接待室各设一只。

系统分区：整个系统共分为 11 个区，11 层主楼各为一个区。

系统音源：设计 3 种音源，分别是卡座、CD 机以及话筒。

### 7.3.6　会议系统

该集团总部办公大楼会议室有第三层的贵宾接待室、第四层的六个会议室、第十一层的多功能厅、培训中心及报告厅。为了考虑会议扩声的效果和实用性，兼顾系统的性价比，推荐采用主流的 JBL 扩声设备。由于会议室数量较多，全部采用固定设备安装方式会导致成本太高，而且各会议室不可能同时开会，所以推荐采用固定扩声设备和流动扩声设备相结合的方式，既可保证大部分的会议室具有会议扩声功能，又有力控制了系统的性价比。依据国家语言扩声一级标准，音乐扩声一级标准，设计具有会议扩声和视频投影功能的会议室，分别是第三层的贵宾接待室，第四层的第三、四、五、六会议室、第十一层的多功能厅、培训中心和报告厅。

## 7.4 任务二 绘制具体施工图

### 7.4.1 操作步骤

（1）绘制图纸封面。

（2）绘制系统施工说明图。

（3）绘制公共广播、综合布线及网络、闭路电视监控、防盗报警系统图。

（4）绘制有线电视系统、报告厅音响灯光布置图。

（5）绘制各楼层施工图。

### 7.4.2 任务实施

1. 绘制图纸封面

启动 AutoCAD 2008 软件，打开 A3 样板图纸，绘制图纸封面，在封面上标注项目名称、设计单位和设计时间，如图 7.4 所示。

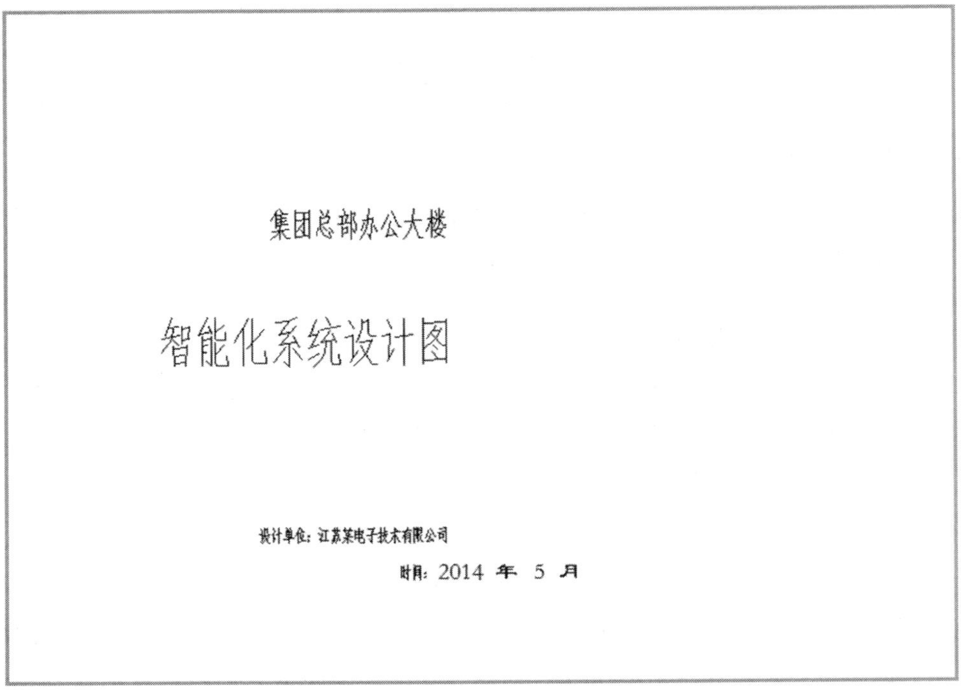

集团总部办公大楼

智能化系统设计图

设计单位：江苏某电子技术有限公司

时间：2014 年 5 月

图 7.4 图纸封面

制作该系统图纸目录，在目录上对各图纸进行分类和编号，如图 7.5 所示。

## 图纸目录

| 序　号 | 图 纸 名 称 | 图　号 | 图　幅 | 备　注 |
|---|---|---|---|---|
| 1 | 智能化系统图纸目录 | 智施 001 | A3 | |
| 2 | 施工设计说明 | 智施 002 | A3 | |
| 3 | 智能化系统图 | 智施 003 | A3 | |
| 4 | 一层平面图 | 智施 ZNH -01 | A3 | |
| 5 | 二层平面图 | 智施 ZNH -02 | A3 | |
| 6 | 三层平面图 | 智施 ZNH -03 | A3 | |
| 7 | 四层平面图 | 智施 ZNH -04 | A3 | |
| 8 | 五层平面图 | 智施 ZNH -05 | A3 | |
| 9 | 六层平面图 | 智施 ZNH -06 | A3 | |
| 10 | 七层平面图 | 智施 ZNH -07 | A3 | |
| 11 | 八、九层平面图 | 智施 ZNH -08 -9 | A3 | |
| 12 | 十层平面图 | 智施 ZNH -10 | A3 | |
| 13 | 十一层平面图 | 智施 ZNH -11 | A3 | |
| 14 | | | | |
| 15 | | | | |

**图 7.5　图纸目录**

2. 绘制系统施工说明图

新建一个 A3 样板文件，在 A3 图纸右下角设置标题栏，标明该公司和设计单位名称，如图 7.6 所示。

<table>
<tr><td colspan="4" rowspan="2">江苏某电子技术有限公司</td><td rowspan="2">工程名称</td><td rowspan="2">某集团总部办公大楼</td><td>设计号</td><td></td></tr>
<tr><td>图 别</td><td></td></tr>
<tr><td>设 计</td><td></td><td>项目设计</td><td></td><td>子项名称</td><td>建筑智能化系统</td><td>日 期</td><td></td></tr>
<tr><td>绘 图</td><td></td><td>总负责人</td><td></td><td rowspan="3">图 名</td><td rowspan="3">施工设计说明</td><td>张 数</td><td></td></tr>
<tr><td>校 核</td><td></td><td>审 核</td><td></td><td>张 号</td><td></td></tr>
<tr><td>专业负责人</td><td></td><td>审 定</td><td></td><td>图 号</td><td></td></tr>
</table>

**图 7.6　样板图纸标题栏**

在样板图纸中填写施工设计说明，如图 7.7 所示。

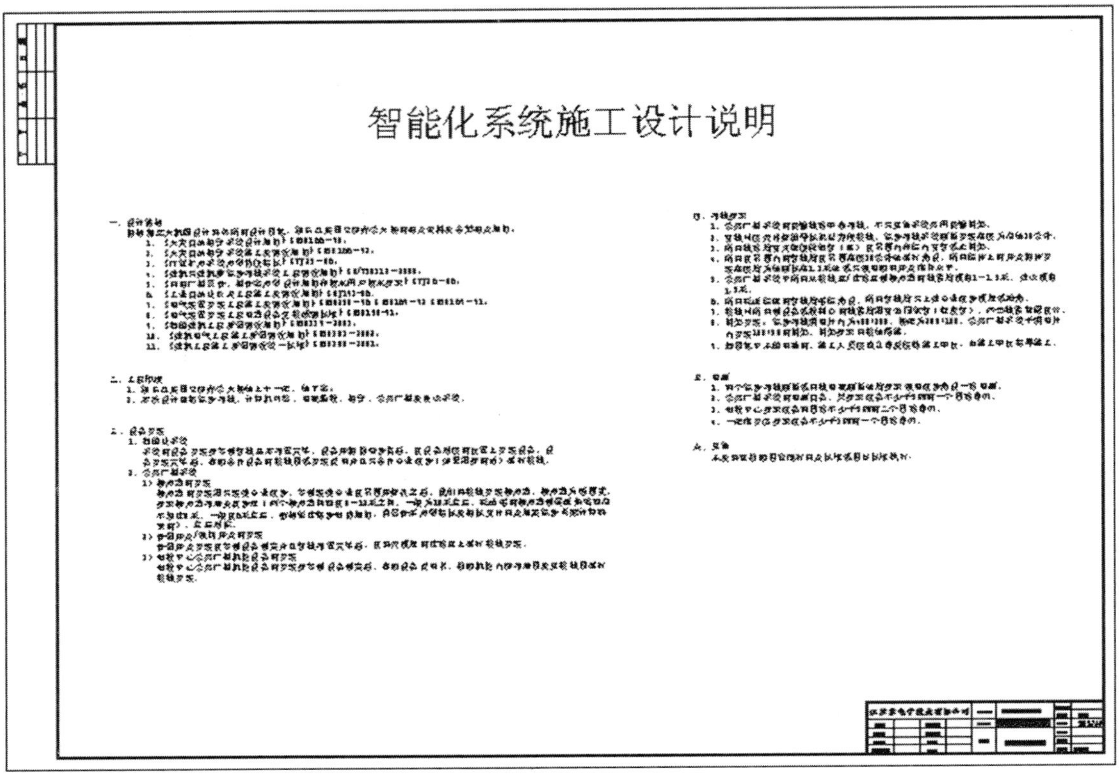

智能化系统施工设计说明

图 7.7　施工设计说明

3. 绘制公共广播、综合布线及网络、闭路电视监控、防盗报警系统图

绘制公共广播系统图，如图 7.8 所示。

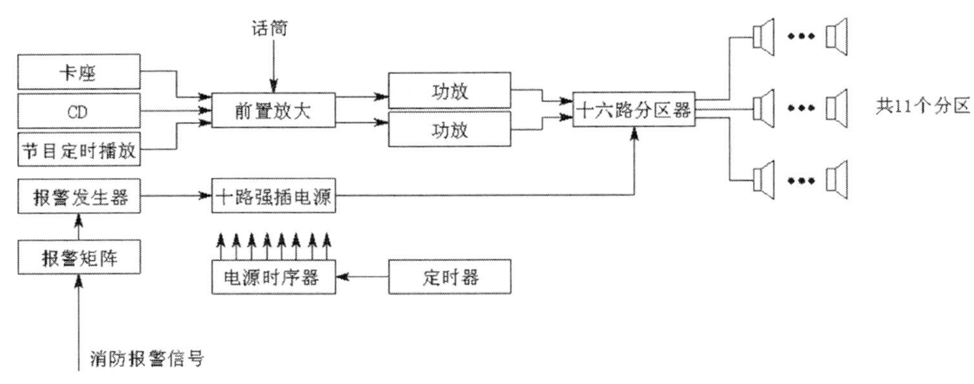


图 7.8　公共广播系统图

绘制综合布线及网络系统图，注意用不同图层绘制不同对象，如图 7.9 所示。

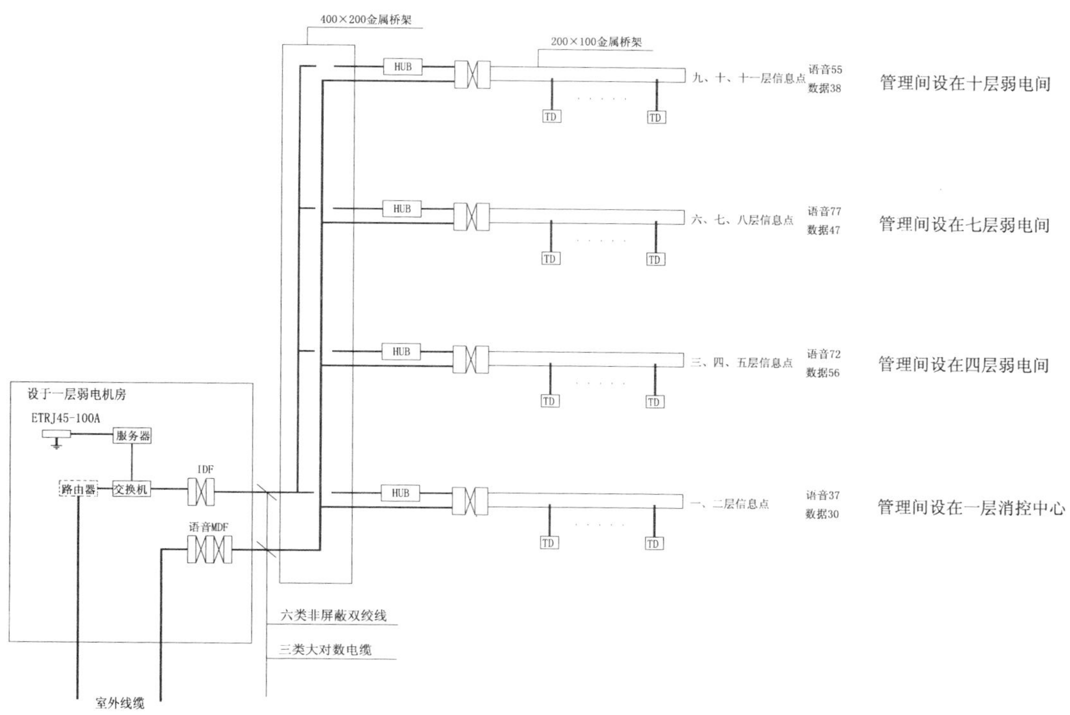


图 7.9　综合布线及网络系统图

绘制防盗报警系统图，如图 7.10 所示。

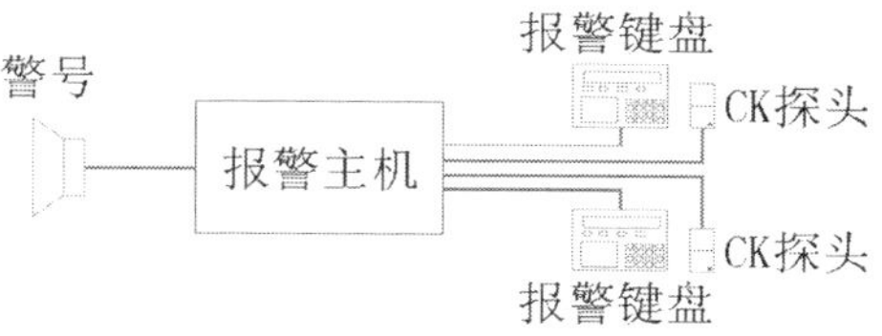


图 7.10　防盗报警系统图

绘制闭路电视监控系统图，如图 7.11 所示。

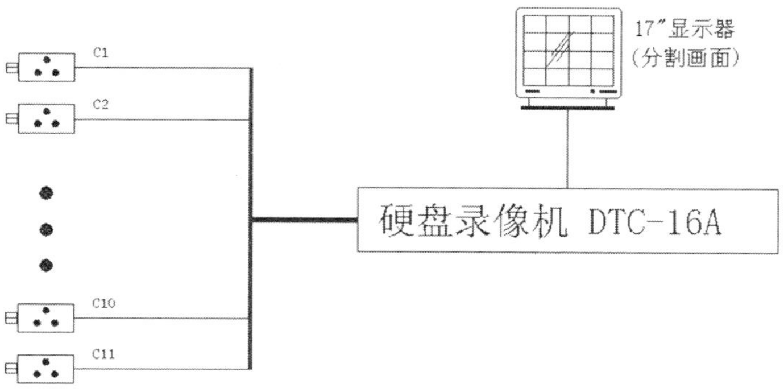


图 7.11　闭路电视监控系统图

把绘制好的图 7.8 ~ 图 7.11 都复制到 A3 样板图纸里，由此四个子系统合并得到该大楼的建筑智能化系统，如图 7.12 所示。

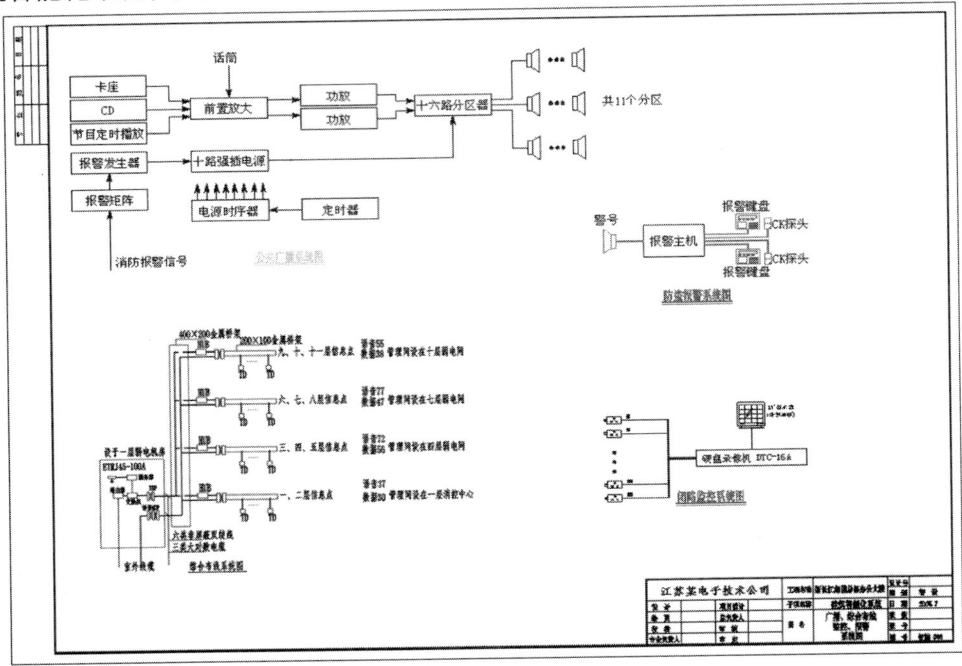


图 7.12　建筑智能化系统图

## 4. 绘制有线电视系统、报告厅音响灯光布置图

根据设计要求，大楼十一层均要安装有线电视系统，系统布置如图 7.13 所示。

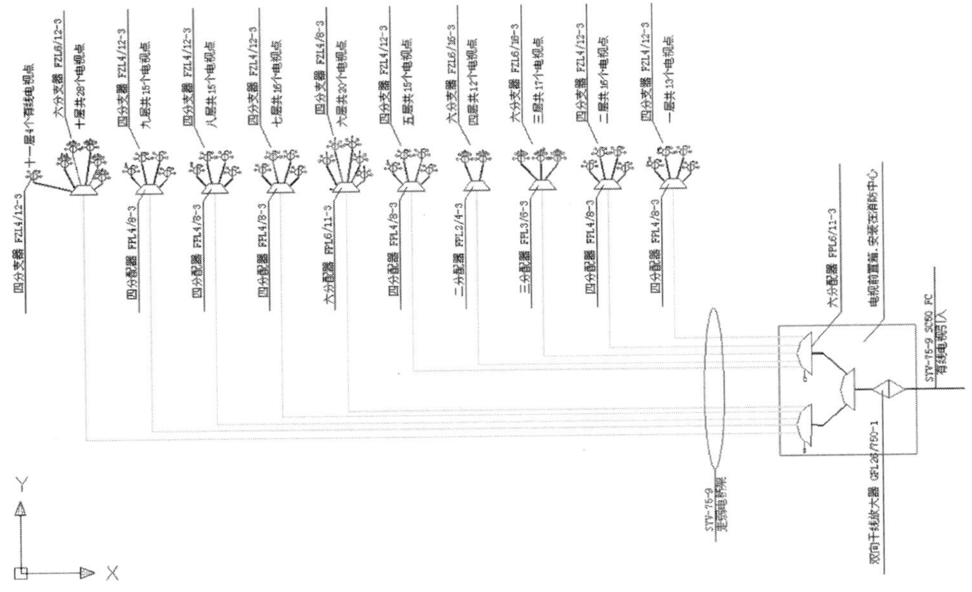


图 7.13　大楼有线电视系统图

该大楼内有多个会议室，下面以其中十一层多功能厅为例，绘制音响灯光布置图。首先根据设计要求，绘制报告厅音响和灯光系统图，如图 7.14 所示。

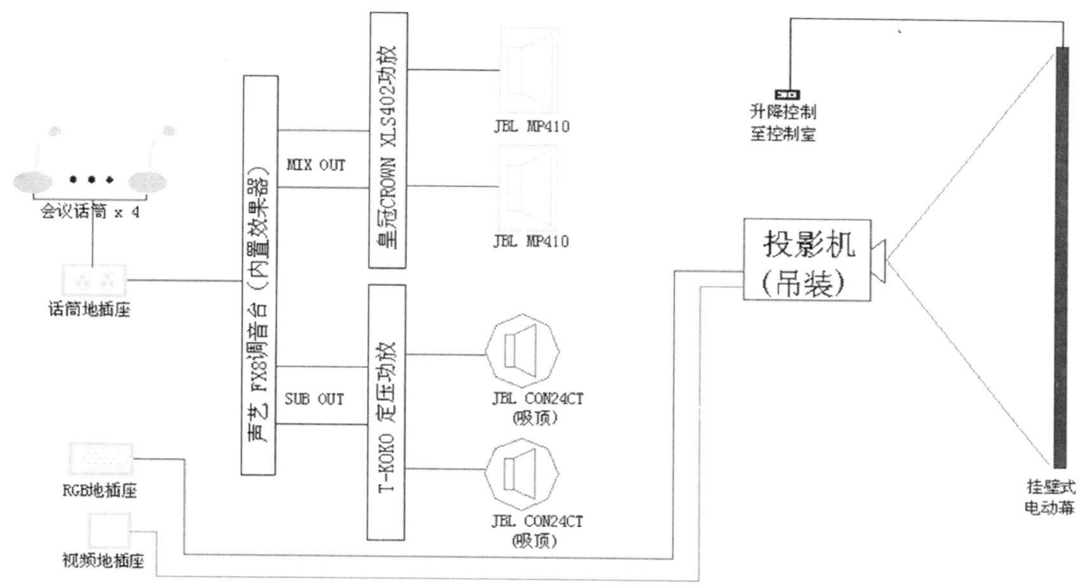


**图 7.14　报告厅音响、灯光系统图**

根据设计要求，绘制接待室音响系统图，如图 7.15 所示。

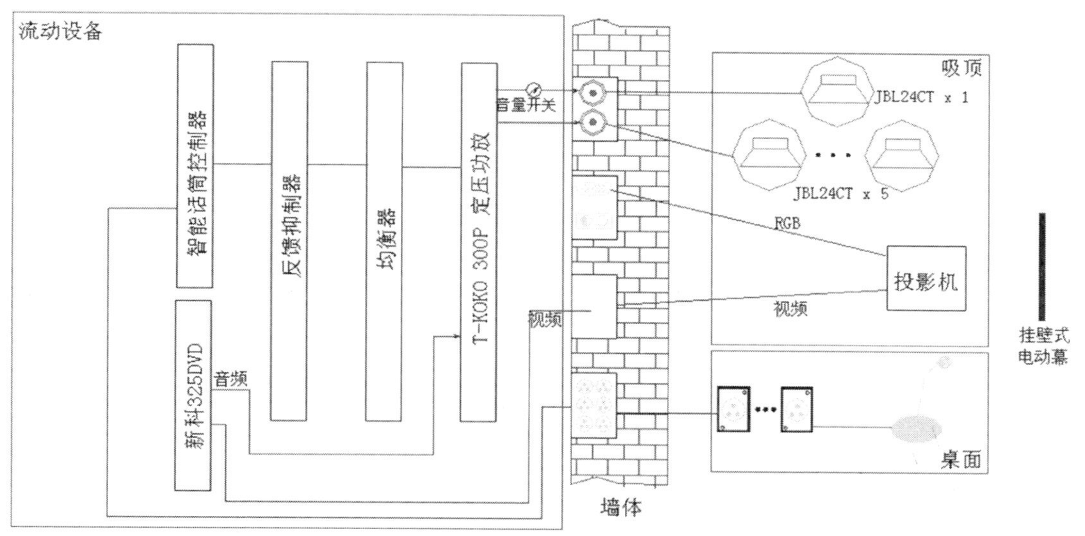


**图 7.15　接待室音响系统图**

最后根据设计要求，绘制综合多功能厅音响、灯光布置图，如图 7.16 所示。

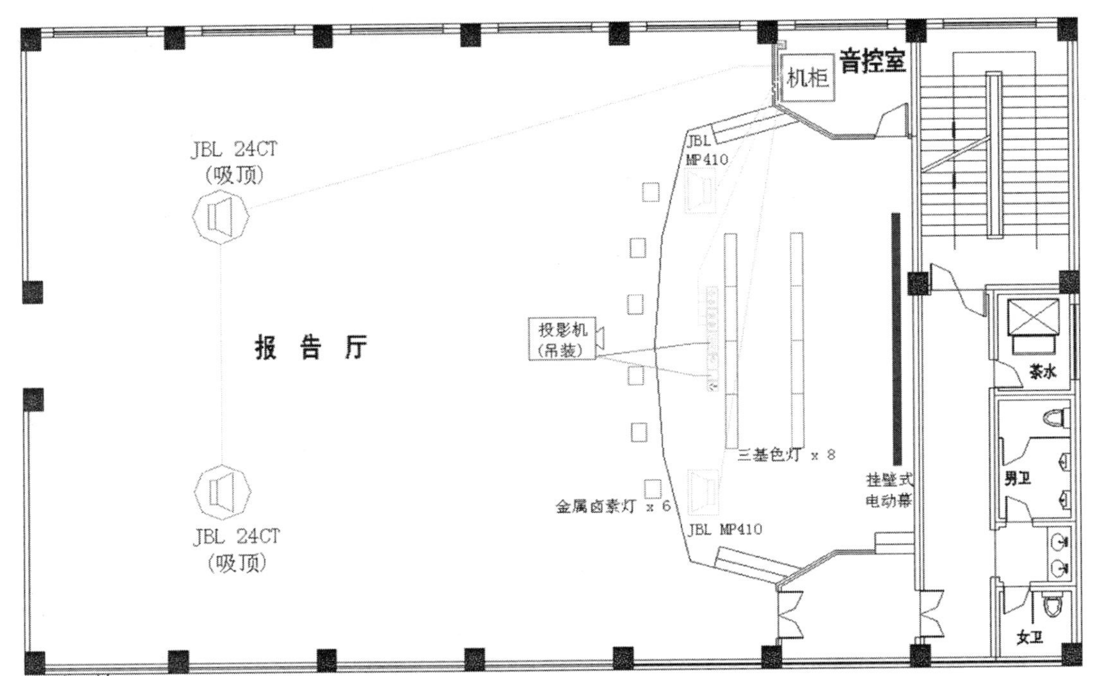


**图 7.16　多功能厅音响、灯光布置图**

5. 绘制各楼层施工图

绘制一楼施工图。首先在样板图纸左下角，绘制安全防范系统通用图形符号表格，如图 7.17 所示。

| 符号 | 名称 | 数量 | 备注 |
|---|---|---|---|
| | 数据+语音 | 14 | |
| | 数据+语音+语音 | 1 | 地插 |
| | 语音 | 3 | |
| | 有线电视 | 13 | |
| | 喇叭 | 8 | |
| | 音量开关 | 3 | |
| | 半球摄像机 | 3 | |
| | 枪式摄像机 | 4 | 含地下室 |
| | 报警主机 | 1 | |

**图 7.17　一层施工图的符号表**

关于更多“安全防范系统通用图形符号”的说明，详见附录。

打开大楼一层的建筑布局图，参考国家安防标准，绘制一层布线图，如图 7.18 所示。继续完善图纸，生成的一楼一层施工图如图 7.19 所示。

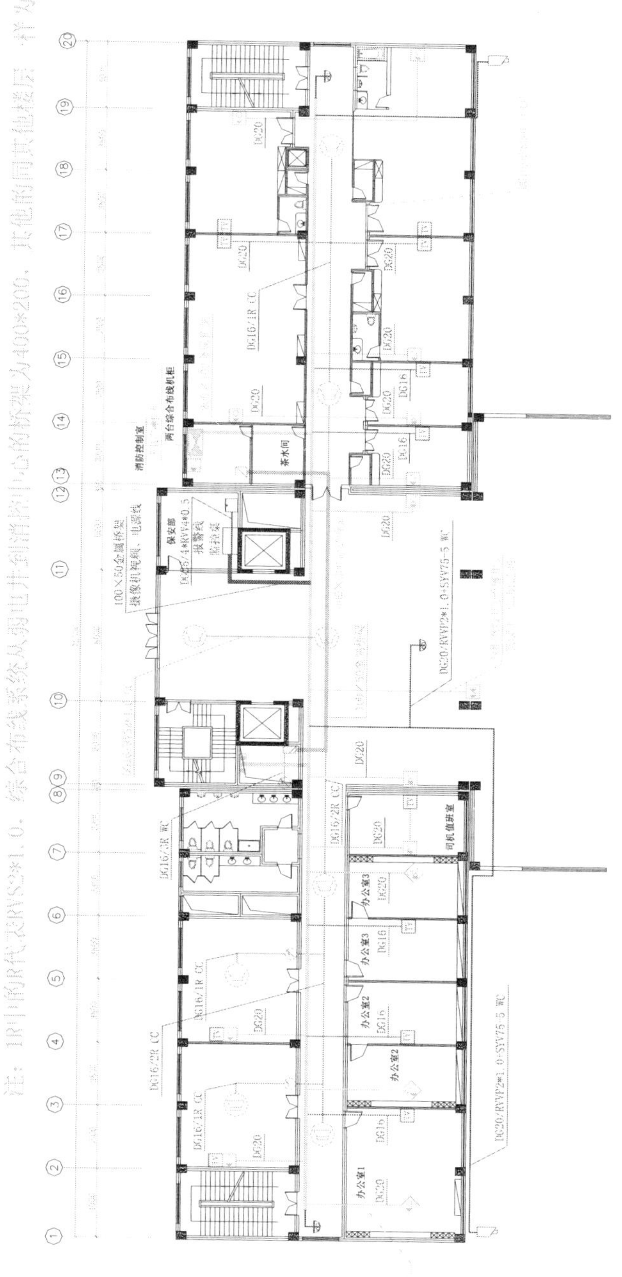

图7.18　一层布线图

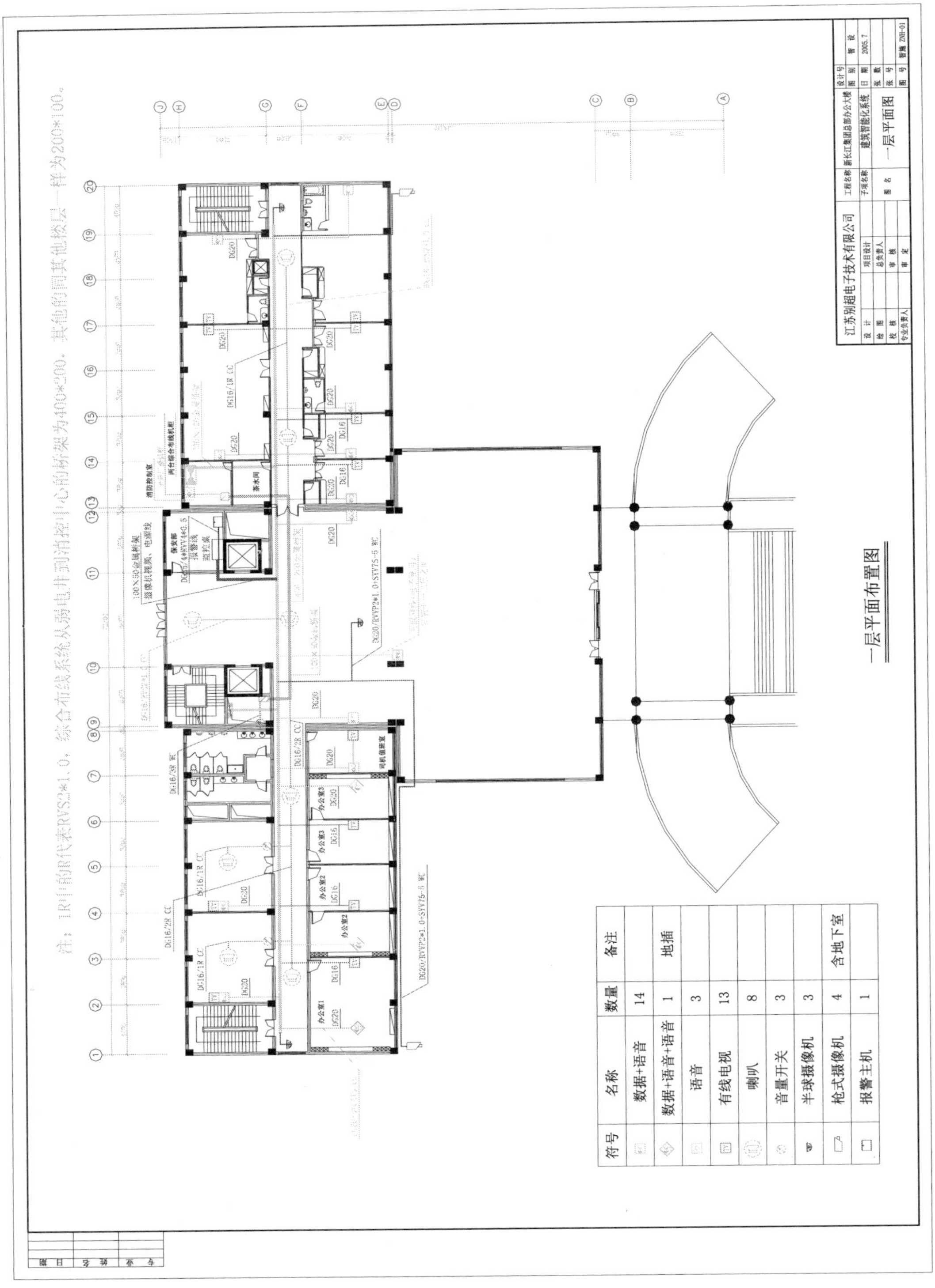

注：LR1的RI代表RVS2*1.0，综合布线系统从弱电井到消控中心的桥架为400*200，其他的同其他楼层一样为200*100。

一层平面布置图

| 符号 | 名称 | 数量 | 备注 |
|---|---|---|---|
| | 数据+语音 | 14 | |
| | 数据+语音+语音 | 1 | 地插 |
| | 语音 | 3 | |
| | 有线电视 | 13 | |
| | 喇叭 | 8 | |
| | 音量开关 | 3 | |
| | 半球摄像机 | 3 | |
| | 枪式摄像机 | 4 | 含地下室 |
| | 报警主机 | 1 | |

江苏别超电子技术有限公司

工程名称 新长江集团总部办公大楼
子项名称 建筑智能化系统
图名 一层平面图
图别 智设 日期 2005.7 图号 智施 ZNH-01

图7.19 大楼一层施工图

其余各层的施工图均按照实际设计要求进行绘制，绘制方法同第一层图纸类似，这里不再详细讲解。这里仅展示第三层、第五层、第十一层平面布置图，如图 7.20 至图 7.22 所示，供读者参考。

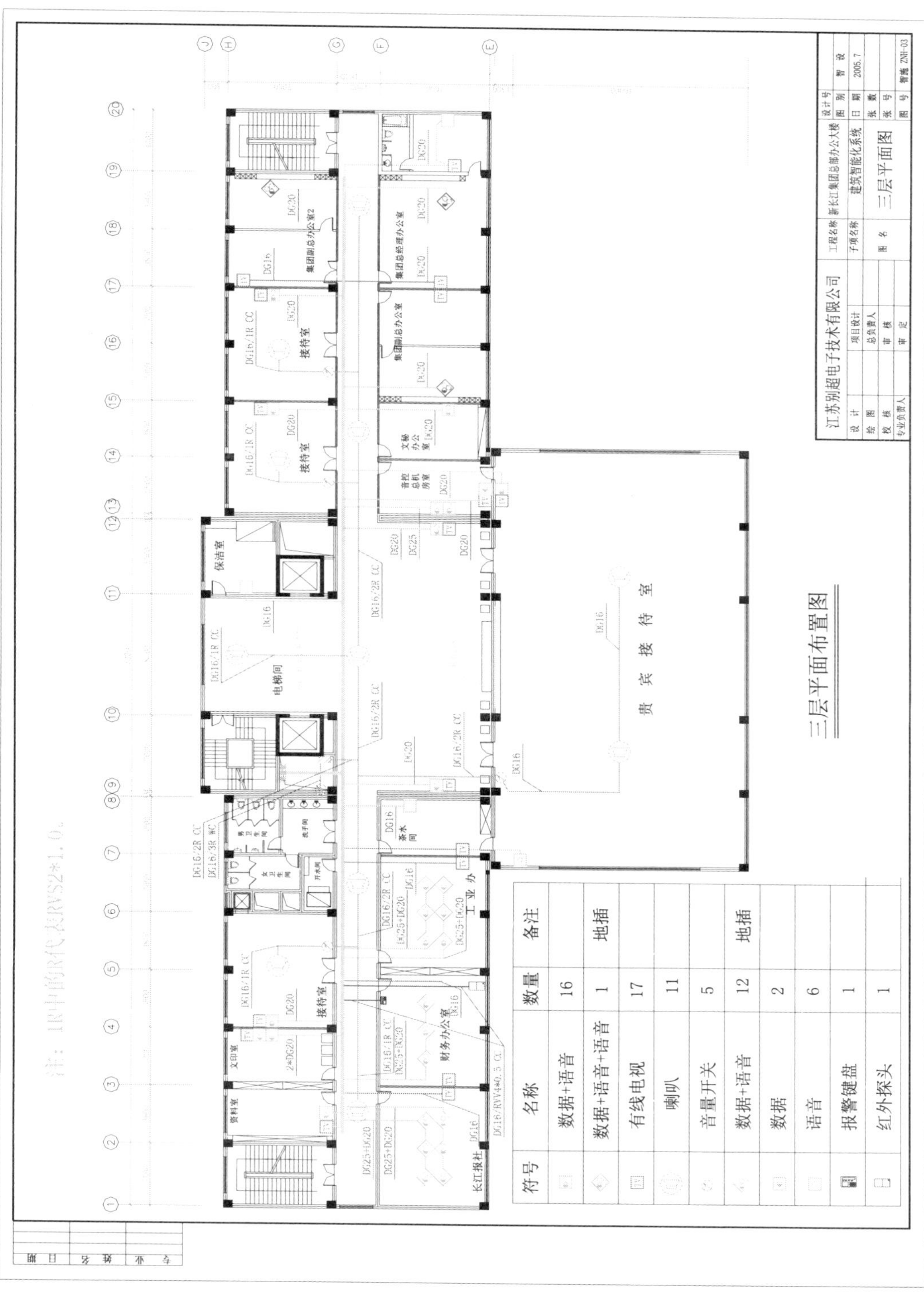


| 符号 | 名称 | 数量 | 备注 |
| --- | --- | --- | --- |
|  | 数据+语音 | 16 |  |
|  | 数据+语音+语音 | 1 | 地插 |
|  | 有线电视 | 17 |  |
|  | 喇叭 | 11 |  |
|  | 音量开关 | 5 |  |
|  | 数据+语音 | 12 | 地插 |
|  | 数据 | 2 |  |
|  | 语音 | 6 |  |
|  | 报警键盘 | 1 |  |
|  | 红外探头 | 1 |  |

图7.20　大楼三层施工图

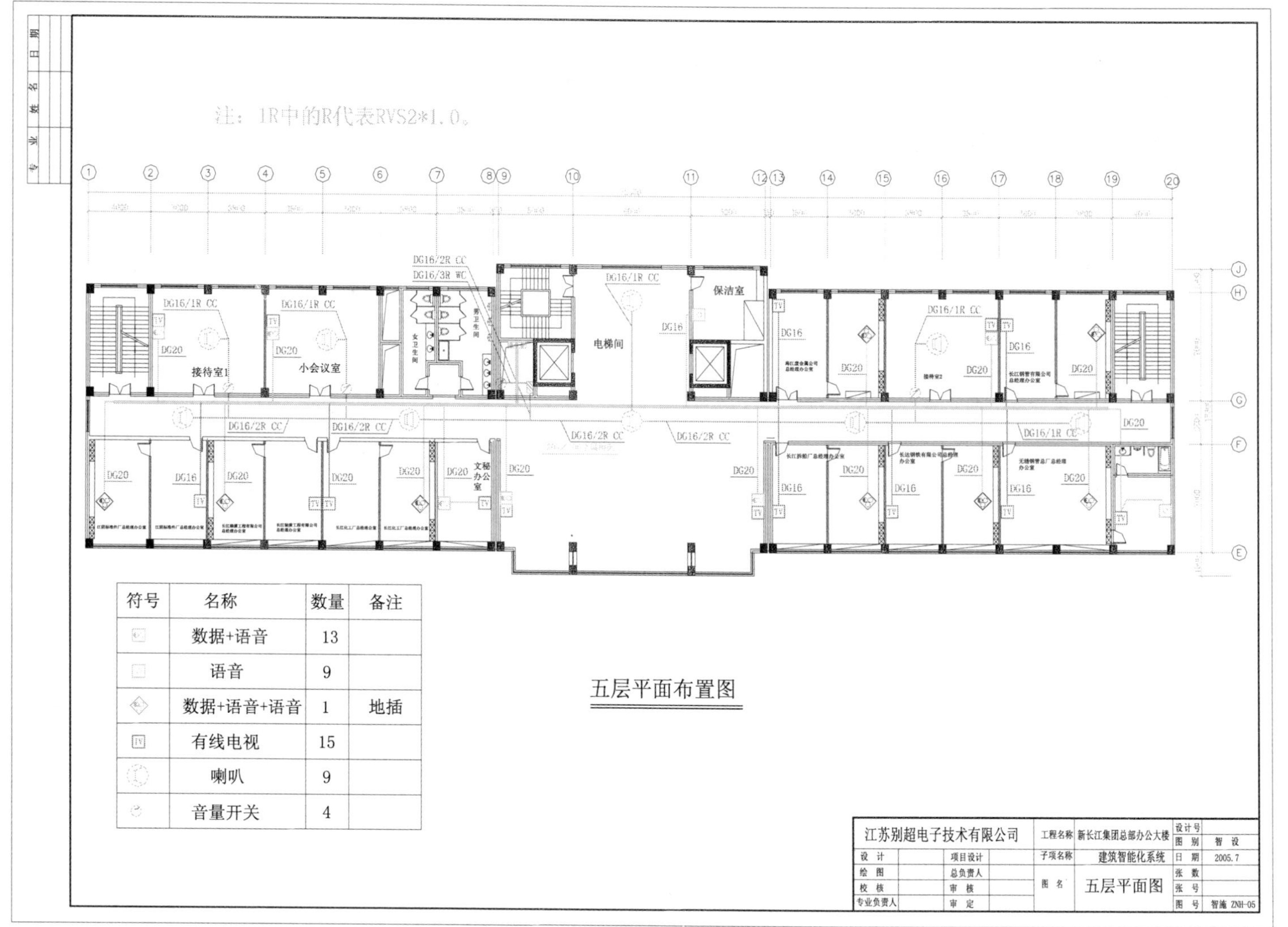


图7.21 大楼五层施工图

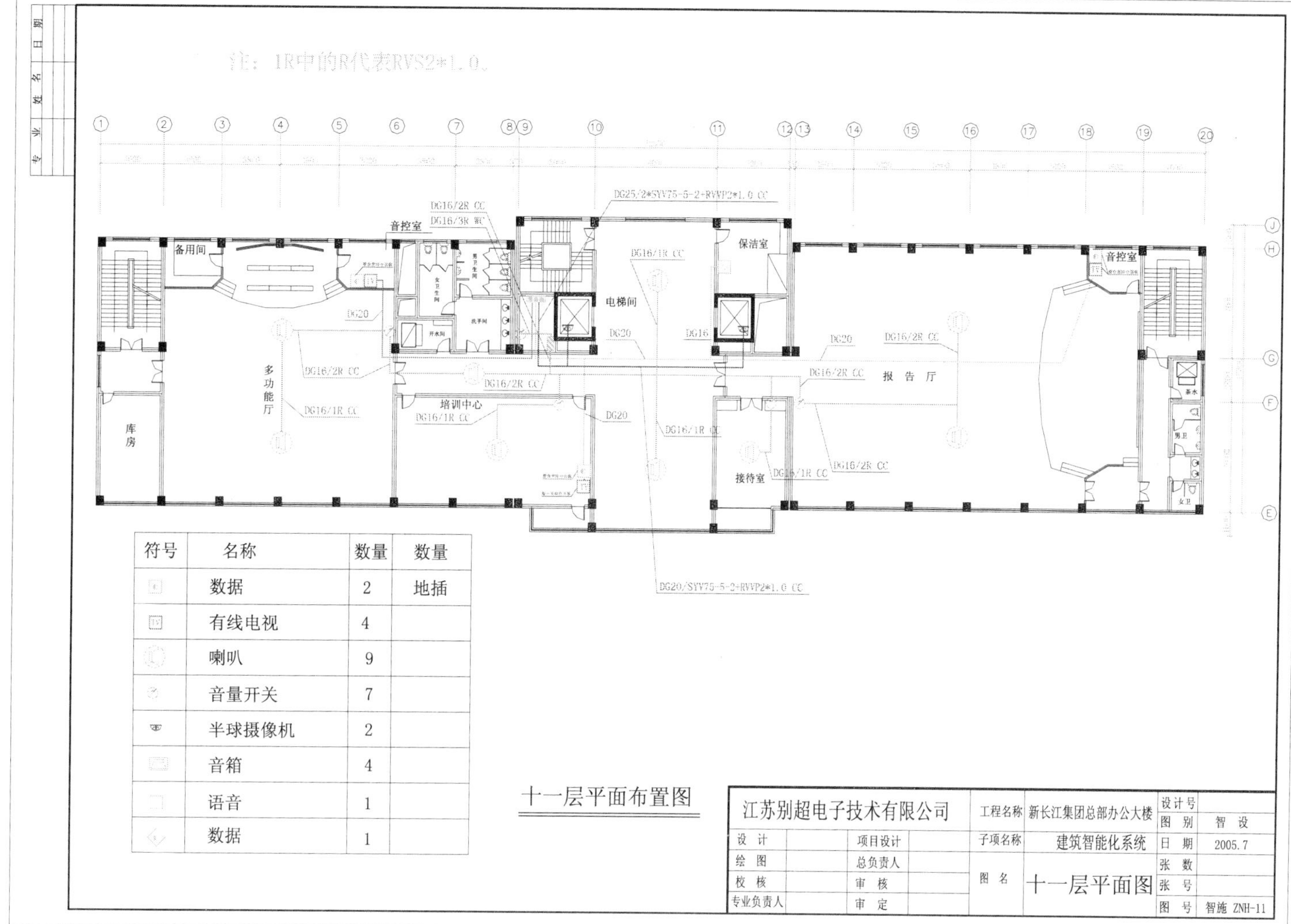


| 符号 | 名称 | 数量 | 数量 |
|---|---|---|---|
|  | 数据 | 2 | 地插 |
|  | 有线电视 | 4 |  |
|  | 喇叭 | 9 |  |
|  | 音量开关 | 7 |  |
|  | 半球摄像机 | 2 |  |
|  | 音箱 | 4 |  |
|  | 语音 | 1 |  |
|  | 数据 | 1 |  |

图7.22　大楼十一层施工图

## 7.5 项目小结

本项目是以 AutoCAD 2008 为制图工具绘制安防系统图，介绍了安防系统的设计规则和国家标准，重点讲述了办公大楼智能电气安全防范工程例图，将系统工程图分成多个子系统：闭路电视监控系统、防盗报警系统、综合布线及网络系统、有线电视系统、公共广播系统和会议系统。项目实施过程中，不断加强理解弱电系统的设计原则，高效、经济、适用最大限度地合理利用每一份资源。

通过本项目的学习，可以掌握绘制安全防范工程图的绘图方法，熟悉各种设计规则，了解安全防范系统通用图形符号，熟悉各种通用图形标号，并能学会有针对性的查询规范标准，以规范作图。

## 7.6 拓展练习

根据图 7.23 中的某多功能厅音响、灯光布置图，完成拓展练习。

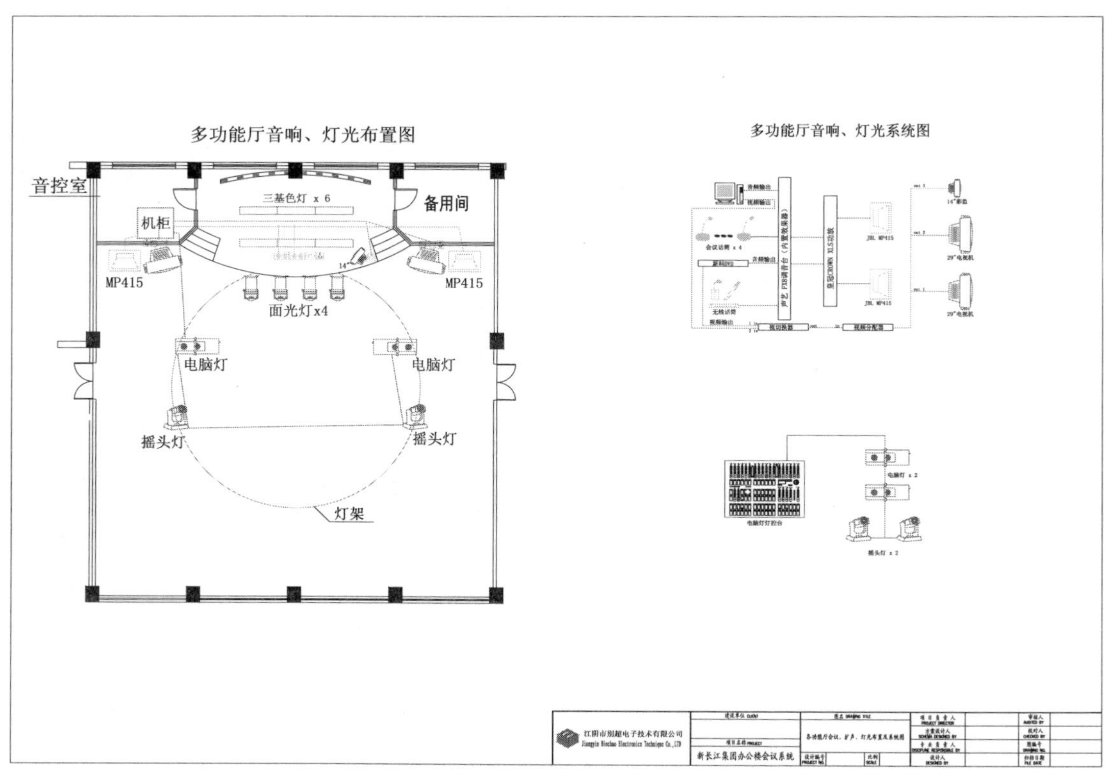


图 7.23

# 项目八 绘制家具类造型及效果图

【能力目标】

- 掌握三维图形的绘图命令
- 掌握三维图形的绘图编辑修改命令

【知识点】

- 三维旋转、面域、消隐、体着色、渲染、材质
- 圆柱体、拉伸、球体、阵列、差集
- 椭圆、三点 USC、新建 UCS 坐标、西南等轴、三维镜像

## 8.1 项目引入

家具的计算机辅助设计是家具设计发展的方向，但是由于家具某些部件造型复杂、变化多样，使得用计算机以三维的形式绘制家具的造型并不像绘制机械零件那样简单。

在一个房间内摆放有茶几和沙发，茶几上有酒杯和烟灰缸，如图 8.1 所示。本项目从简单的酒杯及烟灰缸入手，再到复杂的茶几和沙发，由浅入深、由简入繁，通过每个三维实体的绘制，让读者比较系统地掌握三维图形的绘制方法和操作技巧。

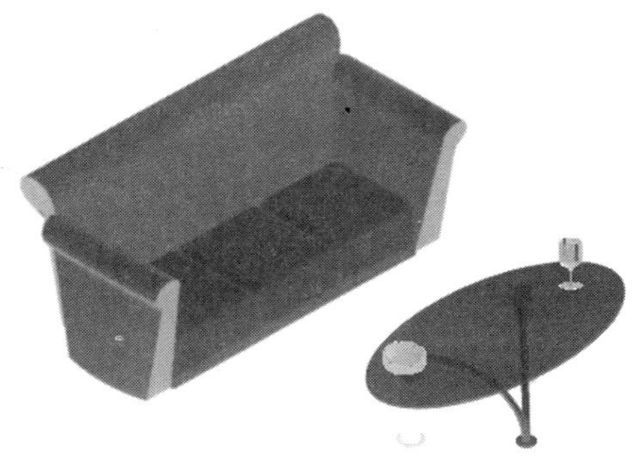

图 8.1 三维家具

本项目将在前面 AutoCAD 2008 平面图形绘制的基础上，以酒杯、烟灰缸、茶几和沙发为例，使学员在巩固二维平面图形绘制的基础上，学习三维实体的绘制方法，掌握三维建模命令，如长方体、圆柱体、球体、拉伸、旋转、交集、差集、并集等；掌握三维实体渲染命令，如隐藏、材质、光源、渲染等；掌握三维视图命令，如主视、左视、俯视、等轴测视图等；掌握三维视觉样式，如二维线框、三维线框视觉样式、三维隐藏视觉样式、真实视觉样式等。

本项目推荐课时为 8 学时。

## 8.2 项目分析

酒杯等家具类造型是立体的三维实体部件，在利用 AutoCAD 2008 工程制图过程中，需要根据三视图的原理来审视整个实体部件，必要时候，可利用不同视图（主视、左视、俯视、等轴测视图等）协同处理，绘制出该实体的三维造型。

本项目分成以下四个任务来完成，分别给出作图目标分析和详细操作步骤，结合具体的作图效果，将三维实体造型的画法融合在其中，如多种绘图命令的操作及选项的意义、多种编辑命令的使用方法等。

任务一　绘制酒杯

任务准备：面域、三维旋转、隐藏、材质、渲染等命令。

任务二　绘制烟灰缸

任务准备：圆柱体、球体、拉伸、阵列、差集等命令。

任务三　绘制茶几

任务准备：椭圆、UCS 坐标、西南等轴、三维镜像等命令。

任务四　绘制沙发

任务准备：长方体、多段线、边界曲线等命令。

## 8.3 任务一　绘制酒杯

玻璃酒杯的三维模型如图 8.2 所示。观察该酒杯三维模型，不难发现，它是一个围绕中心线呈 360°对称的实体。一般这样的对称体，如果勾勒出它的横截面，再结合三维建模工具“旋转”360°，就可以构建出酒杯的三维模型。

**图 8.2　玻璃酒杯的三维模型**

在本例的绘制过程中，首先要运用“直线”和“圆”命令来绘制酒杯的横截面轮廓线，然后运用“圆角”和“面域”命令编辑图形，再运用“旋转”命令创建实体，最后用“材质”和“渲染”命令来渲染玻璃材质的酒杯造型。

### 8.3.1 操作步骤

（1）图层设置与管理。

（2）绘制横截面轮廓线。

（3）创建面域，旋转成三维造型。

（4）材质与渲染。

## 8.3.2　任务实施

### 1. 图层设置与管理

单击下拉菜单“格式”→“图层”，打开图层特性管理器，单击“新建”建立新图层“图层1”，更改图层名称为“辅助线”，颜色为“红色”，线型为“CENTER2”。继续单击“新建”建立新图层“图层2”，更改图层名称为“实体”，颜色框内输入“160”（蓝色），该颜色为玻璃酒杯的颜色。图层特性管理器如图8.3所示。绘图时，不同的内容要分别在不同的图层内绘制，做到层次分明，也便于后期的管理和看图。

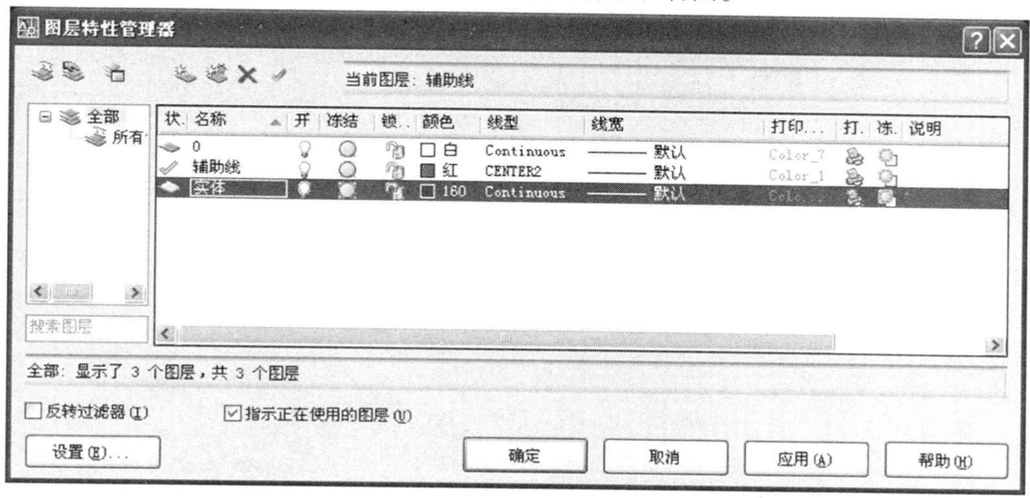


图8.3　图层特性管理器

### 2. 绘制横截面轮廓线

（1）绘制辅助线。在图层特性管理器中将辅助线层置为当前层。单击“绘图”工具栏内“直线”图标，或直接输入命令line，绘制一条辅助线。

```
命令：_ line 指定第一点：              //在窗口内任意点单击
指定下一点或［放弃（U）］：160         //开启极轴追踪垂直90°，输入长度160回车
指定下一点或［放弃（U）］：            //回车
```

单击“修改”工具栏中的“偏移”图标，完成另外一条辅助线，如图8.4所示。

```
命令：_ offset                                  //偏移命令
当前设置：删除源=否　图层=源　OFFSETGAPTYPE=0
指定偏移距离或［通过（T）/删除（E）/图层（L）］<1.0000>：　34.5
                                                //输入偏移距离
选择要偏移的对象，或［退出（E）/放弃（U）］<退出>：
                                                //选择当前辅助线作为偏移对象
指定要偏移的那一侧上的点，或［退出（E）/多个（M）/放弃（U）］<退出>：
                                                //在当前辅助线右方点击一下完成偏移
```

（2）绘制轮廓线。将“实体”层作为当前层，右键单击状态栏中“对象捕捉”按钮。在弹出的选项卡中，单击“设置”按钮。在弹出的“草图设置”对话框中，单击“对象捕捉”选项卡。在“对象捕捉”选项卡中，勾选“端点”、“交点”。单击绘图工具栏中“直线”图标，绘制第一条轮廓线，如图 8.5 所示。

```
命令：_ line 指定第一点：                        //捕捉右辅助线上端点
指定下一点或 [放弃 (U)]：75                     //极轴追踪，垂直向下，输入长度75，回车
指定下一点或 [放弃 (U)]：                       //鼠标左移，极轴追踪，水平向左，捕捉端点
指定下一点或 [闭合 (C) /放弃 (U)]：75
                                                //极轴追踪，垂直向下，输入长度75，回车
指定下一点或 [闭合 (C) /放弃 (U)]：
                                                //鼠标右移，极轴追踪，水平向右，捕捉端点
指定下一点或 [闭合 (C) /放弃 (U)]：   //回车
```

单击“修改”工具栏中的“偏移”图标，完成偏移后的轮廓线如图 8.6 所示。

```
命令：_ offset
当前设置：删除源 = 否   图层 = 源   OFFSETGAPTYPE = 0
指定偏移距离或 [通过 (T) /删除 (E) /图层 (L)] <34.5000>：   3
                                                //输入偏移距离
选择要偏移的对象，或 [退出 (E) /放弃 (U)] <退出>：
                                                //选择右上垂直轮廓线段
指定要偏移的那一侧上的点，或 [退出 (E) /多个 (M) /放弃 (U)] <退出>：
                                                //在该右上轮廓线段右侧点击
选择要偏移的对象，或 [退出 (E) /放弃 (U)] <退出>：
                                                //选择上边的水平轮廓线段
指定要偏移的那一侧上的点，或 [退出 (E) /多个 (M) /放弃 (U)] <退出>：
                                                //在该水平线下方单击
选择要偏移的对象，或 [退出 (E) /放弃 (U)] <退出>：
                                                //选择左下垂直线段
指定要偏移的那一侧上的点，或 [退出 (E) /多个 (M) /放弃 (U)] <退出>：
                                                //在该左下轮廓线段右侧点击
选择要偏移的对象，或 [退出 (E) /放弃 (U)] <退出>：
                                                //选择下方水平轮廓线段
指定要偏移的那一侧上的点，或 [退出 (E) /多个 (M) /放弃 (U)] <退出>：
                                                //在该水平线上方单击
选择要偏移的对象，或 [退出 (E) /放弃 (U)] <退出>：
                                                //回车
```

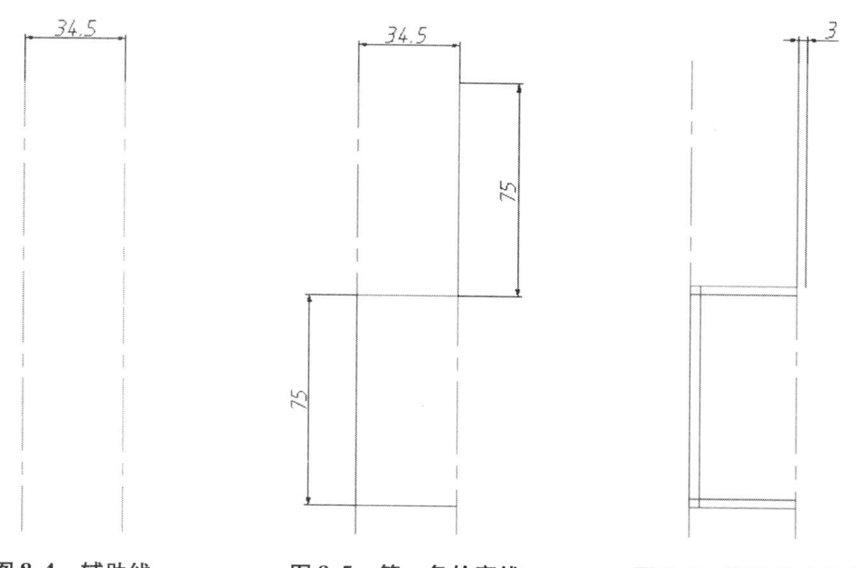


**图 8.4　辅助线**　　**图 8.5　第一条轮廓线**　　**图 8.6　偏移后的轮廓线**

单击“绘图”工具栏中的“圆”图标，绘制上方两条垂线顶端的圆。

命令：_ circle 指定圆的圆心或［三点（3P）/两点（2P）/相切、相切、半径（T）］：2p　　//输入 2p，即选择“两点”绘圆，回车
指定圆直径的第一个端点：　　//选择右上垂线左端点
指定圆直径的第二个端点：　　//选择右上垂线右端点

用同样的方法绘制出下方两条水平轮廓线右端的圆，绘制完成的图形如图 8.7 所示。

单击“修改”工具栏中的“圆角”图标，为轮廓线打圆角，圆角的尺寸如图 8.8 所示。参考图 8.8，用同样的方法绘制出其他圆角。单击“修改”工具栏中的“修剪”图标，剪去两头多余的半圆。最后，删除右边的辅助线，绘制完成的酒杯横截面如图 8.9 所示。

命令：_ fillet
当前设置：模式 = 修剪，半径 =0.0000
选择第一个对象或［放弃（U）/多段线（P）/半径（R）/修剪（T）/多个（M）］：r　　//输入 r，修改半径
指定圆角半径 <0.0000>：10　　//输入圆角半径 10
选择第一个对象或［放弃（U）/多段线（P）/半径（R）/修剪（T）/多个（M）］：　　//捕捉左下角右边的垂线
选择第二个对象，或按住 Shift 键选择要应用角点的对象：//捕捉左下角上边的水平线

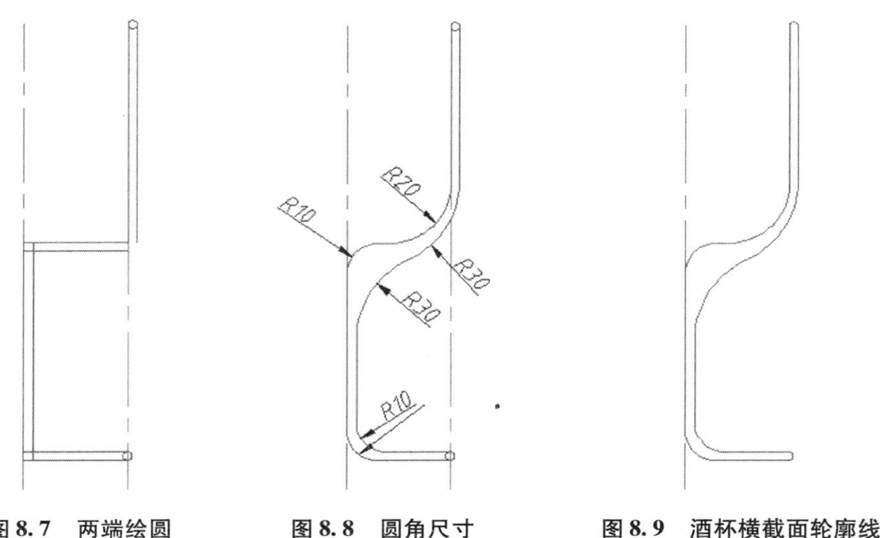


图 8.7　两端绘圆　　图 8.8　圆角尺寸　　图 8.9　酒杯横截面轮廓线

命令：_ trim
当前设置：投影 = UCS，边 = 无
选择剪切边……
选择对象或 <全部选择>：　指定对角点：找到 16 个　//框选轮廓线草图
选择对象：　//点击鼠标右键取消选择
选择要修剪的对象，或按住 Shift 键选择要延伸的对象，或
[栏选 (F) /窗交 (C) /投影 (P) /边 (E) /删除 (R) /放弃 (U)]：
　//选择要删除的半圆
选择要修剪的对象，或按住 Shift 键选择要延伸的对象，或
[栏选 (F) /窗交 (C) /投影 (P) /边 (E) /删除 (R) /放弃 (U)]：
　//选择要删除的半圆

3. 创建面域，旋转成三维造型

面域是使用形成闭合环的对象创建的二维闭合区域。环可以是直线、多段线、圆、圆弧、椭圆、椭圆弧和样条曲线的组合。组成环的对象必须闭合或通过与其他对象共享端点而形成闭合的区域。

创建面域是进行 CAD 三维制图的基础步骤。对于已创建的面域对象，用户可以进行填充图案和着色等操作，还可分析面域的几何特性（如面积）和物理特性（如质心、惯性矩等）。面域对象还支持布尔运算，即可以通过差集（Subtract）、并集（Union）或交集（Intersect）来创建组合面域。

**注意**

可以通过多个环或者端点相连形成环的开曲线来创建面域，但是不能通过非闭合对象内部相交构成的闭合区域构造面域，如相交的圆弧或自交的曲线。

单击“绘图”工具栏中的“面域”图标，将图 8.9 所示的横截面轮廓线创建为

面域。

```
命令：_ region
选择对象：指定对角点：找到 15 个          //框选横截面轮廓线，共选定 15 个对象
选择对象：                                //鼠标右键取消选择
已提取 1 个环。
已创建 1 个面域。
```

单击“建模”工具栏中的“旋转”图标，完成旋转后的图形，如图 8. 10 所示。

```
命令：_ revolve
当前线框密度：  ISOLINES = 4
选择要旋转的对象：找到 1 个               //选择横截面的面域
选择要旋转的对象：                        //鼠标右键取消选择
指定轴起点或根据以下选项之一定义轴 [对象 (O) /X/Y/Z] <对象>：o
                                          //输入 o，即以对象作为旋转的中心轴
选择对象：                                //单击辅助线，以该辅助线为旋转的中心轴
指定旋转角度或 [起点角度 (ST)] <360>：   //回车，默认 360°旋转
```

删除辅助线，单击“视图”工具栏中的“西南等轴测视图”图标，如图 8. 11 所示。

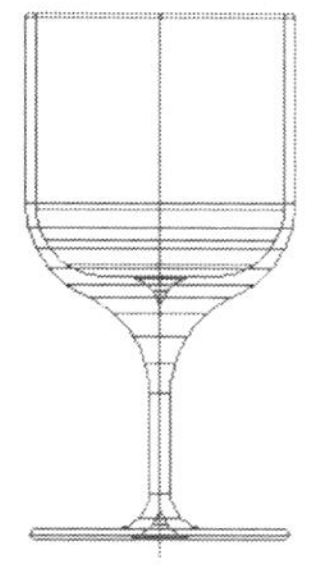

**图 8. 10　完成旋转的图形**

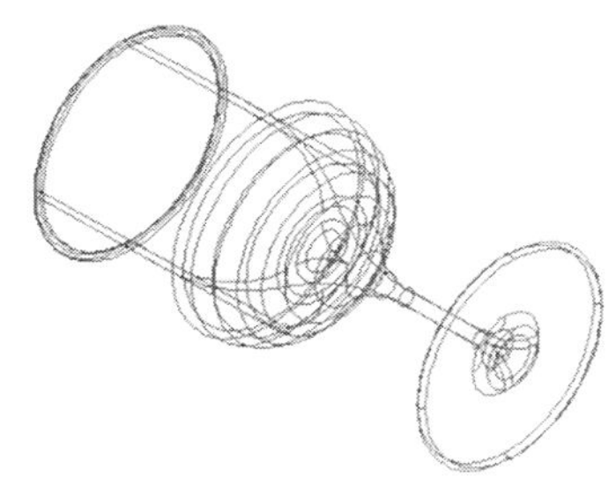

**图 8. 11　西南等轴测视图**

单击“动态观察”工具栏中的“自由动态观察”图标，将酒杯调整成如图 8. 12 所示的视图。单击“渲染”工具栏中的“隐藏”图标，如图 8. 13 所示。

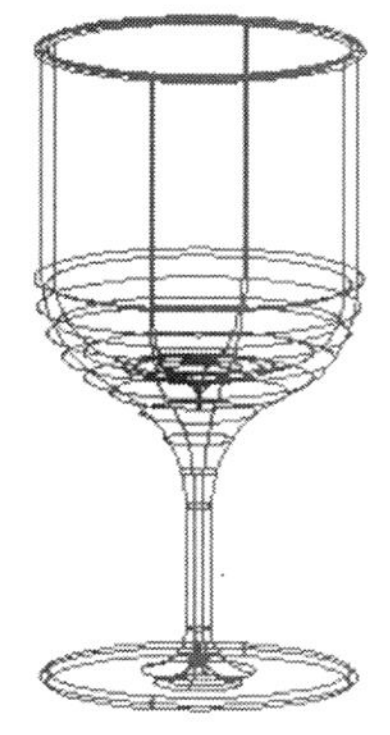

**图 8. 12　自由动态观察调整图**

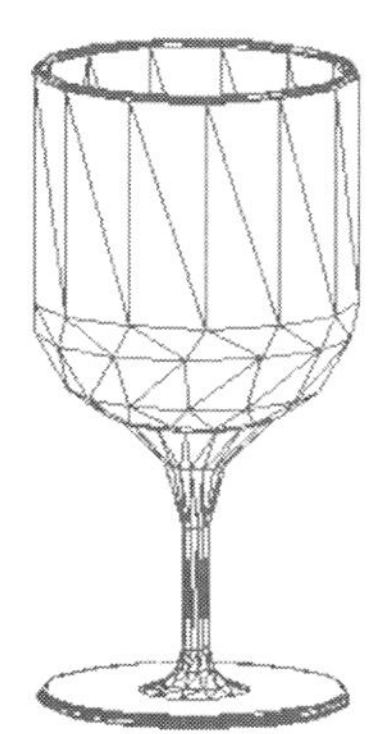

**图 8. 13　隐藏之后的效果图**

## 4. 材质与渲染

单击“渲染”菜单中的“材质”图标，弹出“材质”的对话框，如图 8.14 所示。

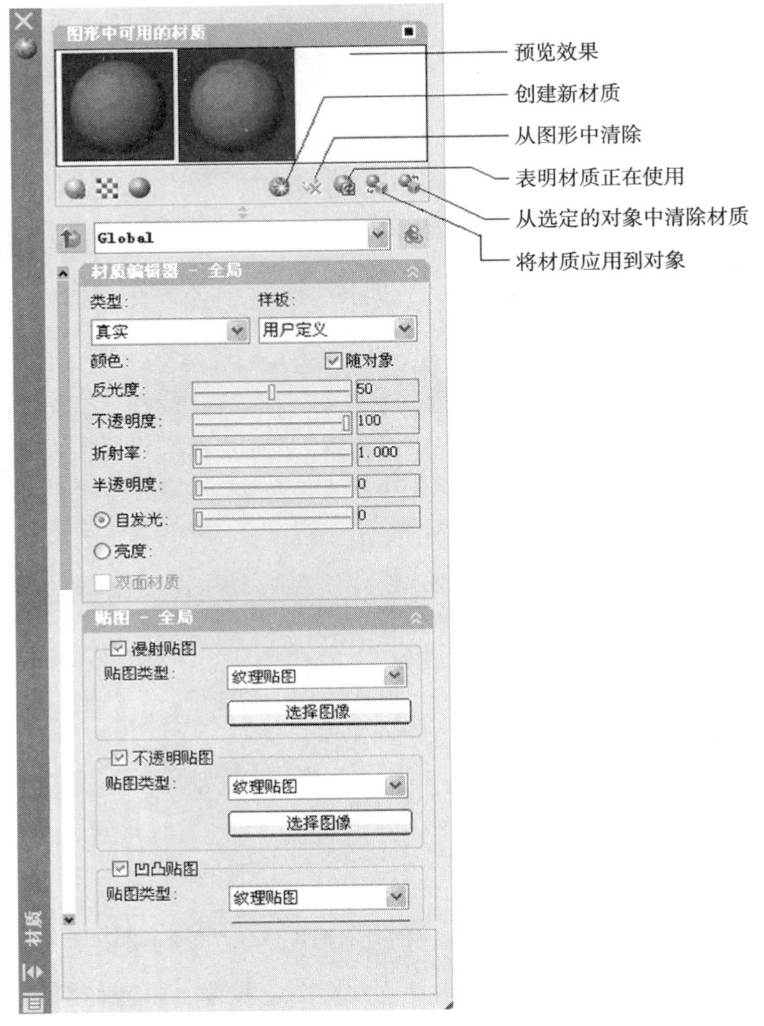


**图 8.14　材质对话框**

在“材质”对话框中，单击“创建新材质”图标，在弹出的对话框中输入“玻璃材质”，在下方的“材质编辑器”中，从“类型”下拉列表中选择“真实”，“样板”下拉列表中选择“玻璃 - 半透明”，“颜色”的选择可以点击图标自由选择颜色，也可以勾选“随对象”，则根据实体轮廓线的颜色确定材质的颜色。然后根据预览的效果，滑动调整“反光度”、“不透明度”、“折射率”、“半透明度”的数值，选择自发光（也可以选择“亮度”，输入光亮数值即可）。由此，完成新材质玻璃材质的设置。至于“贴图”的选项，就不做修改了。

单击“将材质应用到对象”图标，单击酒杯图形后单击鼠标右键确定，由此可将以上设置的玻璃材质应用到酒杯的实体。

单击“渲染”菜单中的“渲染”图标，在弹出的“酒杯－渲染”效果的窗口内，完成应用玻璃材质后，酒杯的渲染效果如图 8.15 所示。

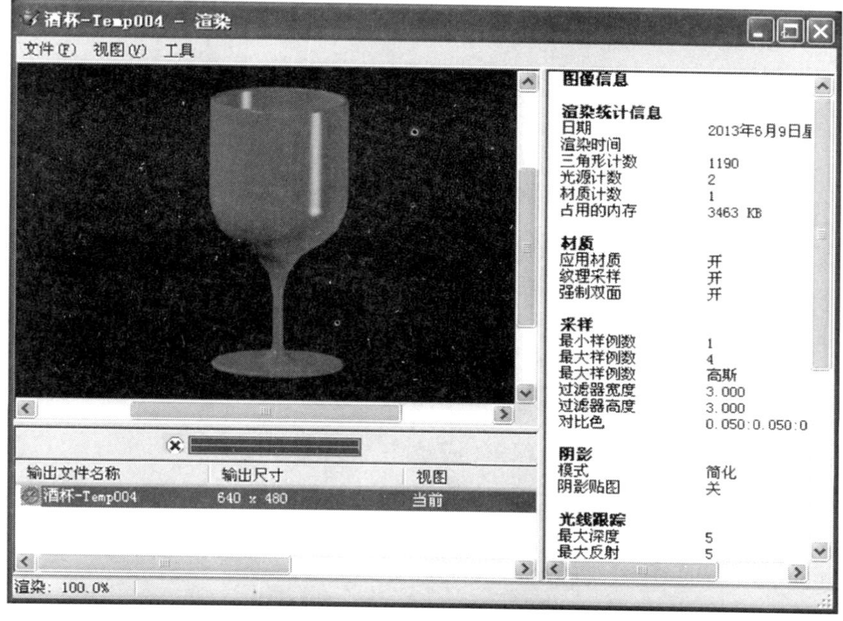


图 8.15　酒杯渲染效果

# 8.4　任务二　绘制烟灰缸

玻璃烟灰缸的三维模型如图 8.16 所示。观察该烟灰缸三维模型，不难发现，它也是一个围绕中心线呈 360°对称的实体，但是与酒杯的模型相比，它更加复杂，不能仅仅依靠横截面的“旋转”来实现造型。

图 8.16　玻璃烟灰缸的三维模型

在本例的绘制过程中，首先运用“圆”、“圆柱体”、“拉伸”命令绘制烟灰缸的基本体，再运用“球体”、“阵列”、“差集”命令创建烟灰缸实体，最后运用“材质”和“渲染”命令渲染烟灰缸。

## 8.4.1　操作步骤

（1）绘制流程。

（2）视图设置与管理。

（3）绘制三维造型。

（4）材质与渲染。

### 8.4.2 任务实施

1. 绘制流程

烟灰缸的绘制流程如图 8.17 所示。

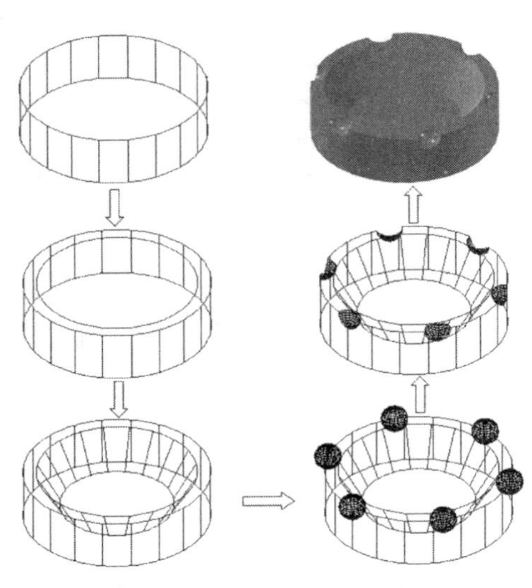

图 8.17 烟灰缸的绘制流程图

2. 视图设置与管理

将视区设置为四个视图窗口。单击“视图”菜单中的“视口”选项，选择“四个视口”命令，将视区设置为四个视图窗口。单击左上角视图，将该视图激活。打开“视图”菜单中的“三维视图”选项，选择“主视”命令，将左上角的视图设置为主视图。也可以通过打开“视图”工具栏，单击“主视”图标进行设置。利用同样的方法，将右上角的视图设置为左视图（或单击“左视”图标），将左下角的视图设置为俯视图（或单击“俯视”图标），将右下角的视图设置为西南等轴测视图（或单击“西南等轴测”图标）。设置完成的视图空间将如图 8.18 所示。

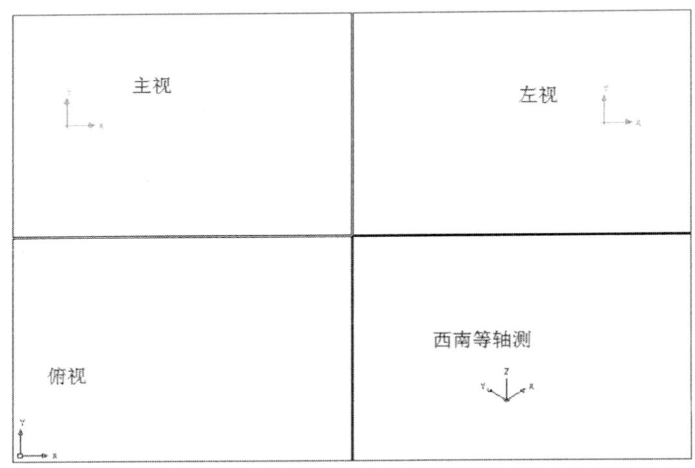


图 8.18 设置完成的视图空间

3. 绘制三维造型

（1）激活俯视图，在俯视图中绘制一个圆柱体作为烟灰缸的基本体。绘图之前，先修改实体对象的线框密度，以便于看图。

```
命令：_ isolines
输入 ISOLINES 的新值 <4>：20      //输入20，回车
```

单击“建模”工具栏中的“圆柱体”图标，作为基本体的圆柱体绘制完成之后的视图，如图 8. 19 所示。

命令：_ cylinder
指定底面的中心点或［三点（3P）/两点（2P）/相切、相切、半径（T）/椭圆（E）］：　　//在俯视图中任意一点单击一下
指定底面半径或［直径（D）］：70　　//输入底面半径 70，回车
指定高度或［两点（2P）/轴端点（A）］：40　//输入圆柱体高度 40，回车

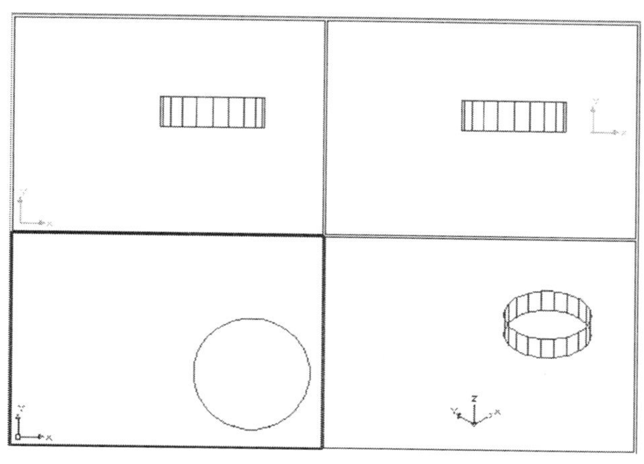
图 8. 19　作为基本体的圆柱体

（2）单击“绘图”工具栏中的“圆”图标，“对象捕捉”选项中勾选“圆心”，绘制完成的圆，如图 8. 20 所示。

命令：_ circle 指定圆的圆心或［三点（3P）/两点（2P）/相切、相切、半径（T）］：　　//捕捉圆柱体的圆心（圆柱底面圆心）
指定圆的半径或［直径（D）］：60　　//输入圆的半径 60，回车

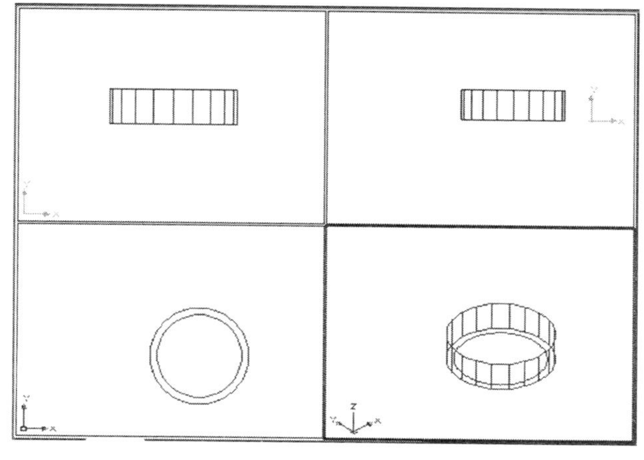
图 8. 20　绘制圆

将圆从圆柱底面移动到圆柱表面。激活西南等轴测视图，选择圆柱底面的圆，单击“修改”工具栏中的“移动”图标✥，完成移动之后的效果如图8.21所示。

```
命令：_ move
选择对象：找到 1 个                              //单击圆柱底面的圆
选择对象：                                       //鼠标右键取消选择
指定基点或［位移（D）］<位移>：                  //捕捉圆柱底面的圆心
指定第二个点或<使用第一个点作为位移>：           //捕捉圆柱上面的圆心
```

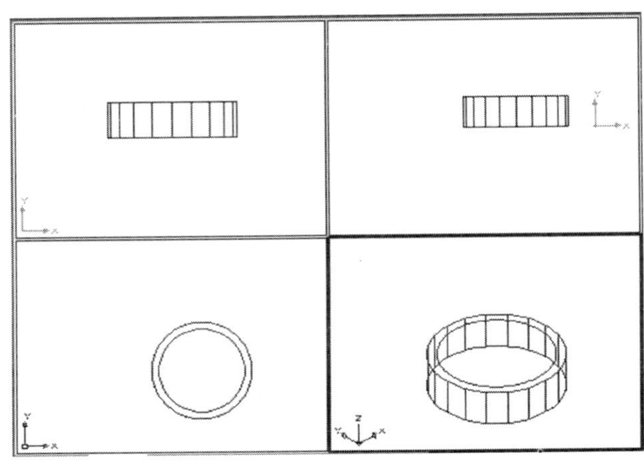

**图8.21　移动圆到圆柱的上表面**

（3）单击“建模”工具栏中的“拉伸”图标，命令行的显示如下。

```
命令：_ extrude
当前线框密度：  ISOLINES =20
选择要拉伸的对象：找到 1 个                               //单击圆柱上表面的圆
选择要拉伸的对象：                                        //鼠标右键取消
指定拉伸的高度或［方向（D）/路径（P）/倾斜角（T）］<30.0000>：t
                                                          //设置拉伸的倾斜角
指定拉伸的倾斜角度<0>：30                                 //输入角度30°
指定拉伸的高度或［方向（D）/路径（P）/倾斜角（T）］<30.0000>：-30
                                                          //往下拉伸，为负值
```

单击“建模”工具栏中的“差集”图标，命令行的显示如下。

```
命令：_ subtract 选择要从中减去的实体或面域...
选择对象：找到 1 个                     //单击圆柱体
选择对象：                              //鼠标右键取消选择
选择要减去的实体或面域……
选择对象：找到 1 个                     //单击斜拉伸的圆台
选择对象：                              //鼠标右键取消选择
```

单击“渲染”工具栏中的“隐藏”图标，由此，绘制了凹坑的烟灰缸如图 8.22 所示。

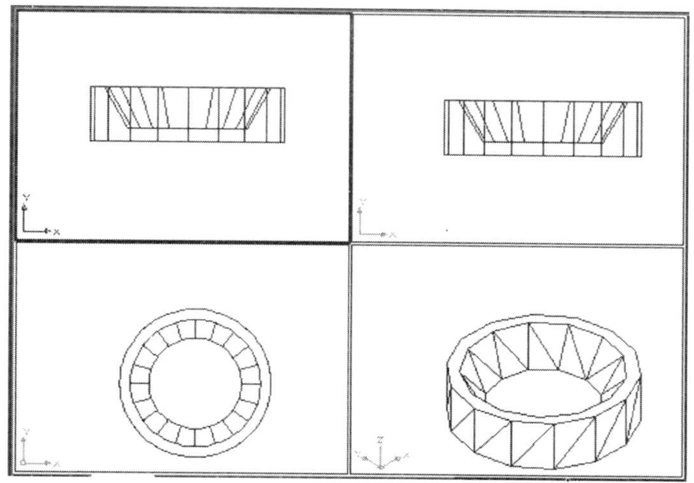

**图 8.22　绘制了凹坑的烟灰缸**

（4）在“对象捕捉”选项中勾选“象限点”，单击“实体”工具栏中的“球体”图标，绘制完成的效果如图 8.23 所示。

```
命令：_ sphere
指定中心点或 [三点 (3P) /两点 (2P) /相切、相切、半径 (T)]:
                                        //捕捉圆柱上表面外沿的左边象限点
指定半径或 [直径 (D)] <70.0000>: 10    //输入球半径 10
```

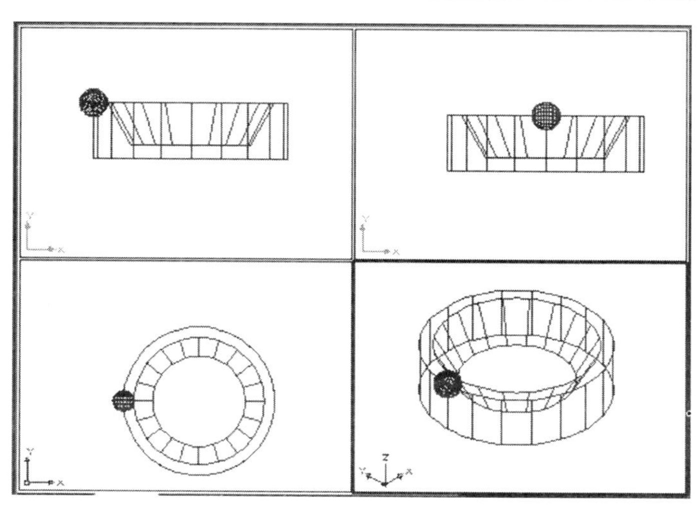

**图 8.23　绘制完成的球体**

单击“修改”工具栏中的“阵列”图标，弹出阵列对话框，如图 8.24 所示。

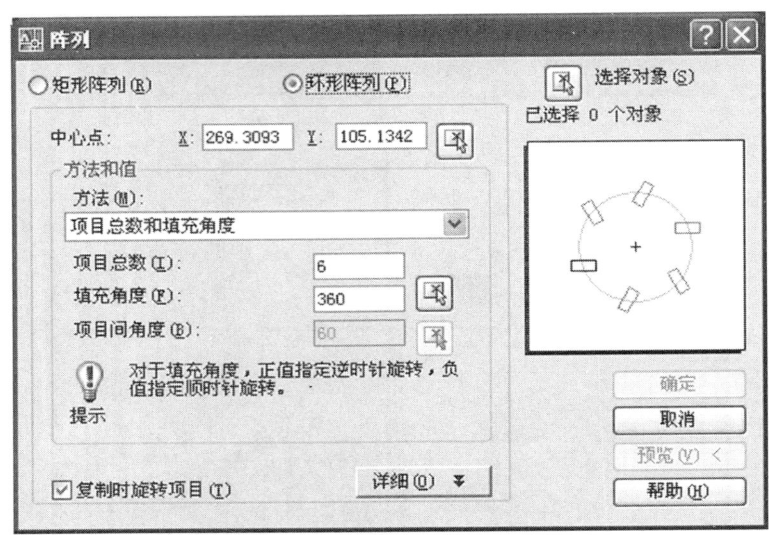


图 8.24 “阵列”对话框

在“阵列”对话框中选择“环形阵列”。单击“选择对象”按钮，选择视图中的球体。单击“中心点”按钮，捕捉圆柱体上表面的圆心。在“项目总数”文本框内输入 6，单击“确定”按钮。球体环形阵列后的烟灰缸如图 8.25 所示。

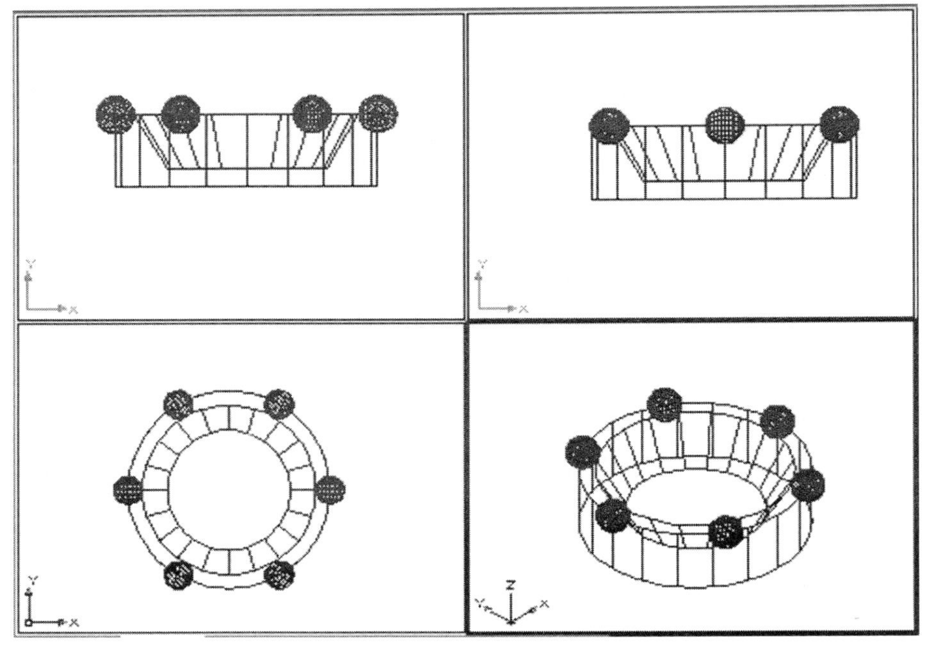

图 8.25 球体阵列后的烟灰缸

(5) 将圆柱基本体与球体进行“差集”运算，得到烟灰缸上表面的小坑。“差集”运算之后的烟灰缸如图 8.26 所示。

```
命令：_ subtract 选择要从中减去的实体或面域...
选择对象：找到 1 个              //单击圆柱基本体
选择对象：                      //鼠标右键取消选择
选择要减去的实体或面域..
选择对象：找到 1 个              //单击球体
选择对象：找到 1 个，总计 2 个
选择对象：找到 1 个，总计 3 个
选择对象：找到 1 个，总计 4 个
选择对象：找到 1 个，总计 5 个
选择对象：找到 1 个，总计 6 个
选择对象：                      //鼠标右键取消选择
```

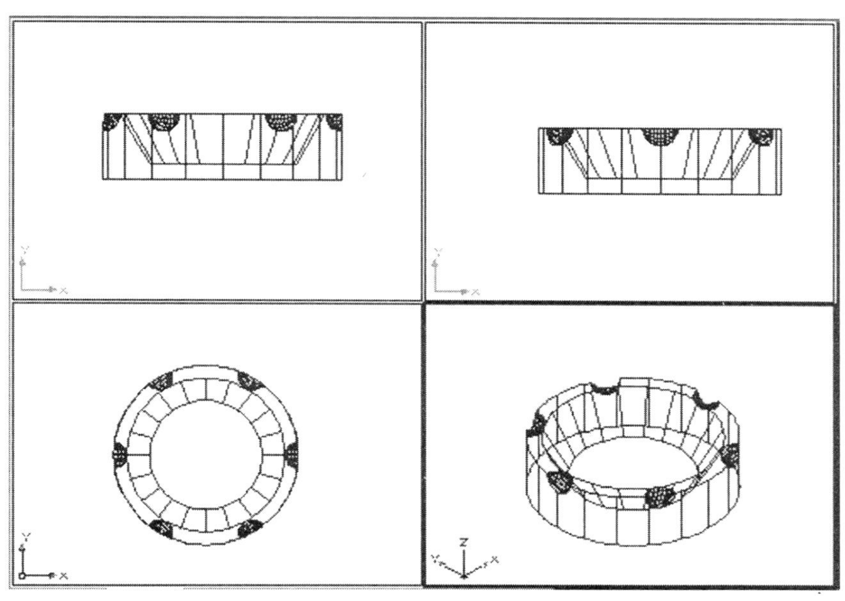

图 8.26　“差集”运算之后的烟灰缸

4. 材质与渲染

激活“西南等轴测视图”，执行“视图”菜单中的“视口”选项，选择“一个视口”命令，将视图变成西南等轴测视图。单击“渲染”工具栏中的“隐藏”图标，执行“隐藏”命令后的效果如图 8.27 所示。

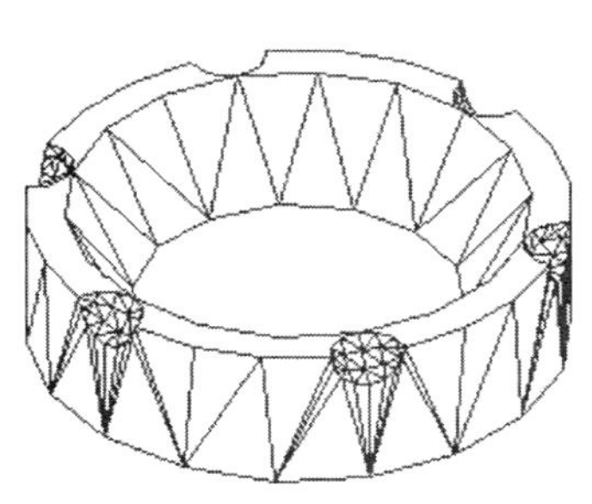

图 8.27　“隐藏”后的效果

运用“渲染”工具栏内的“材质”和“渲染”，完成玻璃材质的烟灰缸的渲染效果，如图 8.28 所示。

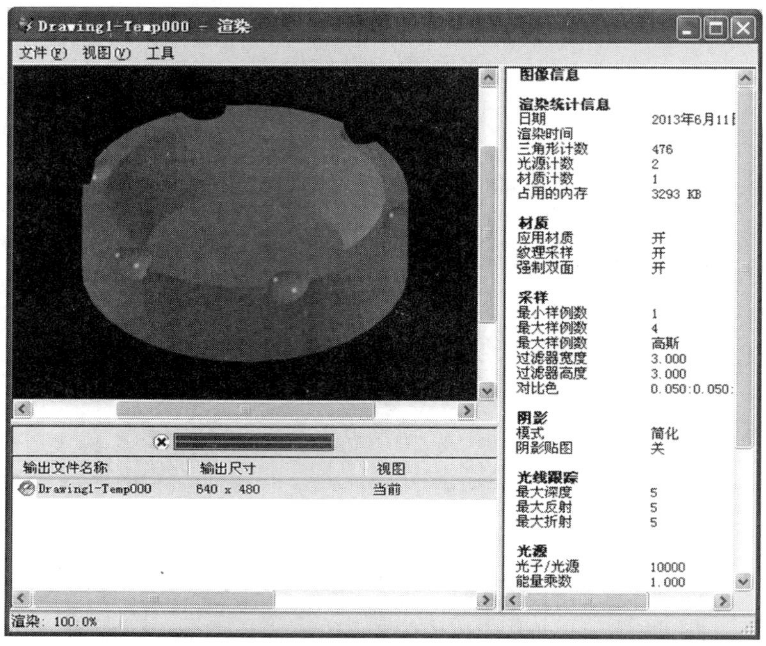


**图 8.28　烟灰缸的渲染效果**

# 8.5　任务三　绘制茶几

茶几的三维模型如图 8.29 所示。观察该茶几的三维模型，它是由茶几面和茶几腿组成，与酒杯和烟灰缸的模型相比，它更加复杂。

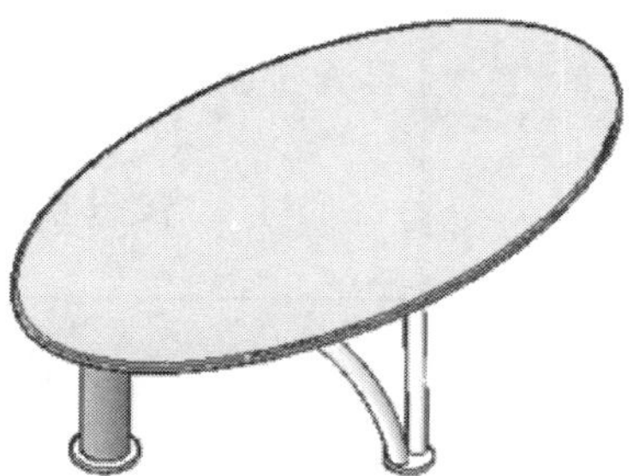

**图 8.29　茶几的三维模型**

在本例的绘制过程中，首先运用“椭圆”、“圆”命令绘制茶几轮廓线，再运用“移动”、“拉伸”等命令创建茶几面、茶几腿实体，然后运用“西南等轴测视图”、“三点 USC”、“拉伸”等命令创建曲腿，再运用“圆角”、“并集”等命令编辑实体，最后运用“材质”和“渲染”命令渲染茶几。

## 8.5.1　操作步骤

（1）绘制流程。

（2）图层设置与管理。

（3）绘制茶几轮廓线。

（4）绘制茶几面和茶几腿实体。

（5）创建曲腿。

（6）编辑实体。

（7）材质与渲染。

## 8.5.2 任务实施

1. 绘制流程

茶几的绘制流程如图 8.30 所示。

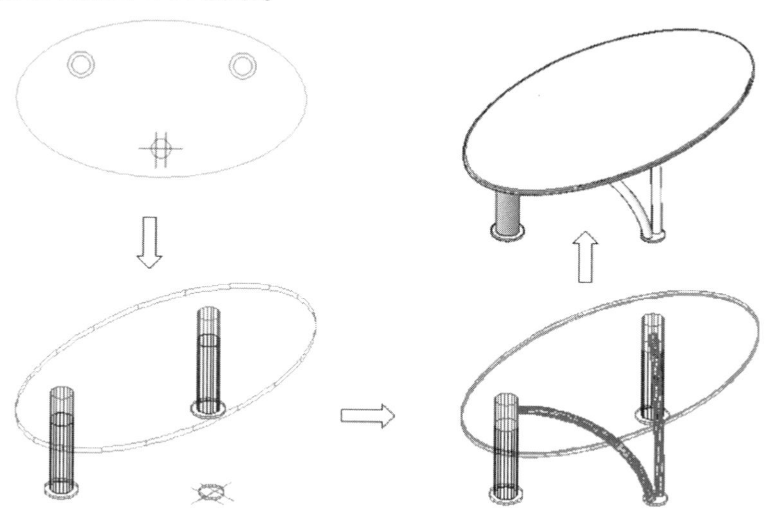

图 8.30　茶几的绘制流程图

2. 图层设置与管理

（1）设置绘图的图形界限。单击“格式”菜单中的“图形界限”命令，命令行的显示如下所述。

```
命令：limits
重新设置模型空间界限：
指定左下角点或［开（ON）/关（OFF）］<0.0000，0.0000>：        //回车
指定右上角点 <420.0000，297.0000>：2000，2000                 //回车
```

（2）单击“视图”菜单中的“缩放”选项，选择“全部”命令。命令行的显示如下所述。

```
命令：'_ zoom
指定窗口的角点，输入比例因子（nX 或 nXP），或者
［全部（A）/中心（C）/动态（D）/范围（E）/上一个（P）/比例（S）/窗口（W）/对象（O）］<实时>：_ all
```

（3）单击“对象特性”工具栏中的“图层特性管理器”图标，弹出“图层特性管理器”对话框。单击四次“新建图层”按钮，创建四个图层，并进行相应的修改，如图 8.31 所示。

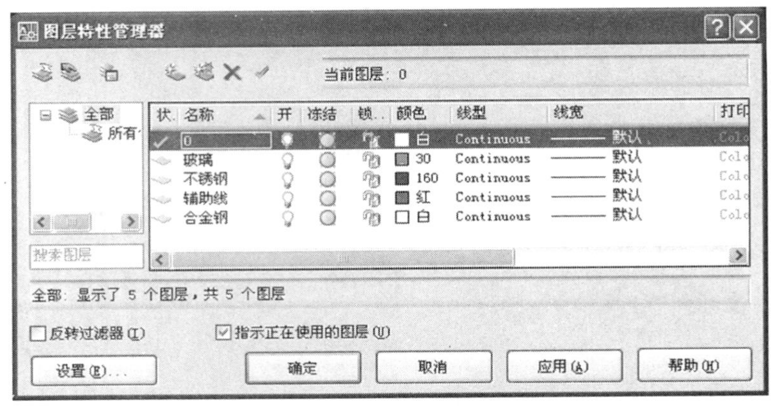


**图 8.31 “图层特性管理器”对话框**

3. 绘制茶几轮廓线

(1) 将“玻璃”层作为当前层，打开“状态栏”中的“对象捕捉”和“对象跟踪”。单击“绘图”工具栏中的“椭圆”图标，绘制完的椭圆如图 8.32 所示。

```
命令：_ ellipse
指定椭圆的轴端点或［圆弧（A）/中心点（C）］：c  //先确定中心点
指定椭圆的中心点：              //窗口中任意点点击，鼠标右移
指定轴的端点：600               //极轴追踪水平 0°，输入椭圆长半轴长度 600
指定另一条半轴长度或［旋转（R）］：330
                               //极轴追踪垂直 90°，输入椭圆短半轴长度 330
```

(2) 右击“状态栏”中的“对象捕捉”按钮。在弹出的选项卡中，单击“设置”按钮。在弹出的“草图设置”对话框中，单击“对象捕捉”选项卡。在“对象捕捉”选项卡中，选择“象限点”选项。

将“0”层作为当前层，单击“绘图”工具栏中的“直线”图标，绘制辅助线 AB，如图 8.33 所示。

```
命令：_ line 指定第一点：           //捕捉椭圆上面的象限点
指定下一点或［放弃（U）］：         //捕捉椭圆下面的象限点
指定下一点或［放弃（U）］：         //回车
```

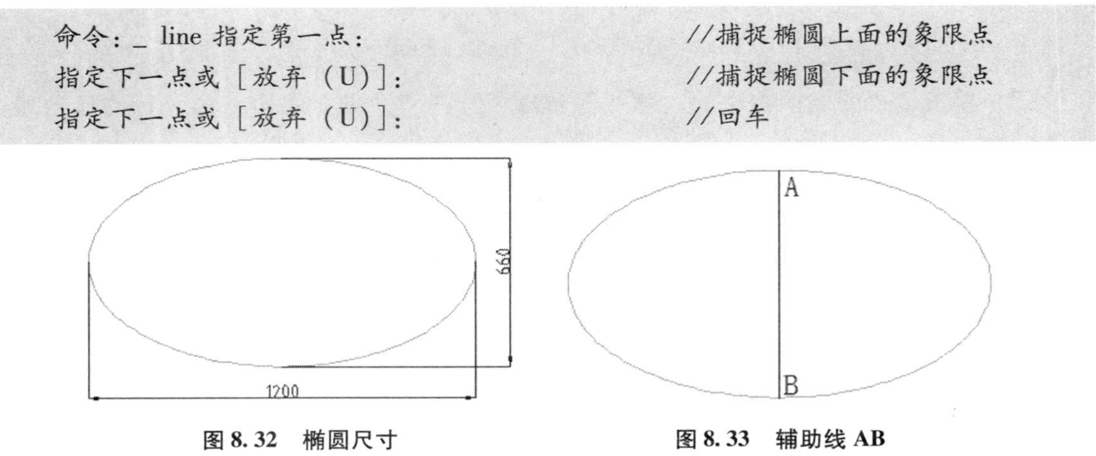


**图 8.32 椭圆尺寸**　　**图 8.33 辅助线 AB**

（3）将“不锈钢”层作为当前层。单击“绘图”工具栏中的“圆”图标⊙画一个圆。

```
命令：_ circle 指定圆的圆心或［三点（3P）/两点（2P）/相切、相切、半径（T）］：
                                        //在椭圆上方合适的位置单击一下
指定圆的半径或［直径（D）］：37.5          //输入圆的半径37.5，回车
```

继续单击“绘图”工具栏中的“圆”图标⊙，绘制两个同心圆，如图8.34所示。

```
命令：_ circle 指定圆的圆心或［三点（3P）/两点（2P）/相切、相切、半径（T）］：
                                        //捕捉圆半径为37.5的圆的圆心
指定圆的半径或［直径（D）］<37.5000>：55   //输入圆的半径55，回车
```

打开“对象捕捉”选项卡，勾选“最近点”选项。单击绘图工具栏中的“圆”图标⊙，绘制茶几曲腿腿垫的圆，如图8.35所示。

```
命令：_ circle 指定圆的圆心或［三点（3P）/两点（2P）/相切、相切、半径（T）］：
                                        //在直线AB的下方合适的位置捕捉“最近点”
指定圆的半径或［直径（D）］<55.0000>：40
                                        //输入圆的半径40，回车
```

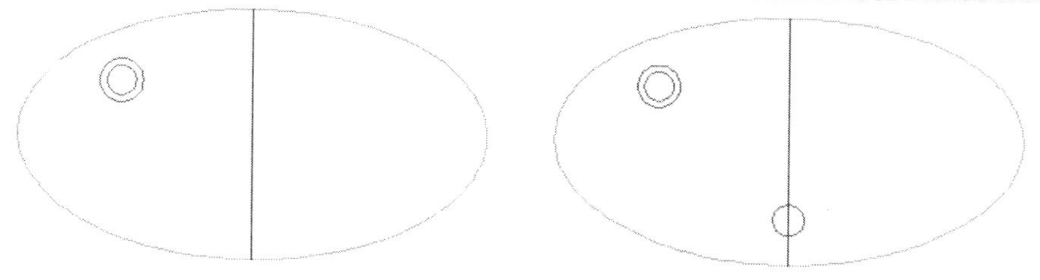

**图8.34　绘制同心圆**　　　　**图8.35　曲腿腿垫的圆**

单击“修改”工具栏中的“镜像”图标⚠，完成镜像后的图如图8.36所示。

```
命令：_ mirror
选择对象：指定对角点：找到2个                //框选左上方的两个同心圆
选择对象：                                  //右键单击，取消选择
指定镜像线的第一点：                        //捕捉A点
指定镜像线的第二点：                        //捕捉B点
要删除源对象吗？［是（Y）/否（N）］<N>：    //回车
```

（4）将“辅助线”层作为当前层，利用“直线”、“偏移”等命令，在半径为40的圆上绘制三条辅助线，尺寸如图8.37所示。

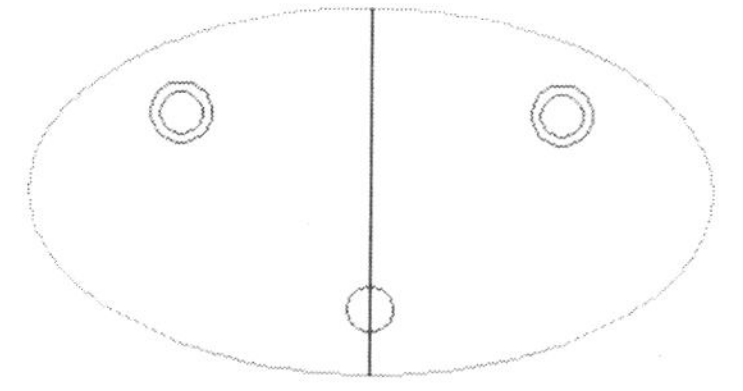

**图8.36　完成镜像后的图**

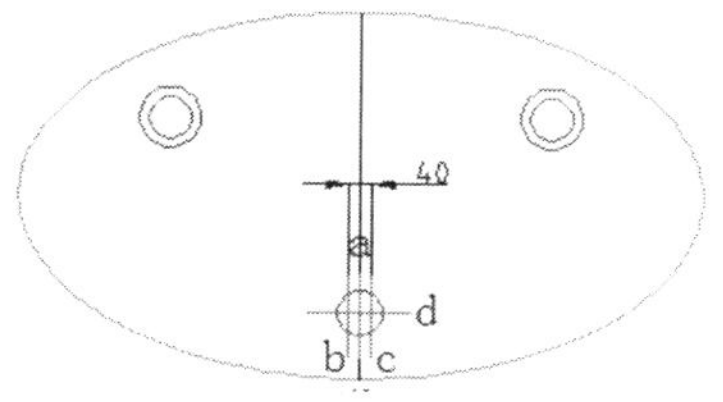



**图8.37　辅助线的绘制**

打开“对象捕捉”选项卡，勾选“最近点”、“圆心”选项。命令行显示如下。

```
命令：_ line 指定第一点：          //在直线 AB 的下方合适的位置捕捉“最近点”
指定下一点或［放弃（U）］：        //绘制直线 a
指定下一点或［放弃（U）］：        //单击鼠标右键，取消选择
命令：_ offset
当前设置：删除源 = 否  图层 = 源  OFFSETGAPTYPE = 0
指定偏移距离或［通过（T）/删除（E）/图层（L）］<通过>： 20
                                   //输入偏移距离
选择要偏移的对象，或［退出（E）/放弃（U）］<退出>：
                                   //单击辅助线 a
指定要偏移的那一侧上的点，或［退出（E）/多个（M）/放弃（U）］<退出>：
                                   //单击辅助线 a 左侧
选择要偏移的对象，或［退出（E）/放弃（U）］<退出>：
                                   //单击辅助线 a
指定要偏移的那一侧上的点，或［退出（E）/多个（M）/放弃（U）］<退出>：
                                   //单击辅助线 a 线
命令：_ line 指定第一点：          //捕捉半径为 40 的圆的圆心
指定下一点或［放弃（U）］：        //极轴追踪水平 0°，向左单击
指定下一点或［放弃（U）］：        //极轴追踪水平 0°，向右单击
指定下一点或［闭合（C）/放弃（U）］：  //回车，完成直线 d
```

删除辅助线 AB，绘制完成的茶几轮廓线，如图 8.38 所示。

```
命令：_ erase
选择对象：找到 1 个            //单击辅助线 a
选择对象：
```

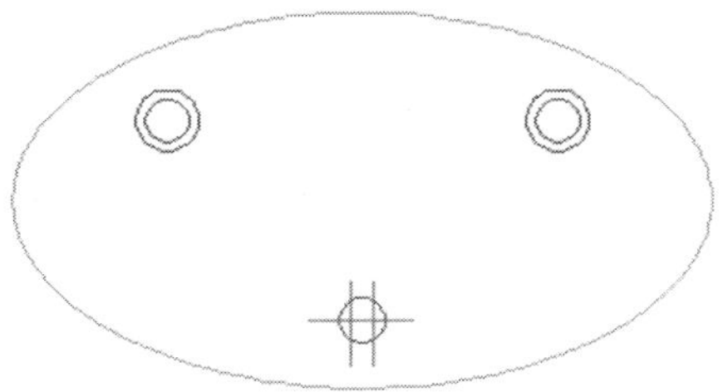

**图 8.38 绘制完成的茶几轮廓线**

4. 绘制茶几面和茶几腿实体

（1）单击“视图”工具栏中的“西南等轴测视图”图标，完成后的效果如图 8.39 所示。

（2）单击“修改”工具栏中的“移动”图标，完成茶几脚垫轮廓线的下移，效果如图 8.40 所示。

```
命令：_ move
选择对象：找到 1 个                                //选择半径为 55 的圆
选择对象：找到 1 个，总计 2 个                     //选择半径为 55 的圆
选择对象：指定对角点：找到 5 个，总计 7 个         //框选半径为 40 的圆及辅助线
选择对象：                                         //回车
指定基点或 [位移 (D)] <位移>：
指定第二个点或 <使用第一个点作为位移>：@0，0，-400
```

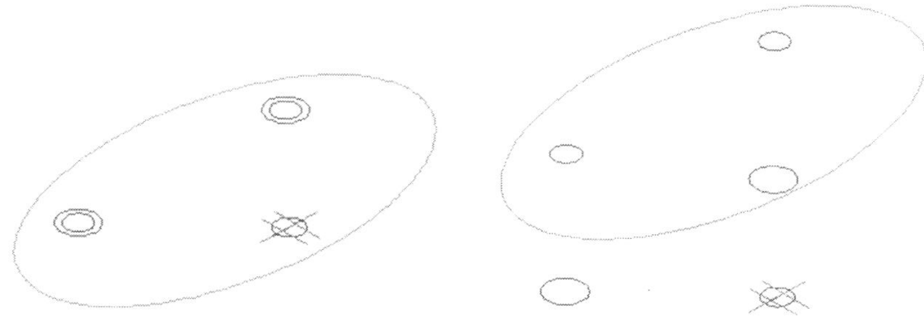

图 8.39　西南等轴测视图效果　　　　图 8.40　脚垫轮廓线下移

（3）修改轮廓线框密度，命令行的显示如下所述。

```
命令：_ isolines                         //输入命令
输入 ISOLINES 的新值 <4>：20             //输入新的密度值
```

（4）将“玻璃”层作为当前层，单击“建模”工具栏中的“拉伸”图标，完成茶几面的拉伸，拉伸后的茶几面如图 8.41 所示。

```
命令：_ extrude
当前线框密度：　ISOLINES = 20
选择要拉伸的对象：找到 1 个                         //选择椭圆
选择要拉伸的对象：                                  //鼠标右键单击，取消选择
指定拉伸的高度或 [方向 (D) /路径 (P) /倾斜角 (T)] <20.0000>：20
                                                    //输入拉伸高度
```

（5）将“不锈钢”层作为当前层，单击“实体”工具栏中的“拉伸”图标，完成茶几腿垫的拉伸，拉伸后的效果如图 8.42 所示。

```
命令：_ extrude
当前线框密度：　ISOLINES = 20
选择要拉伸的对象：找到 1 个                         //选择半径为 55 的圆
选择要拉伸的对象：找到 1 个，总计 2 个              //选择另一个半径为 55 的圆
选择要拉伸的对象：找到 1 个，总计 3 个              //选择半径为 40 的圆
选择要拉伸的对象：                                  //单击鼠标右键，取消选择
指定拉伸的高度或 [方向 (D) /路径 (P) /倾斜角 (T)] <20.0000>：10  //回车
```

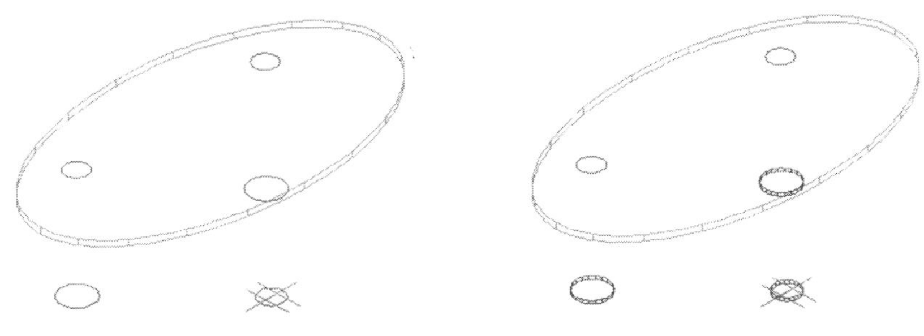

图 8.41　拉伸后的茶几面　　　　图 8.42　拉伸后的茶几腿垫

(6) 单击"实体"工具栏中的"拉伸"图标，完成茶几圆腿的上半部分，如图 8.43所示。

```
命令：_ extrude
当前线框密度：　ISOLINES = 20
选择要拉伸的对象：找到 1 个　　　　　　　　//选择半径为 37.5 的圆
选择要拉伸的对象：找到 1 个，总计 2 个　　　//选择另一个半径为 37.5 的圆
选择要拉伸的对象：　　　　　　　　　　　　//回车
指定拉伸的高度或［方向（D）/路径（P）/倾斜角（T）］<10.0000>：-110
　　　　　　　　　　　　　　　　　　　　　//向下拉伸 110
```

(7) 将"合金钢"层作为当前层，单击"视图"工具栏中的"俯视图"图标，将视图切换到俯视图。

(8) 单击"绘图"工具栏中的"圆"图标，绘制完成的效果如图 8.44 所示。

```
命令：_ circle 指定圆的圆心或［三点（3P）/两点（2P）/相切、相切、半径（T）］：
　　　　　　　　　　　　　　　　　　　　　//捕捉上面左边圆的圆心
指定圆的半径或［直径（D）］：37.5　　　　　//输入半径 37.5
命令：CIRCLE 指定圆的圆心或［三点（3P）/两点（2P）/相切、相切、半径（T）］：
　　　　　　　　　　　　　　　　　　　　　//捕捉上面右边圆的圆心
指定圆的半径或［直径（D）］<37.5000>：37.5　//输入半径 37.5
```

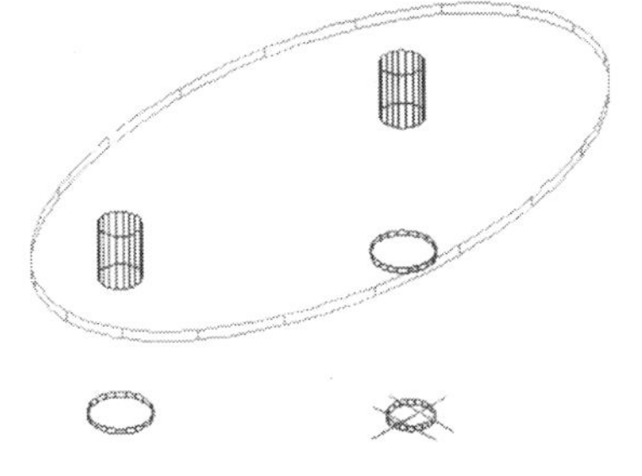

图 8.43　拉伸后的圆腿上半部分

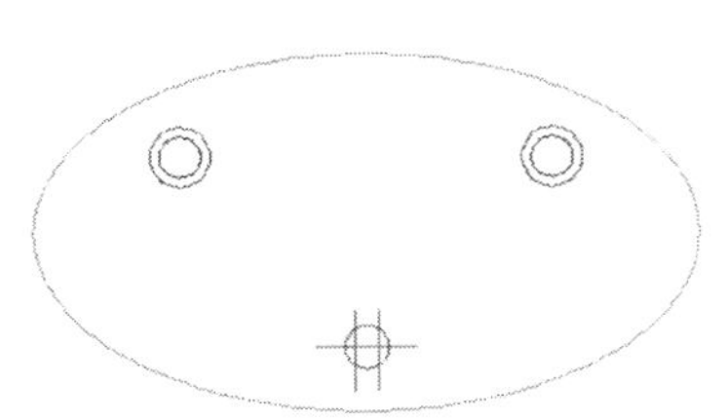

图 8.44　俯视图中的轮廓线

(9) 将"不锈钢"层关闭，单击"视图"工具栏中的"西南等轴测视图"图标。绘制完成的西南等轴测视图如图 8.45 所示。

单击“修改”工具栏中的“移动”图标✣，两个圆下移 110mm 后的效果如图 8.46 所示。

```
命令：_ move
选择对象：找到 1 个                                        //单击一个圆
选择对象：找到 1 个，总计 2 个                              //单击另一个圆
选择对象：                                                 //回车
指定基点或［位移（D）］ <位移>：                            //捕捉圆的圆心
指定第二个点或 <使用第一个点作为位移>：@0，0，-110           //输入相对位移
```

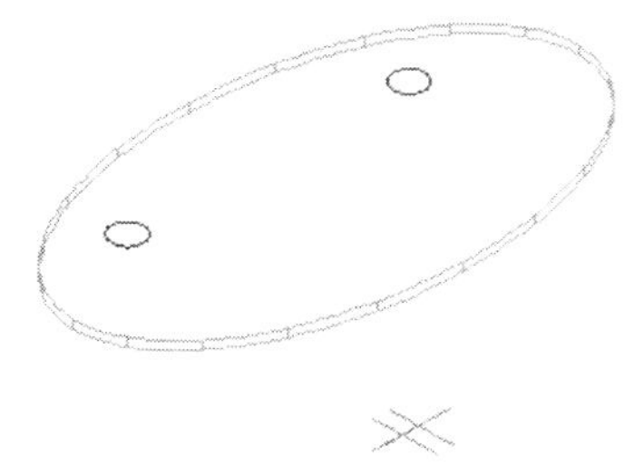

图 8.45　关闭“不锈钢”层的西南等轴测视图

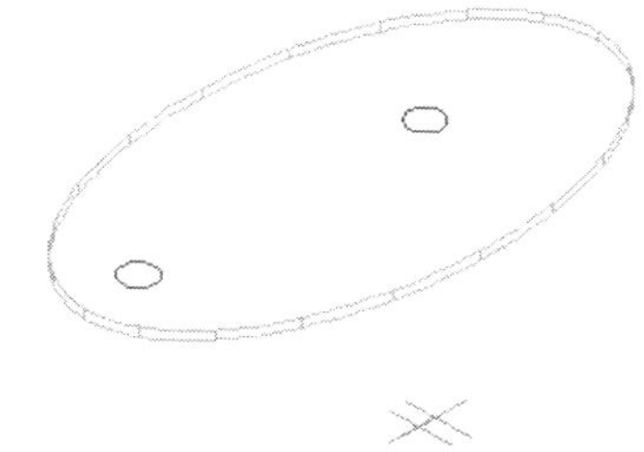

图 8.46　两个圆下移 110mm

（10）单击“建模”工具栏中的“拉伸”图标，拉伸后的圆腿下半部分如图 8.47 所示。

```
命令：_ extrude
当前线框密度：   ISOLINES = 20
选择要拉伸的对象：找到 1 个               //单击一个圆
选择要拉伸的对象：找到 1 个，总计 2 个     //单击另一个圆
选择要拉伸的对象：                        //回车
指定拉伸的高度或［方向（D）/路径（P）/倾斜角（T）］ <280.0000>：-280
                                         //向下拉伸 280mm
```

将所有图层打开，茶几面和圆腿如图 8.48 所示。

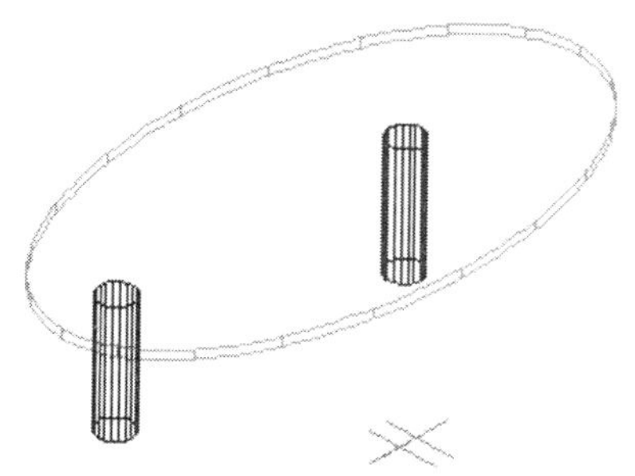

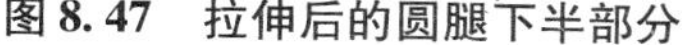

图 8.47　拉伸后的圆腿下半部分

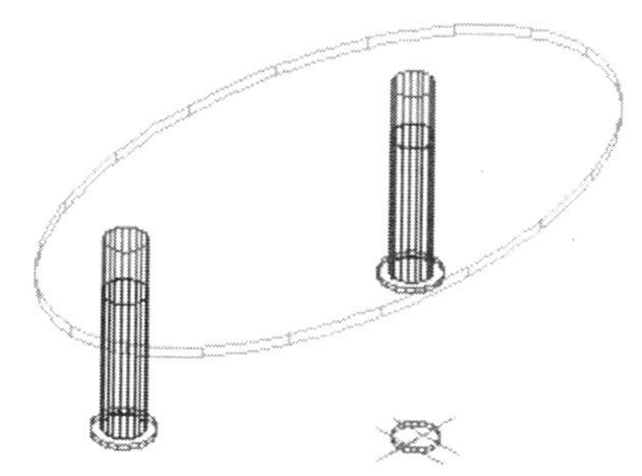

图 8.48　所有图层打开时的茶几面和圆腿

5. 创建曲腿

（1）将“不锈钢”层作为当前层。单击“UCS”工具栏中的“三点 UCS”图标，建

立新的 UCS，变换后的坐标平面如图 8.49 所示。

```
命令：_ ucs
当前 UCS 名称：* 俯视 *
指定 UCS 的原点或 [面 (F) /命名 (NA) /对象 (OB) /上一个 (P) /视图 (V) /世界 (W) /X/Y/Z/Z 轴 (ZA)] <世界>：_ 3
指定新原点 <0, 0, 0>：                              //单击左边圆腿的上圆圆心
在正 X 轴范围上指定点 <555.9936, 1144.0030, 0.0000>：
                                                    //单击辅助线左边的交点
在 UCS XY 平面的正 Y 轴范围上指定点 <555.7377, 1144.6710, 0.0000>：
                                                    //单击左边圆腿的下圆的圆心
```

(2) 将“辅助线”层作为当前层，单击“绘图”工具栏中的“直线”图标，捕捉左圆腿不锈钢上圆圆心与下圆圆心，绘制左边圆腿上的一条辅助线，即左圆腿的轴线，关闭“不锈钢”层，如图 8.50 所示。

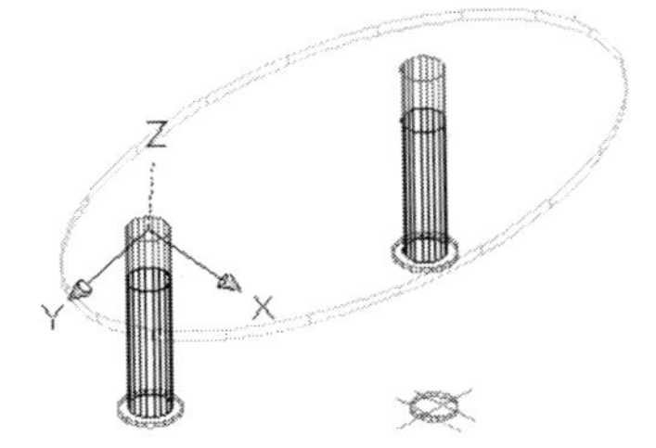

**图 8.49　UCS 变换后的坐标平面**

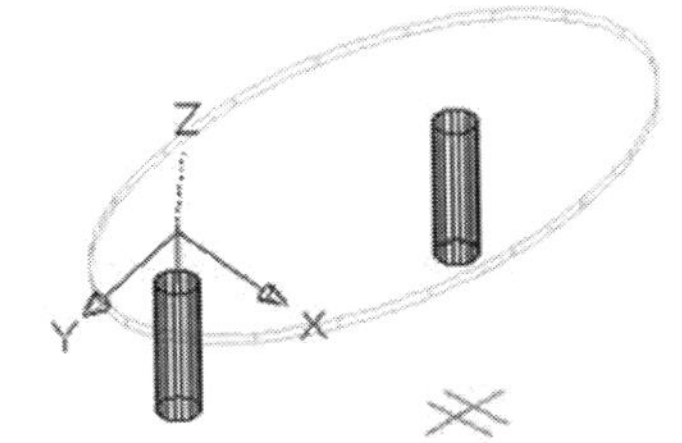

**图 8.50　左边圆腿轴线作为辅助线**

(3) 开启“对象捕捉”，勾选“中点”和“交点”选项。单击“绘图”菜单中的“圆弧”选项，选择“起点、端点、角度”命令。绘制完成的 XY 平面内的圆弧辅助线如图 8.51 所示。

```
命令：_ arc 指定圆弧的起点或 [圆心 (C)]：          //单击垂直辅助线中点
指定圆弧的第二个点或 [圆心 (C) /端点 (E)]：e
指定圆弧的端点：                                  //单击辅助线左边交点
指定圆弧的圆心或 [角度 (A) /方向 (D) /半径 (R)]：a
指定包含角：90                                    //输入角度 90°
```

(4) 单击“视图”工具栏中的“俯视图”图标，切换到俯视图，效果如图 8.52 所示。

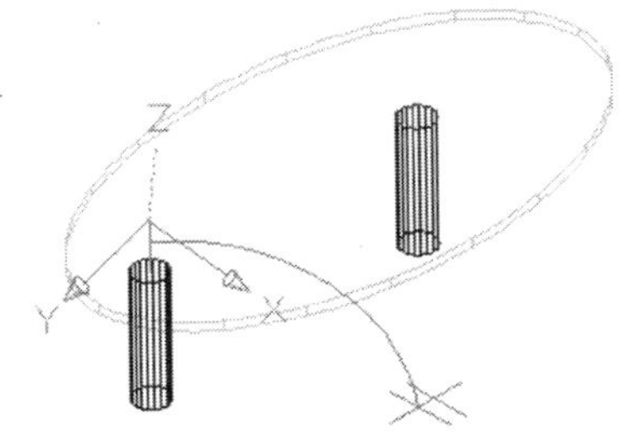

**图 8.51　绘制完成的 XY 平面内的圆弧**

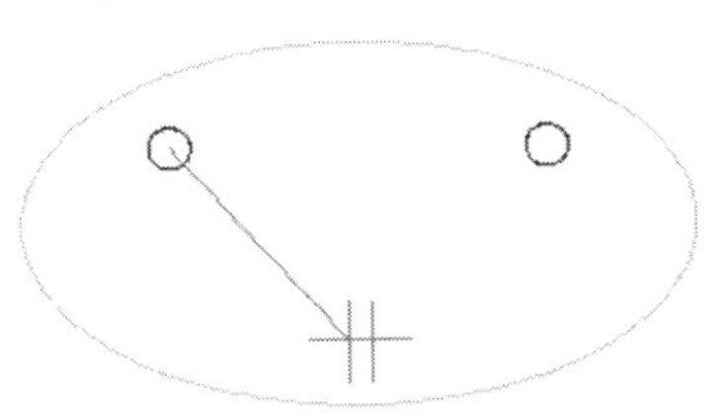
**图 8.52　俯视图**

打开“不锈钢层”并将其作为当前层。利用“圆”命令绘制半径为15mm的圆，如图8.53所示。

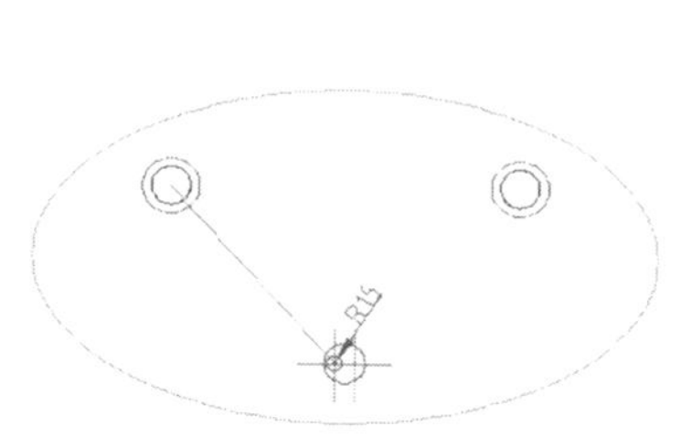


图8.53　半径为15mm的圆

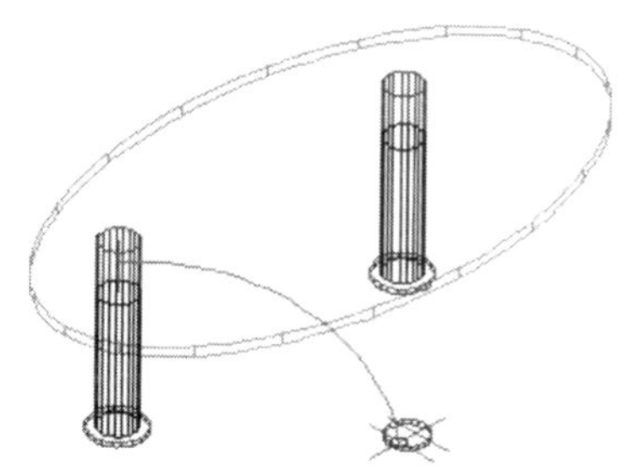

图8.54　西南等轴测视图

（5）单击“视图”工具栏中的“西南等轴测视图”图标，如图8.54所示。

单击“建模”工具栏中的“拉伸”图标，拉伸曲腿后的效果如图8.55所示。

```
命令：_ extrude
当前线框密度：　ISOLINES =20
选择要拉伸的对象：找到 1 个                                  //单击半径为15mm的圆
选择要拉伸的对象：
指定拉伸的高度或［方向（D）/路径（P）/倾斜角（T）］：p      //指定拉伸的路径
选择拉伸路径或［倾斜角（T）］：                              //单击圆弧辅助线
```

（6）单击“修改”菜单中的“三维操作”选项，选择“三维镜像”命令。三维镜像后的效果如图8.56所示。

```
命令：_ mirror3d
选择对象：找到 1 个                                  //单击曲腿
选择对象：                                           //回车
指定镜像平面（三点）的第一个点或［对象（O）/最近的（L）/Z 轴（Z）/视图（V）/XY 平面（XY）/YZ 平面（YZ）/ZX 平面（ZX）/三点（3）］<三点>：yz
                                                     //以yz平面为镜像平面
指定 YZ 平面上的点 <0，0，0>：                       //捕捉椭圆圆心
是否删除源对象？［是（Y）/否（N）］<否>：            //回车
```

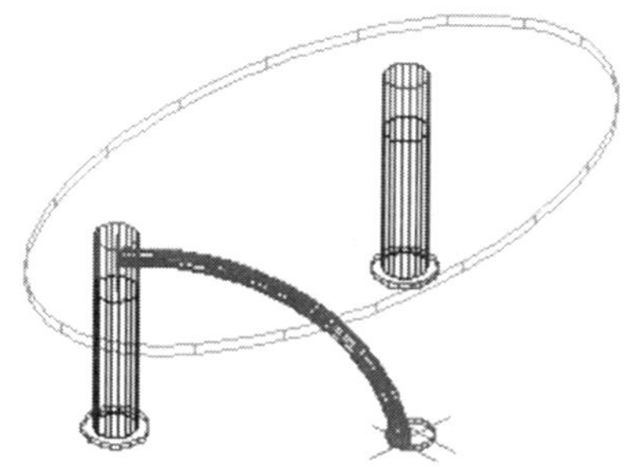

图8.55　拉伸曲腿后的效果

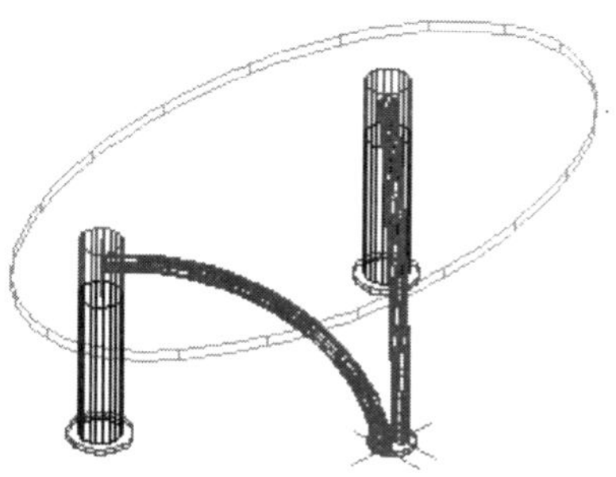

图8.56　三维镜像曲腿

6. 编辑实体

(1) 关闭“辅助线”层，将“不锈钢”层作为当前层。单击“修改”工具栏中的“圆角”图标。倒圆角茶几面后的效果，如图 8.57 所示。

```
命令：_ fillet
当前设置：模式 = 修剪，半径 = 0.0000
选择第一个对象或 [放弃 (U) /多段线 (P) /半径 (R) /修剪 (T) /多个 (M)]：r
```

```
指定圆角半径 <0.0000>：5                    //输入圆角半径5
选择第一个对象或 [放弃 (U) /多段线 (P) /半径 (R) /修剪 (T) /多个 (M)]：
                                            //单击上面的椭圆
输入圆角半径 <5.0000>：                     //回车
选择边或 [链 (C) /半径 (R)]：               //单击下面一个椭圆
选择边或 [链 (C) /半径 (R)]：               //回车
已选定 2 个边用于圆角。
```

(2) 单击“建模”工具栏中的“并集”图标，由此，将不锈钢材质部分合并，合并后的效果如图 8.58 所示。

```
命令：_ union
选择对象：找到 1 个                    //点选一曲腿
选择对象：找到 1 个，总计 2 个         //点选另一曲腿
选择对象：找到 1 个，总计 3 个         //点选曲腿垫
选择对象：找到 1 个，总计 4 个         //点选圆腿上半部分
选择对象：找到 1 个，总计 5 个         //点选圆腿下半部分
选择对象：                             //回车
```

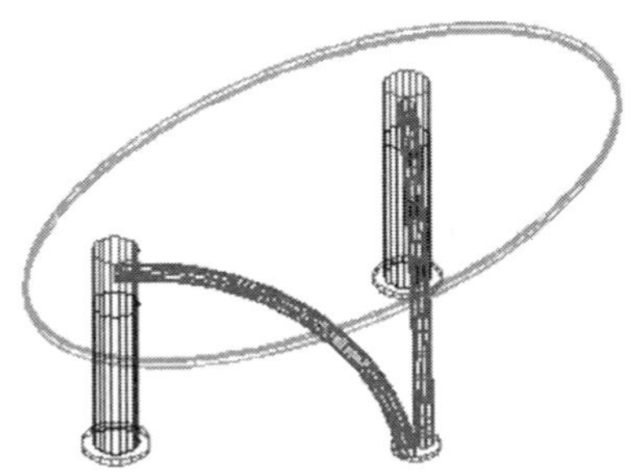

图 8.57　倒圆角茶几面

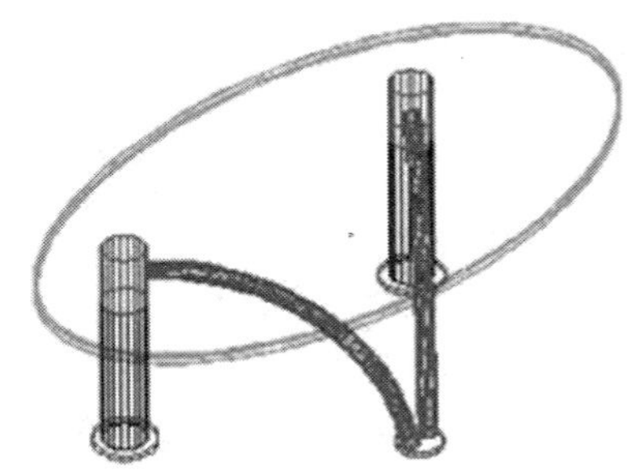

图 8.58　不锈钢材质部分合并

7. 材质与渲染

(1) 单击“渲染”工具栏中的“材质”图标，在弹出的“材质”对话框中，单击“创建新材质”图标，在弹出的对话框中输入“茶几面玻璃”，在下方的“材质编辑器”中，在“类型”下拉列表中选择“真实”，“样板”下拉列表中选择“玻璃 - 半透明”，

“颜色”勾选“随对象”。然后根据预览的效果，滑动调整“反光度”、“不透明度”、“折射率”、“半透明度”的数值，选择自发光（也可以选择“亮度”，输入光亮数值）。由此，完成茶几面玻璃材质的设置。

单击“将材质应用到对象”图标，单击茶几面后单击鼠标右键确定，由此，将以上设置的玻璃材质应用到茶几面的实体。

（2）单击“渲染”工具栏中的“材质”图标，在弹出的“材质”对话框中，单击“创建新材质”图标，在弹出的对话框中输入“不锈钢”，在下方的“材质编辑器”中，在“类型”下拉列表中选择“真实”，“样板”下拉列表中选择“塑料”，“颜色”选择白色。由此，完成不锈钢茶几腿材质的设置。

单击“将材质应用到对象”图标，单击不锈钢茶几腿后单击鼠标右键确定。由此，将以上设置的材质应用到不锈钢茶几腿的实体。

（3）单击“渲染”工具栏中的“材质”图标，在弹出的“材质”对话框中，单击“创建新材质”图标，在弹出的对话框中输入“不锈钢”，在下方的“材质编辑器”中，在“类型”下拉列表中选择“真实”，“样板”下拉列表中选择“塑料”，“颜色”选择深灰色。由此，完成合金钢茶几腿材质的设置。

单击“将材质应用到对象”图标，单击合金钢茶几腿后单击鼠标右键确定，由此，将以上设置的材质应用到合金钢茶几腿的实体。

（4）单击“渲染”菜单中的“渲染”图标，在弹出的“茶几—渲染”效果的窗口内，完成应用三种材质后，茶几的渲染效果如图 8.59 所示。

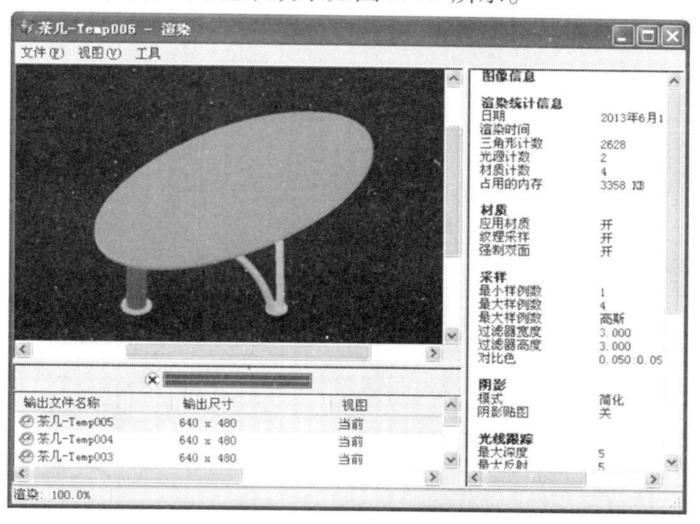


图 8.59　茶几最终的渲染效果

## 8.6　任务四　绘制沙发

沙发的三维模型如图 8.60 所示。观察该沙发的三维模型，它是由靠背、扶手和座垫组成，与酒杯、烟灰缸和茶几的模型相比，它更加复杂。

在本例的绘制过程中，主要运用“多段线”、“三维旋转”、“复制对象”、“面域”、“边界曲面”、“长方体”、“材质”和“渲染”等命令来实现。

图 8.60　沙发的三维模型

### 8.6.1　操作步骤

(1) 绘制流程。
(2) 绘制沙发靠背的轮廓线。
(3) 绘制沙发扶手的轮廓线。
(4) 编辑图形。
(5) 创建曲面模型。
(6) 绘制座垫。
(7) 渲染三维沙发。

### 8.6.2　任务实施

1. 绘制流程

沙发的绘制流程如图 8.61 所示。

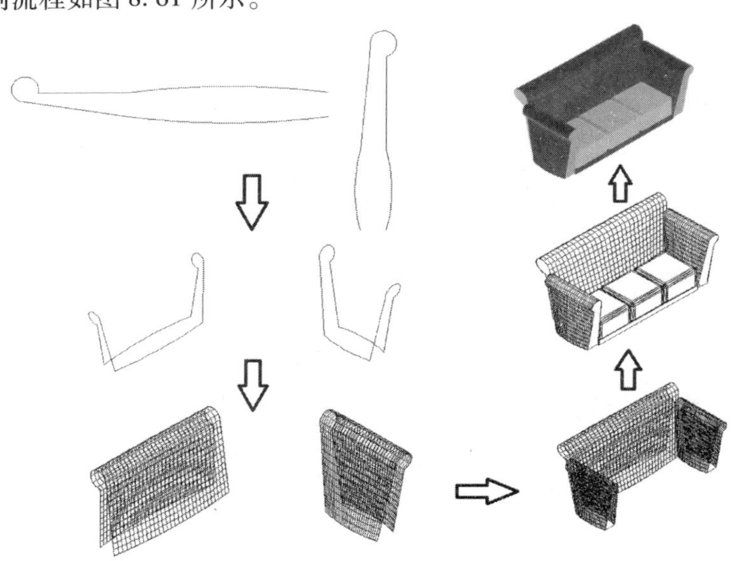

图 8.61　沙发的绘制流程图

2. 绘制沙发靠背的轮廓线

(1) 单击“绘图”工具栏中的“多段线”图标，或者单击“绘图”菜单中的“多段线”选项，或者在命令行中输入“pline”，执行“多段线”命令。绘制完成的弧线 AB，如图 8.62 所示。

命令：_ pline

指定起点：　//在任意点 A 处单击一下

当前线宽为 0.0000

指定下一个点或［圆弧（A）/半宽（H）/长度（L）/放弃（U）/宽度（W）］：a　//回车

指定圆弧的端点或［角度（A）/圆心（CE）/方向（D）/半宽（H）/直线（L）/半径（R）/第二个点（S）/放弃（U）/宽度（W）］：a　//回车

指定包含角：15　//回车

指定圆弧的端点或［圆心（CE）/半径（R）］：660　//回车，鼠标水平左移

指定圆弧的端点或［角度（A）/圆心（CE）/闭合（CL）/方向（D）/半宽（H）/直线（L）/半径（R）/第二个点（S）/放弃（U）/宽度（W）］：　//回车

**图 8.62　绘制完成的弧线 AB**

（2）单击鼠标右键，弹出快捷菜单，单击“重复多段线”选项。命令行显示如下。

命令：_ line 指定第一点：　//捕捉 B 点

指定下一点或［放弃（U）］：86　//垂直极轴追踪 270°，输入长度 86，得到直线 BE

命令：_ pline

指定起点：　//捕捉 B 点，水平向左移动鼠标

当前线宽为 0.0000

指定下一个点或［圆弧（A）/半宽（H）/长度（L）/放弃（U）/宽度（W）］：300　//回车得到直线 BC

指定下一点或［圆弧（A）/闭合（C）/半宽（H）/长度（L）/放弃（U）/宽度（W）］：a　//画圆弧

指定圆弧的端点或［角度（A）/圆心（CE）/闭合（CL）/方向（D）/半宽（H）/直线（L）/半径（R）/第二个点（S）/放弃（U）/宽度（W）］：a　//角度

指定包含角：270　//回车

指定圆弧的端点或［圆心（CE）/半径（R）］：63　//设置极轴角度为 30°，捕捉极轴为 63 <210 处的 D 点

指定圆弧的端点或［角度（A）/圆心（CE）/闭合（CL）/方向（D）/半宽（H）/直线（L）/半径（R）/第二个点（S）/放弃（U）/宽度（W）］：L　//切换成绘制直线

指定下一点或［圆弧（A）/闭合（C）/半宽（H）/长度（L）/放弃（U）/宽度（W）］：　//捕捉 E 点

删除直线BE，绘制完成的多段线ABCDE，如图8.63所示。

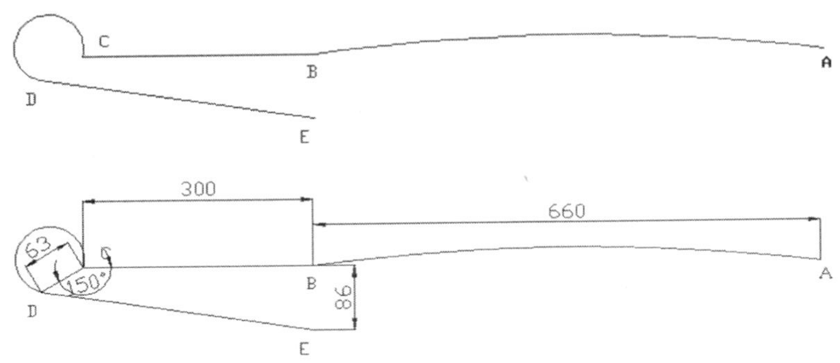


**图8.63 绘制完成的多段线ABCDE**

(3) 单击“绘图”工具栏中的“多段线”图标，执行“多段线”命令。绘制完成多段线ABCDEF，完成靠背如图8.64所示。

命令：_ pline
指定起点：　　　　　　　　　　　　　　　　//捕捉E点
当前线宽为0.0000
指定下一个点或［圆弧(A)/半宽(H)/长度(L)/放弃(U)/宽度(W)］：a
　　　　　　　　　　　　　　　　　　　　　//回车
指定圆弧的端点或［角度(A)/圆心(CE)/方向(D)/半宽(H)/直线(L)/半径(R)/第二个点(S)/放弃(U)/宽度(W)］：a　　//回车
指定包含角：15　　　　　　　　　　　　　　//回车，水平右移鼠标
指定圆弧的端点或［圆心(CE)/半径(R)］：660
　　　　　　　　　　　　　　　　　　　　　//水平追踪极轴为660 <0处的F点
指定圆弧的端点或［角度(A)/圆心(CE)/闭合(CL)/方向(D)/半宽(H)/直线(L)/半径(R)/第二个点(S)/放弃(U)/宽度(W)］：　　//回车

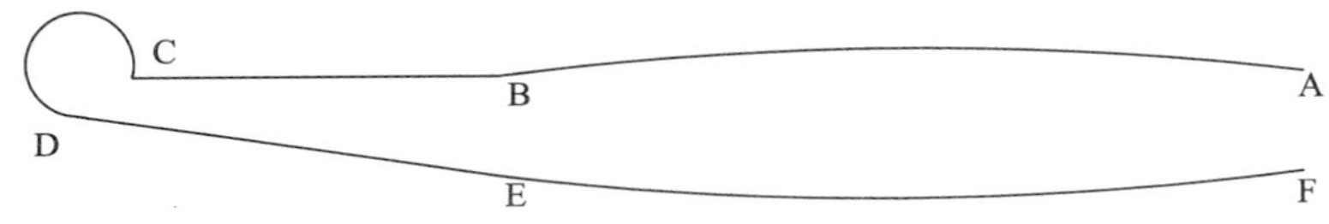


**图8.64 绘制完成的多段线ABCDEF**

### 3. 绘制沙发扶手的轮廓线

(1) 单击“绘图”工具栏中的“多段线”图标，或者单击“绘图”菜单中的“多段线”选项，或者在命令行中输入“pline”，执行“多段线”命令。绘制完成的弧线ab如图8.65所示。

命令：_ pline

指定起点：　　　　　　　　　　　　　　//在任意点 a 处单击一下

当前线宽为 0.0000

指定下一个点或［圆弧（A）/半宽（H）/长度（L）/放弃（U）/宽度（W）］：a　　　　　　　　　　　　　　//回车

指定圆弧的端点或［角度（A）/圆心（CE）/方向（D）/半宽（H）/直线（L）/半径（R）/第二个点（S）/放弃（U）/宽度（W）］：a　　//回车

指定包含角：30　　　　　　　　　　　//回车，鼠标垂直向上，极轴追踪 90°

指定圆弧的端点或［圆心（CE）/半径（R）］：210　　//回车

指定圆弧的端点或［角度（A）/圆心（CE）/闭合（CL）/方向（D）/半宽（H）/直线（L）/半径（R）/第二个点（S）/放弃（U）/宽度（W）］：　　//回车

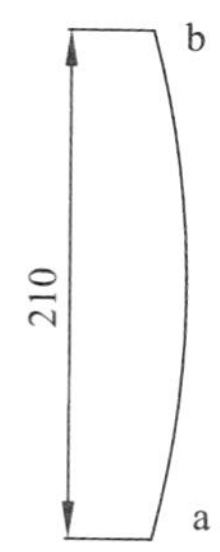


**图 8.65　绘制完成的弧线 ab**

（2）单击"绘图"工具栏中的"多段线"图标，或者单击"绘图"菜单中的"多段线"选项，或者在命令行中输入"pline"，执行"多段线"命令。绘制完成的多段线 abcde，如图 8.66 所示。

命令：_ line 指定第一点：　　　　　//捕捉 b 点

指定下一点或［放弃（U）］：67　//水平极轴追踪 180°，输入长度 67，绘制直线 be

指定下一点或［放弃（U）］：　　//回车

命令：_ pline

指定起点：　　　　　　　　　　　//捕捉 b 点，垂直向上，极轴追踪 90°

当前线宽为 0.0000

指定下一个点或［圆弧（A）/半宽（H）/长度（L）/放弃（U）/宽度（W）］：250　　　　　　　　　　　　　　//回车得到直线 bc

指定下一点或［圆弧（A）/闭合（C）/半宽（H）/长度（L）/放弃（U）/宽度（W）］：a　　　　　　　　　　　　//回车

指定圆弧的端点或［角度（A）/圆心（CE）/闭合（CL）/方向（D）/半宽（H）/直线（L）/半径（R）/第二个点（S）/放弃（U）/宽度（W）］：a　//回车

指定包含角：270　　　　　　　　//回车

指定圆弧的端点或［圆心（CE）/半径（R）］：48

//设置极轴角度为30°，捕捉极轴为48<150处的d点

指定圆弧的端点或［角度（A）/圆心（CE）/闭合（CL）/方向（D）/半宽（H）/直线（L）/半径（R）/第二个点（S）/放弃（U）/宽度（W）］：L

//切换为绘制直线

指定下一点或［圆弧（A）/闭合（C）/半宽（H）/长度（L）/放弃（U）/宽度（W）］：

//捕捉e点

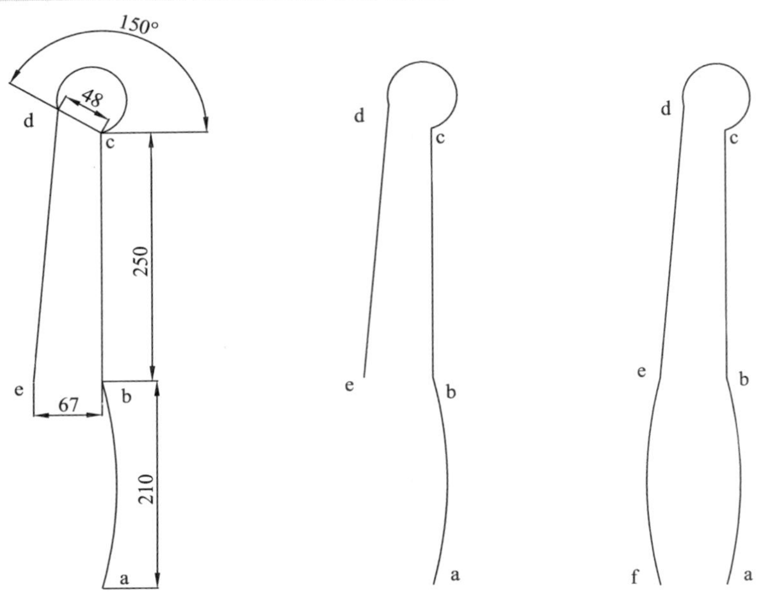


图8.66　绘制完成的弧线abcde　　图8.67　绘制完成的abcdef

（3）单击“绘图”工具栏中的“多段线”图标，或者单击“绘图”菜单中的“多段线”选项，或者在命令行中输入“pline”，执行“多段线”命令。绘制完成的扶手多段线abcdef，如图8.67所示。

命令：_ pline

指定起点：　//捕捉e点

当前线宽为0.0000

指定下一个点或［圆弧（A）/半宽（H）/长度（L）/放弃（U）/宽度（W）］：a

//回车

指定圆弧的端点或［角度（A）/圆心（CE）/方向（D）/半宽（H）/直线（L）/半径（R）/第二个点（S）/放弃（U）/宽度（W）］：a　//回车

指定包含角：30　//回车，垂直向下，极轴追踪270°

指定圆弧的端点或［圆心（CE）/半径（R）］：210　//回车

指定圆弧的端点或［角度（A）/圆心（CE）/闭合（CL）/方向（D）/半宽（H）/直线（L）/半径（R）/第二个点（S）/放弃（U）/宽度（W）］：　//回车

### 4. 编辑图形

（1）单击“视图”工具栏中的“西南等轴测视图”图标，或者单击“视图”菜单中的“三维视图”选项，选择“西南等轴测”选项。靠背和扶手的部分轮廓线进行视图转换后的显示效果如图 8.68 所示。

（2）在命令行内输入“rotate3d”命令，执行三维旋转命令。绘制完成的旋转扶手的部分轮廓线，如图 8.69 所示。

```
命令：_ rotate3d
当前正向角度：  ANGDIR = 逆时针 ANGBASE = 0
选择对象：找到 1 个                        //选择多段线 bcde
选择对象：                                 //回车
指定轴上的第一个点或定义轴依据 [对象（O）/最近的（L）/视图（V）/X 轴（X）/Y 轴（Y）/Z 轴（Z）/两点（2）]：  //选择 e 点
指定轴上的第二点：                         //选择 b 点
指定旋转角度或 [参照（R）]：80             //回车
```

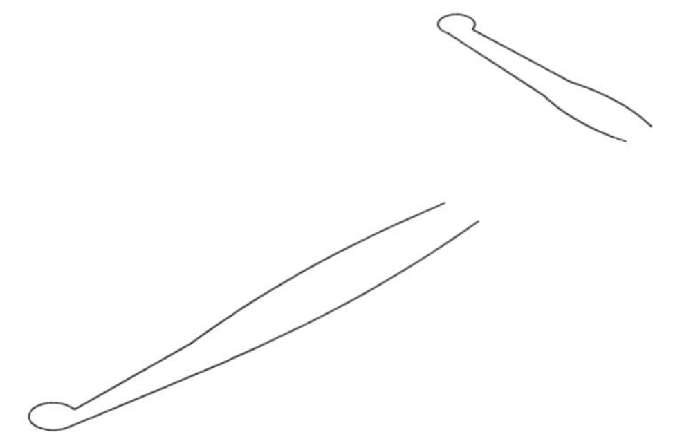

**图 8.68　西南等轴测视图中的部分轮廓线**

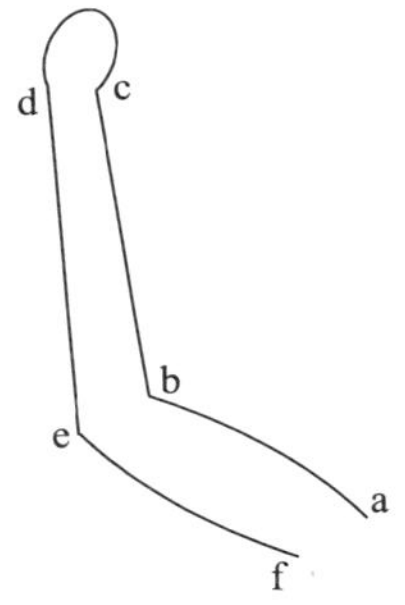

**图 8.69　绘制完成的旋转扶手的部分轮廓线**

（3）单击“修改”工具栏中的“复制对象”图标，将旋转后的扶手轮廓线进行复制。复制后的扶手部分轮廓线如图 8.70 所示。

```
命令：_ copy
选择对象：找到 1 个                              //选择 bcde
选择对象：                                       //回车
当前设置：  复制模式 = 多个
指定基点或 [位移（D）/模式（O）] <位移>：        //选择 b 点为基点
指定第二个点或 <使用第一个点作为位移>：          //选择 a 点
指定第二个点或 [退出（E）/放弃（U）] <退出>：    //回车
```

（4）在命令行内输入“rotate3d”命令，执行三维旋转命令。旋转复制生成的扶手轮廓线如图 8.71 所示。

```
命令：_ rotate3d
当前正向角度：    ANGDIR = 逆时针 ANGBASE = 0
选择对象：找到 1 个                      //选择刚刚复制生成扶手的轮廓线
选择对象：                               //回车
指定轴上的第一个点或定义轴依据 [对象 (O) /最近的 (L) /视图 (V) /X 轴
(X) /Y 轴 (Y) /Z 轴 (Z) /两点 (2)]：     //选择 f 点
指定轴上的第二点：                       //选择 a 点
指定旋转角度或 [参照 (R)]：20            //回车
```

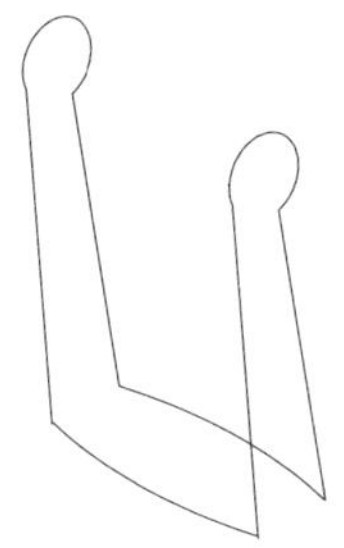

图 8.70　复制后的扶手部分轮廓线

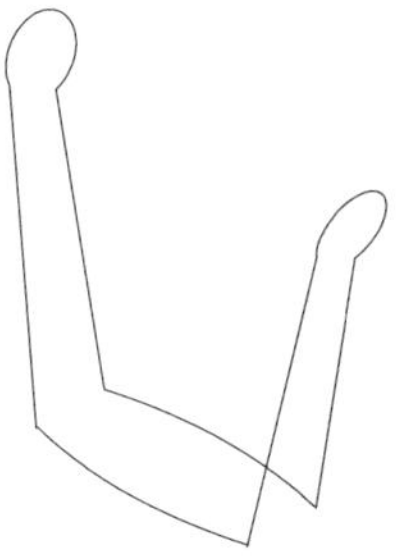

图 8.71　旋转复制生成的扶手轮廓线

（5）在命令行内输入“rotate3d”命令，执行三维旋转命令。旋转完成的沙发靠背部分轮廓线，如图 8.72 所示。

```
命令：_ rotate3d
当前正向角度：    ANGDIR = 逆时针 ANGBASE = 0
选择对象：找到 1 个                   //选择靠背的多段线 BCDE
选择对象：                            //回车
指定轴上的第一个点或定义轴依据  [对象 (O) /最近的 (L) /视图 (V) /X 轴
(X) /Y 轴 (Y) /Z 轴 (Z) /两点 (2)]：  //选择 E 点
指定轴上的第二点：                    //选择 B 点
指定旋转角度或 [参照 (R)]：80         //回车
```

（6）复制多段线 BCDE，并旋转 20°，效果如图 8.73 所示。

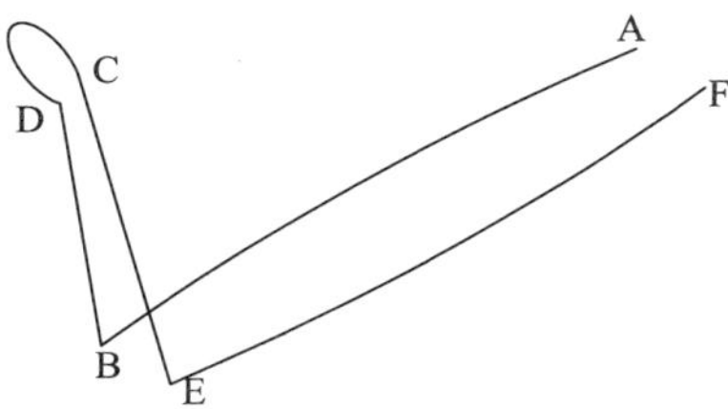


图 8.72　旋转完成的沙发靠背部分轮廓线

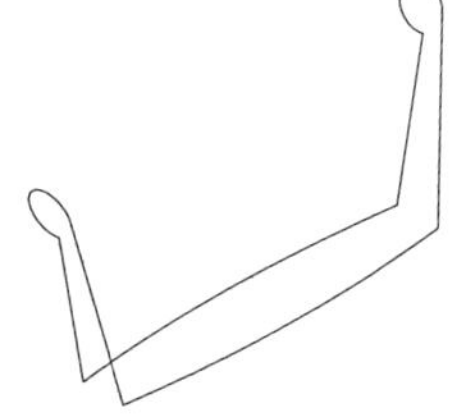

图 8.73　复制后的靠背轮廓线

5. 创建曲面模型

（1）新建“网格”图层，并设置为当前层。在命令行中输入“surftab1”。命令行的显示如下所述。

命令：_ surftab1
输入 SURFTAB1 的新值 <6>：30　　　　//回车

在命令行中输入“surftab2”。命令行的显示如下所述。

命令：_ surftab2
输入 SURFTAB2 的新值 <6>：30　　　　//回车

**注意**

系统变量“surftab1”用来控制由“边界曲面”（edge surface）命令创建的模型在垂直方向上的网格数，系统变量“surftab2”用来控制水平方向上的网格数。

（2）命令行中输入“edgesurf”，实现沙发扶手的“边界曲面”绘制。扶手的轮廓线和扶手的网格曲面如图 8.74 和 8.75 所示。

命令：_ edgesurf
当前线框密度：SURFTAB1 = 30　SURFTAB2 = 30
选择用作曲面边界的对象 1：　　　　//点选前轮廓线
选择用作曲面边界的对象 2：　　　　//点选下面一条轮廓线
选择用作曲面边界的对象 3：　　　　//点选后轮廓线
选择用作曲面边界的对象 4：　　　　//点选另一条下面的轮廓线

（3）关闭“网格”层，将“0”层设为当前层，绘制两条多段线，如图 8.76 所示。

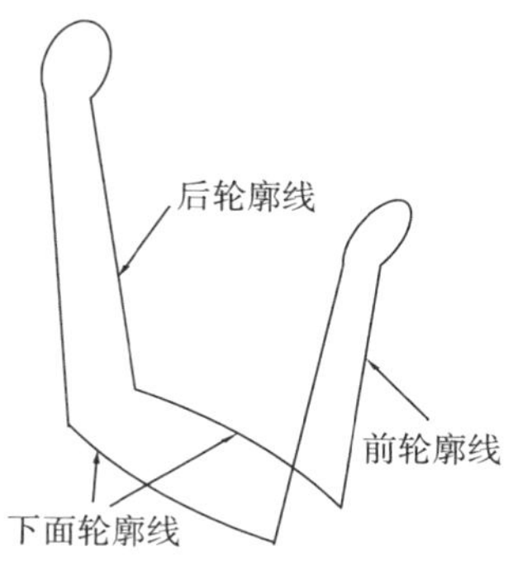

**图 8.74　扶手轮廓线**

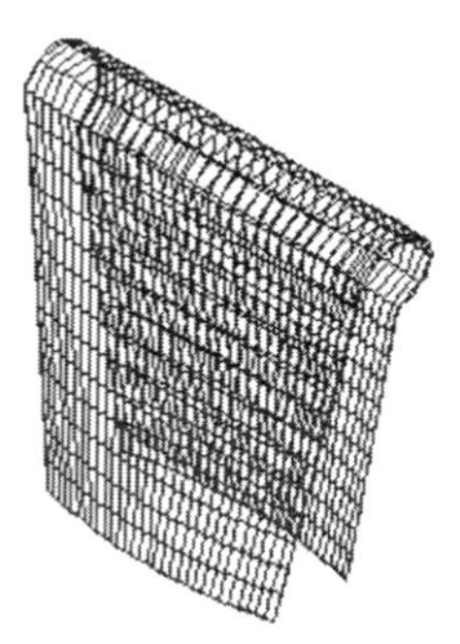
**图 8.75　扶手网格曲面**

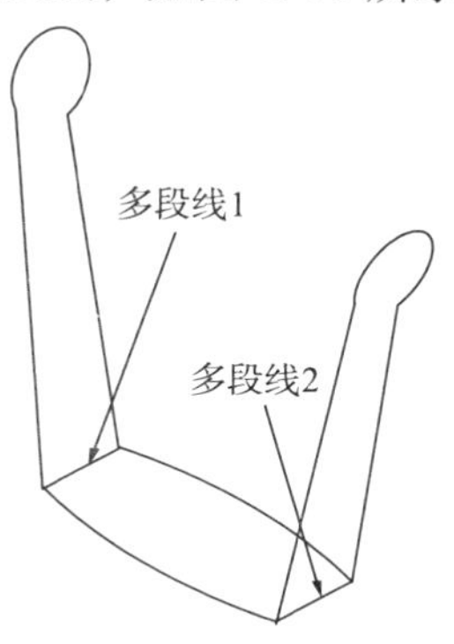

**图 8.76　绘制两条多段线**

（4）选择前轮廓线和多段线 2，单击鼠标右键，在弹出菜单中选择“特性”选项，弹出“特性”对话框，如图 8.77 所示。修改“闭合”项的值为“是”。

（5）单击“绘图”工具栏中的“面域”图标，将闭合图形创建为面域。

（6）用同样的方法，实现沙发靠背的设计。靠背的网格曲面效果如图 8.78 所示。

(7) 通过“移动”命令和“三维镜像”命令来调整沙发靠背与两个扶手之间的位置关系。单击“修改”工具栏中的“移动”图标✥。命令行显示如下。

```
命令：_ move
选择对象：指定对角点：找到 7 个                        //框选扶手网格曲面模型
选择对象：                                             //回车
指定基点或 [位移 (D)] <位移>：                         //捕捉扶手的左下角点
指定第二个点或 <使用第一个点作为位移>：                //捕捉靠背的右下角点
```

以靠背的左下角和右下角的两个点作一条辅助线，单击“修改”菜单中的“三维操作”选项，选择“三维镜像”选项。命令行显示如下。

```
命令：_ mirror3d
选择对象：指定对角点：找到 7 个                        //框选扶手网格曲面模型
选择对象：                                             //回车
指定镜像平面 (三点) 的第一个点或 [对象 (O) /最近的 (L) /Z 轴 (Z) /视图
(V) /XY 平面 (XY) /YZ 平面 (YZ) /ZX 平面 (ZX) /三点 (3)] <三点>：yz
                                                       //以 yz 平面为镜像参照平面
指定 YZ 平面上的点 <0, 0, 0>：                         //捕捉辅助线的中点
是否删除源对象？[是 (Y) /否 (N)] <否>：N               //回车
```

绘制并调整完成的沙发靠背与扶手，如图 8.79 所示。

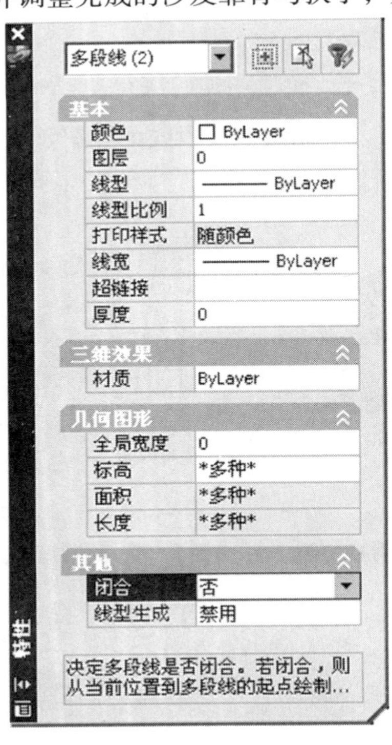


**图 8.77　“特性”对话框**

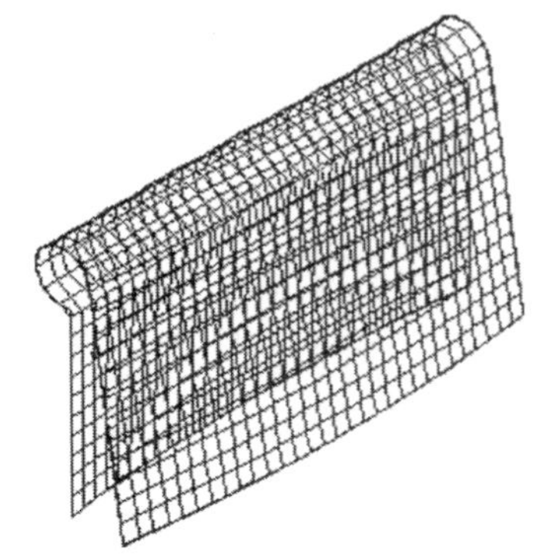

**图 8.78　沙发靠背的网格曲面效果**

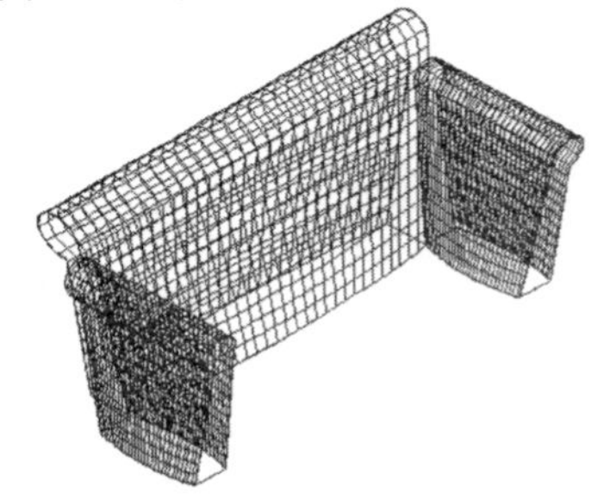

**图 8.79　调整好的沙发靠背和扶手**

6. 绘制座垫

（1）单击“建模”工具栏中的“长方体”图标，创建沙发的座垫衬实体。绘制完成的座垫衬如图 8.80 所示。

```
命令：_ box
指定第一个角点或［中心（C）］：                    //单击工作区内的任意一点
指定其他角点或［立方体（C）/长度（L）］：L          //回车
指定长度：660                                       //回车
指定宽度：220                                       //回车
指定高度或［两点（2P）］：30                        //回车
```

（2）单击“建模”工具栏中的“长方体”图标，创建沙发的座垫实体。绘制完成的座垫如图 8.81 所示。

```
命令：_ box
指定第一个角点或［中心（C）］：                    //单击工作区内的任意一点
指定其他角点或［立方体（C）/长度（L）］：L          //回车
指定长度 <660>：220                                 //回车
指定宽度 <220>：220                                 //回车
指定高度或［两点（2P）］ <30>：100                  //回车
```

（3）单击“修改”工具栏内的“移动”图标，调整两个长方体的位置，调整后的效果如图 8.82 所示。

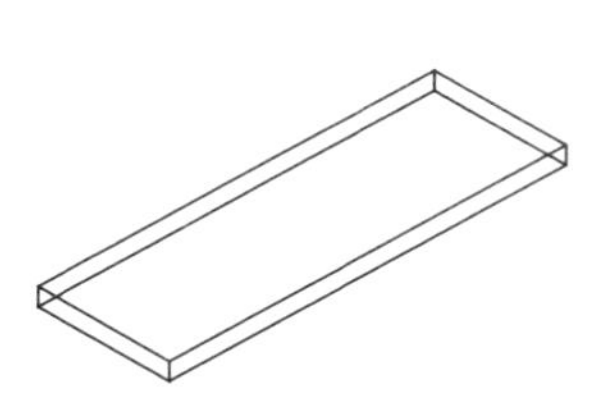

**图 8.80　沙发的座垫衬**

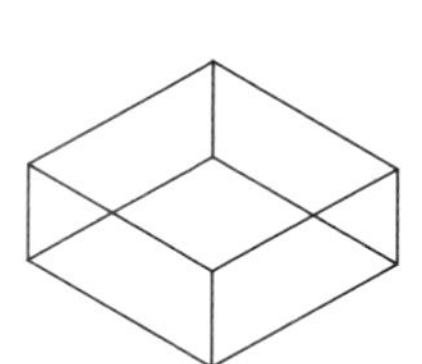

**图 8.81　沙发座垫**

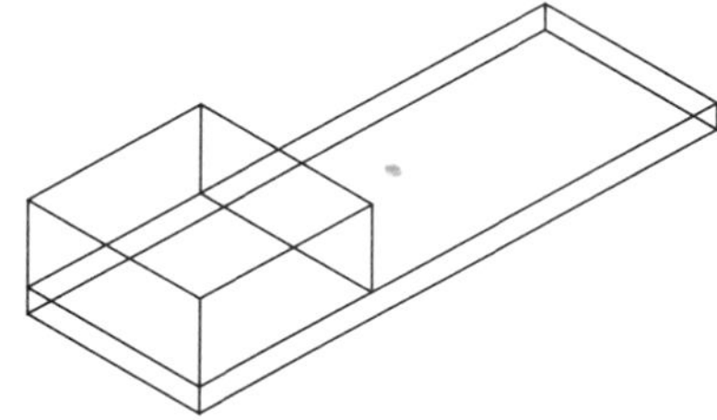

**图 8.82　调整后的座垫与座垫衬**

（4）单击“修改”工具栏中的“圆角”图标，完成沙发座垫和座垫衬的圆角修改。座垫的圆角半径为 20mm。

```
命令：_ fillet
当前设置：模式 = 修剪，半径 = 0
选择第一个对象或［放弃（U）/多段线（P）/半径（R）/修剪（T）/多个（M）］：
输入圆角半径：20
选择边或［链（C）/半径（R）］：
选择边或［链（C）/半径（R）］：
选择边或［链（C）/半径（R）］：
```

```
选择边或 [链 (C) /半径 (R)]:
选择边或 [链 (C) /半径 (R)]:
选择边或 [链 (C) /半径 (R)]:
选择边或 [链 (C) /半径 (R)]:
选择边或 [链 (C) /半径 (R)]:
选择边或 [链 (C) /半径 (R)]:          //逐个选择座垫的8条边
已选定8个边用于圆角。
```

用同样的方法，实现座垫衬的圆角修改，圆角半径为5mm。

修改之后的沙发座垫与座垫衬如图8.83所示。

(5) 利用“复制对象”命令复制沙发垫，效果如图8.84所示。利用“移动”命令调整座垫与靠背和扶手的位置，调整后的效果如图8.85所示。

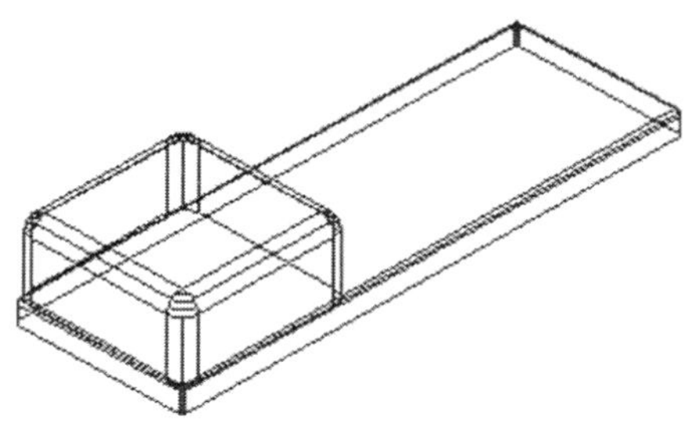

图8.83 倒圆角后的沙发座垫与座垫衬

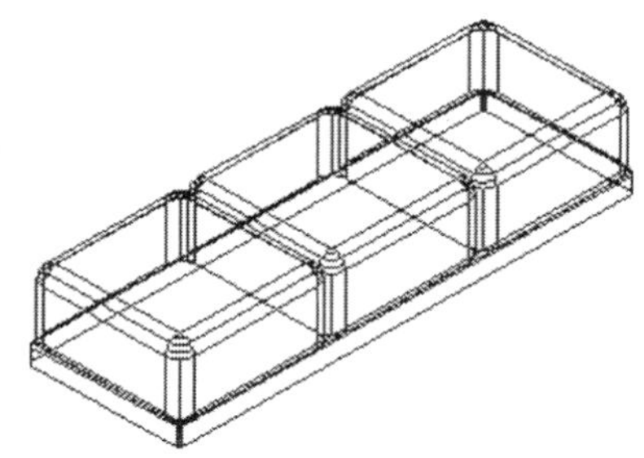

图8.84 复制座垫

(6) 单击“渲染”工具栏内的“隐藏”图标，或者单击“视图”菜单中的“消隐”命令，得到的效果如图8.86所示。

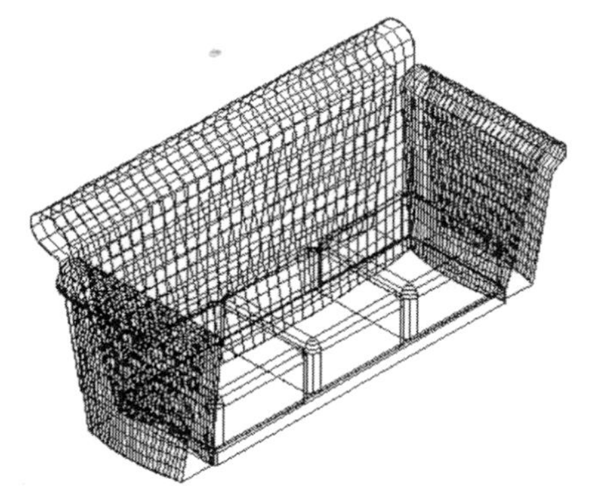

图8.85 调整座垫与靠背和扶手的位置

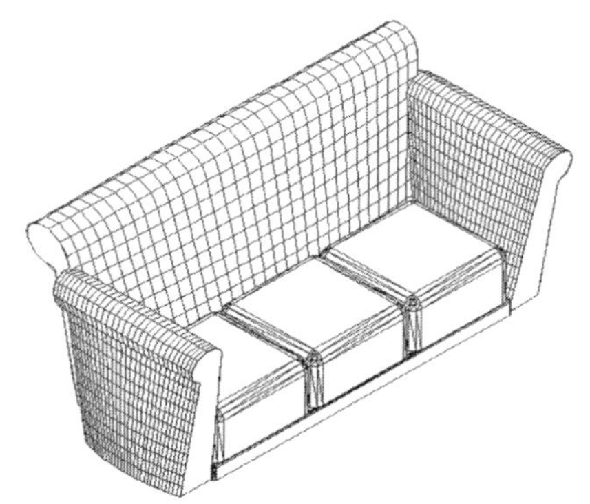

图8.86 隐藏后的沙发造型

7. 渲染三维沙发

(1) 单击“渲染”工具栏中的“材质”图标，在弹出的“材质”对话框中，单击“创建新材质”图标，在弹出的对话框中输入“靠背和扶手”，在下方的“材质编辑器”中，在“类型”下拉列表中选择“真实”，“样板”下拉列表中选择“涂漆木料”，“颜色”选择深灰色。由此，完成合沙发靠背和扶手材质的设置。

单击“将材质应用到对象”图标，单击沙发的靠背、扶手和座垫衬后单击鼠标右键确定。由此，将以上设置的材质应用到对应的实体。

（2）单击“渲染”工具栏中的“材质”图标，在弹出的“材质”对话框中，单击“创建新材质”图标，在弹出的对话框中输入“座垫”，在下方的“材质编辑器”中，在“类型”下拉列表中选择“真实”，“样板”下拉列表中选择“织物”，“颜色”的选择浅灰色。由此，完成沙发座垫材质的设置。

单击“将材质应用到对象”图标，单击沙发座垫后单击鼠标右键确定。由此，将以上设置的材质应用到沙发座垫实体。

（3）单击“渲染”菜单中的“渲染”图标，在弹出的“沙发—渲染”效果的窗口内应用两种材质后，沙发的渲染效果如图 8.87 所示。

**图 8.87　沙发渲染的效果图**

## 8.7　项目小结

本项目是以 AutoCAD 2008 为制图工具，通过四种家具实例的绘制，介绍了三维实体的绘制和图形渲染等操作命令，以及有关三维对象的编辑命令。对于初学者而言，应该充分发挥三维空间思维和想象能力，利用不同的视图空间，灵活熟练运用 AutoCAD 软件来作图。

在项目实施的过程中用图示展示了绘图的过程，使初学者能很快掌握相关命令的使用。绘制三维家具实体的基本方法，是先用形体分析法，将实体分解为若干个基本体。如果基本体是360°完全对称，则可利用面域的旋转来实现三维实体的建模，如酒杯的绘制；如果基本体是零散无序的，则逐个实现基本体的建模，最后通过布尔运算（差集、并集、交集）形成组合体，如烟灰缸、茶几和沙发的绘制。

图形渲染时在模型中加入光源，添加材质，还可以加入图片、背景和各种风景实物。添加渲染后，实体的表面会显示出材质的色彩和光照效果，能够更真实、更直观地反映实体的结构形状。

三维家具的绘制是相对比较抽象的项目，在此过程中，对于 AutoCAD 的初学者而言，不仅要熟练掌握平面图形的画法，更重要的是要学会分析实体，分解实体，综合利用不同的视图空间，结合 UCS 工具，找出最有效的绘图和建模方式，不断提高作图的效率。

## 8.8 拓展练习

完成图 8.88 中桌子的三维效果图。

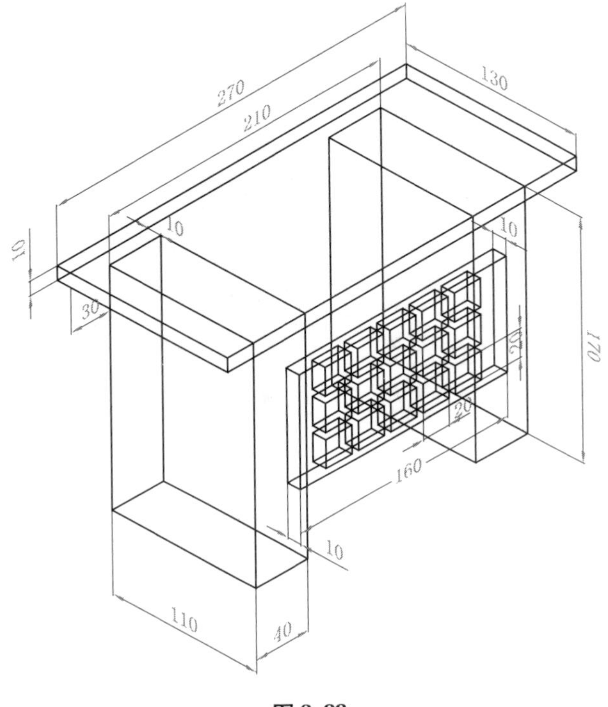


**图 8.88**

# 绘制机械类三维图形

【能力目标】

- 能根据机件的二维图形拉伸绘制其三维实体图形
- 能利用面域、布尔运算绘制叠加、切割的组合三维实体

【知识目标】

- 掌握由二维图形创建成三维图形的方法——拉伸实体
- 掌握面域和布尔运算的应用
- 掌握三维对象的尺寸标注

## 9.1 项目引入

AutoCAD 2008 的一个主要功能是创建三维实体。生活中，雄伟壮观的建筑、复杂精致的机械零件、每天使用的各种各样生活用品等，都是三维的实体。为了更加直观地表现真实物体，三维建模是非常重要的。AutoCAD 2008 有着独特的三维绘图优势，如绘图尺寸精确、建模方法丰富、三维编辑功能强大、任意视角的进行观察、多视口显示等。

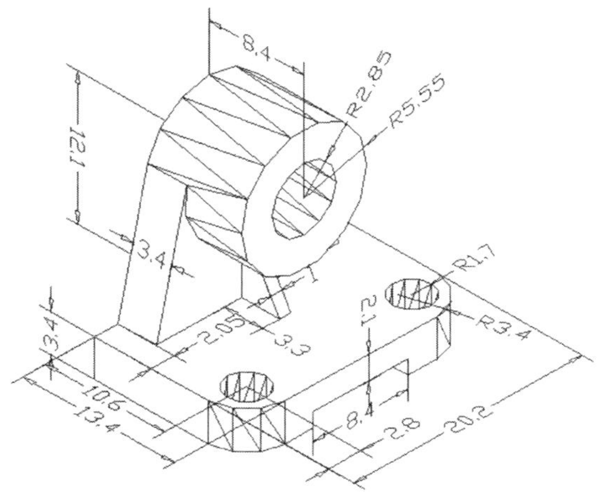


**图 9.1 轴承支座轴测图**

本项目将以绘制机械轴承支座三维实体为例（如图 9.1 所示），通过绘制三维图形学习三维实体的常用绘制技巧和编辑命令。具体的知识有：基本三维实体的绘制命令、用户坐标系的建立、布尔运算，以及三维实体的边、面、体的编辑方法。

本项目推荐课时为 8 学时。

## 9.2 项目分析

本项目分成以下三个任务来完成，分别给出绘图目标分析和详细操作步骤，结合具体的图形效果，将基本三维实体绘制及三维实体图形的编辑融合在其中，如通过简单三维实体绘制复杂三维实体图形命令的操作及选项的意义、多种编辑命令的使用方法等。

任务一　设置绘图环境及轴承支座分析

　　任务准备：图层、单位、视口、视图。

任务二　绘制三维实体

　　任务准备：镜像、拉伸、交集、差集、面域、圆柱体、圆角等命令。

任务三　三维对象的尺寸标注

　　任务准备：用户坐标、标注、标注样式。

## 9.3 任务一　设置绘图环境及轴承支座分析

### 9.3.1 设置绘图环境

在正式启动 AutoCAD 2008 绘图之前，应先设置绘图环境，然后才开始绘图。

（1）建立图形文件。选择下拉菜单“文件”→“新建”，打开“选择样本”对话框，如图 9.2 所示。单击对话框右下角“打开”按钮后面的下拉箭头，选择“无样板打开——公制”。

（2）绘图单位设定。选择下拉菜单“格式”→“单位”，打开“图形单位”对话框，设置长度类型为“小数”、精度为“0.00”，如图 9.3 所示。

图 9.2　“选择样本”对话框

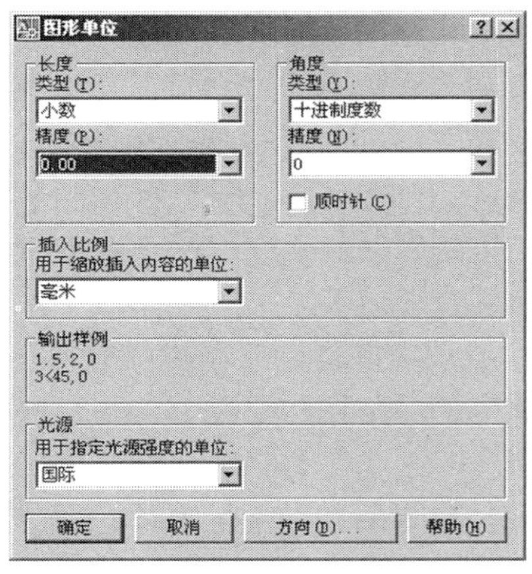


图 9.3　“图形单位”对话框

（3）图层的设定。选择下拉菜单“格式”→“图层”，打开图层特性管理器，单击“新建”建立新图层。分别设置中心线（CENTER）、细实线（THIN）、粗实线（THICK）、尺寸标注层（DIMENSION）和实体层。

（4）创建四个视口。选择下拉菜单“视图”→“视口”→“四个视口”，将当前设置为四个视口，命令行的显示如下。

命令：_ －vports

输入选项［保存（S）/恢复（R）/删除（D）/合并（J）/单一（SI）/？/2/3/4］<3>：_ 4

正在重生成模型

（5）设置三维视图。

AutoCAD 2008 预置了多种三维视图，其中包括六种正交视图和四种等轴测视图（西南等轴测、东南等轴测、东北等轴测、西北等轴测）。用户可以根据这些标准视图的名称直接调用，无须自行定义。要理解不同三维视图的表现方式，可以用一个立方体代表处于三维空间的对象，那么各种等轴测视图的观察方向就如图 9. 4 所示。

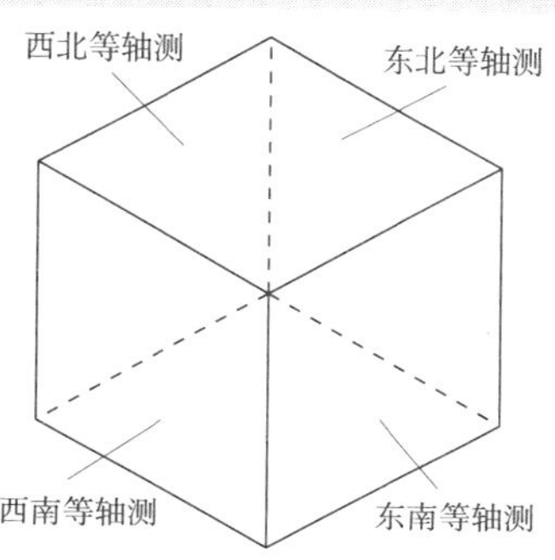


**图 9. 4　各等轴测视图观察的方向**

将左上角视口设置为主视图。单击左上角的视图，将该视图激活，选择下拉菜单“视图”→“三维视图”→“主视”命令，将其设置为主视图。命令行的显示如下。

命令：_ －view

输入选项［？/删除（D）/正交（O）/恢复（R）/保存（S）/设置（E）/窗口（W）］：_ front

正在重生成模型

利用同样的方法，将右上角的视图设置为左视图，将左下角的视图设置为俯视图，将右下角的视图设置为西南等轴测视图。设置完成的模型空间将如图 9. 5 所示。

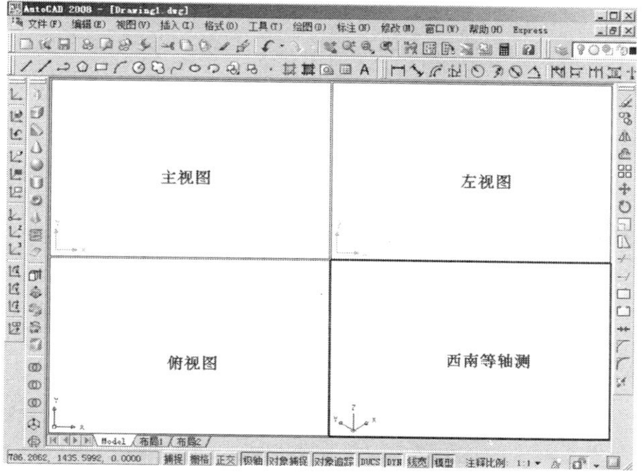


**图 9. 5　设置完成的模型空间**

### 9.3.2 分析图形

当用户需要画一张三维实体的轴测图时，应首先分析该实体是由哪些基本体构成的，然后分别画出各基本体，并按图形要求堆砌，最后用布尔运算的方法将堆砌好的各基本体合并成为一体。这是绘制三维轴测图的基本方法。所以拿到一个三维实体图时，可先分析一下该三维实体是由哪些基本体构成，若不是全部由基本体构成，则可将其分解成基本体部分和非基本体部分，然后确定基本的绘图思路，如基本体可用基本体堆积法，而非基本体部分可用拉伸法、旋转法或其他方法绘制。该轴承支座由底板、空心圆柱体、支承板和筋板组成一个整体，如图9.6所示。绘图中要解决的的问题，是如何绘制这些基本体并将其合为一体。

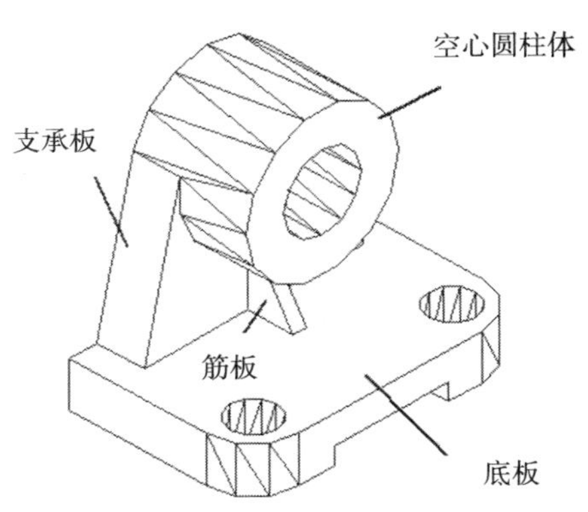


**图9.6 轴承支座组成**

## 9.4 任务二 绘制三维实体

### 9.4.1 操作步骤

(1) 绘制轴承支座的底板。
(2) 绘制空心圆柱体。
(3) 绘制支承板。
(4) 绘制筋板。
(5) 倒底座上的圆角。
(6) 三维图形的显示。

### 9.4.2 任务实施

1. 绘制轴承支座的底板

轴承支座底板是由大、小两个长方体（小长方体是槽）和两个圆柱孔组成。

(1) 绘制大长方体。选择“实体”图层，激活西南等轴测视图。单击“建模”工具栏的“长方体”按钮，绘制大长方体。

```
命令：_ box
指定第一个角点或［中心（C）］：0，0，0          //坐标原点
指定其他角点或［立方体（C）/长度（L）］：L      //长度
指定长度：20.2
指定宽度：13.4
指定高度或［两点（2P）］：3.4
```

**注意**

三维物体的长、宽、高三个方向，对应于空间直角坐标系的 X、Y、Z 三轴。用空间直角坐标确定一点的空间位置，有绝对坐标和相对坐标两种表示形式。

1）绝对坐标是相对于坐标系原点的位置，它的表达方式 X，Y，Z（两坐标间用逗号分开），如 10，20，10。

2）相对坐标是相对于上一点的位置，它的表达式为@ △X，△Y，△Z（在二维坐标后面加 Z 坐标差），如@10，20，10。

（2）用同样的方法绘制小长方体。绘制好的大长方体和小长方体如图 9.7 所示。

按回车键　　　　　　　　　　　　　　　　　　//重复绘制“长方体”的命令
指定第一个角点或［中心（C）］：0，0，0　　　//坐标原点
指定其他角点或［立方体（C）/长度（L）］：L　//长度
指定长度：8.4
指定宽度：13.4
指定高度或［两点（2P）］：1.3

单击“修改”工具栏中的“移动”图标✥，移动小长方体，如图 9.8 所示。

选择对象：找到 1 个　　　　　　　　　　　//选择小长方体
指定基点或［位移（D）］<位移>：　　　　//点选坐标原点
指定第二个点或<使用第一个点作为位移>：5.9，0，0

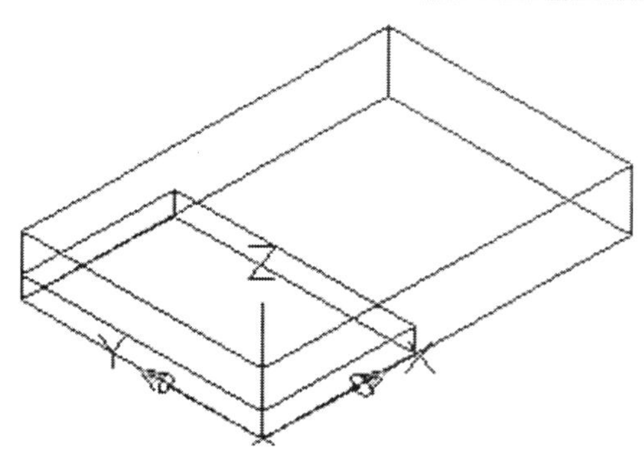


**图 9.7　绘制好的大小长方体**

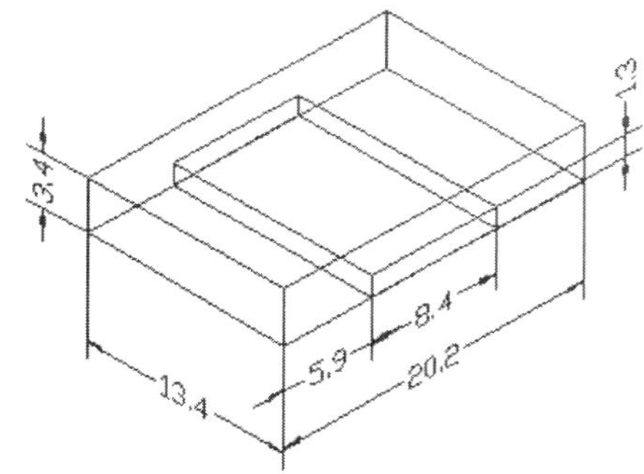


**图 9.8　小长方体移动后的图形**

（3）绘制底座上的两个小圆柱孔。

单击“建模”工具栏的“圆柱体”图标，绘制小圆柱。

命令：_ cylinder
指定底面的中心点或［三点（3P）/两点（2P）/相切、相切、半径（T）/椭圆（E）］：　　　　// 点选坐标原点
指定底面半径或［直径（D）］：d
指定直径：3.4
指定高度或［两点（2P）/轴端点（A）］：3.4

单击“修改”工具栏的“移动”图标✥，移动小圆柱体，如图9.9所示。

```
选择对象：找到1个                          //选择小圆柱体
指定基点或［位移（D）］<位移>：            //点选坐标原点
指定第二个点或<使用第一个点作为位移>：2.8，2.8，0
```

单击“修改”工具栏的“镜像”图标，得到另一个小圆柱体，如图9.10所示。

```
选择对象：找到1个              //选择小圆柱体
指定镜像线的第一点：           //点选大长方体底部长度方向上一条边的中点
指定镜像线的第二点：           //点选大长方体底部长度方向上另一条边的中点
是否删除源对象？［是（Y）/否（N）］<N>：回车          //不删除源对象
```

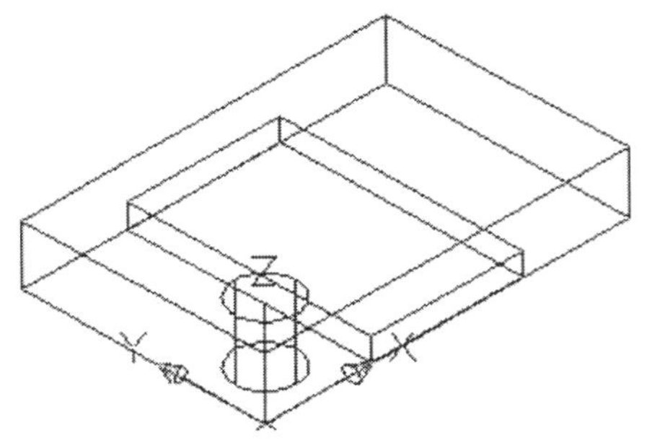


图9.9　小圆柱体移动后的图形

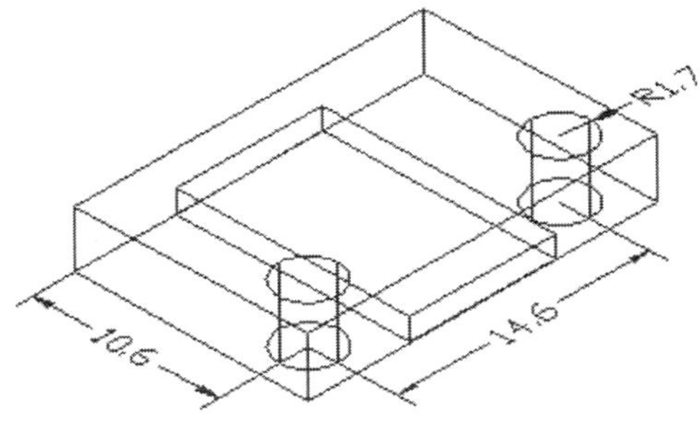


图9.10　小圆柱体镜像

（4）合并实体。单击“建模”工具栏的“差集”图标，利用“差集”合并实体，如图9.11所示。

```
命令：_ subtract 选择要从中减去的实体或面域...
选择对象：找到1个                        //点选大长方体
选择对象：回车
选择要减去的实体或面域...
选择对象：找到1个                        //点选小长方体
选择对象：找到1个，总计2个               //点选一个小圆柱体
选择对象：找到1个，总计3个               //点选另一个小圆柱体
选择对象：回车
```

**注意**

“差集运算”的原理是“求差”后将从一个或多个实体上裁掉与之相交的或不相交的其他实体而形成孔、槽类形状。由于绘图的方法和顺序是多种多样的，因此在实体合并时，“差集”的顺序不同产生的结果也将不同。

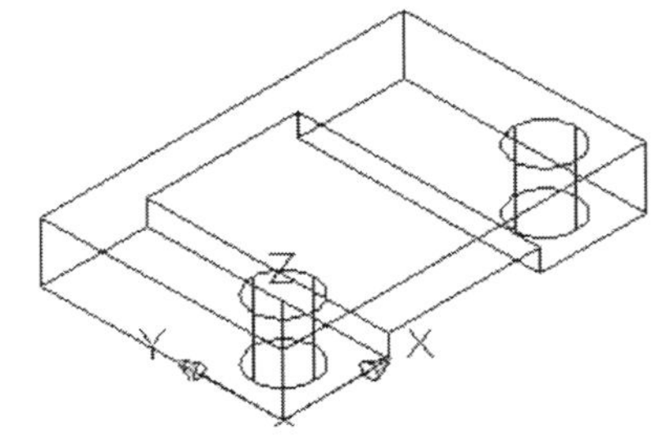


图9.11　合并实体

2. 绘制空心圆柱体

（1）在三维空间中定义用户坐标系 UCS。在 AutoCAD 2008 中，为了能够更好地辅助绘图，用户可以经常改变坐标系的原点（0，0，0）的位置与 XY 平面及 Z 轴的方向，这时世界坐标系就变成了用户坐标系，即 UCS。可以在三维空间的任意位置定位和定向 UCS，可以根据需要定义、保存和调用任意数量的 UCS。UCS 在三维空间中特别有用，例如将坐标系与现有几何图形对齐比计算出三维点的精确位置要容易得多。

用户可以通过以下几种方式建立 UCS。

1）指定一个新的原点、新的 XY 平面或新的 Z 轴。

2）将新的 UCS 与图形中已有的对象对齐。

3）将新的 UCS 与当前视线方向对齐。

4）将当前 UCS 绕其轴旋转。

5）通过选择一个面来应用 UCS。

单击“UCS”工具栏中“UCS”图标，调整用户坐标系，如图 9.12 所示。

```
命令：_ ucs
当前 UCS 名称：*世界*
指定 UCS 的原点或 [面（F）/命名（NA）/对象（OB）/上一个（P）/视图（V）/世界（W）/X/Y/Z/Z 轴（ZA）] <世界>：_ x        //指定绕 X 轴的旋转
指定绕 X 轴的旋转角度 <90>：        //旋转 90°
```

（2）绘制圆柱体。

单击“建模”工具栏的“圆柱体”图标，绘制大圆柱体，如图 9.13 所示。

```
命令：_ cylinder
指定底面的中心点或 [三点（3P）/两点（2P）/相切、相切、半径（T）/椭圆（E）]：_ from 基点：        //调用捕捉自命令，基点是捕捉图 9.12 的 AB 线的中点 C
<偏移>：@0，10，0        //输入偏移距离的相对坐标
指定底面半径或 [直径（D）]：d
指定直径：11.1        //圆柱体底面直径 11.1
指定高度或 [两点（2P）/轴端点（A）]：8.4        //圆柱体高 8.4
```

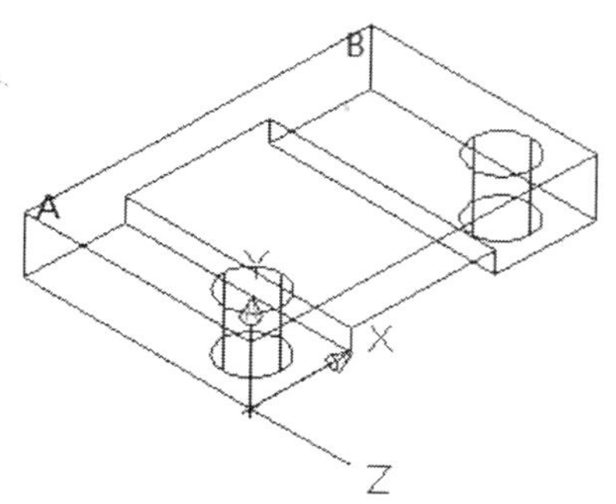


**图 9.12　调整 UCS**

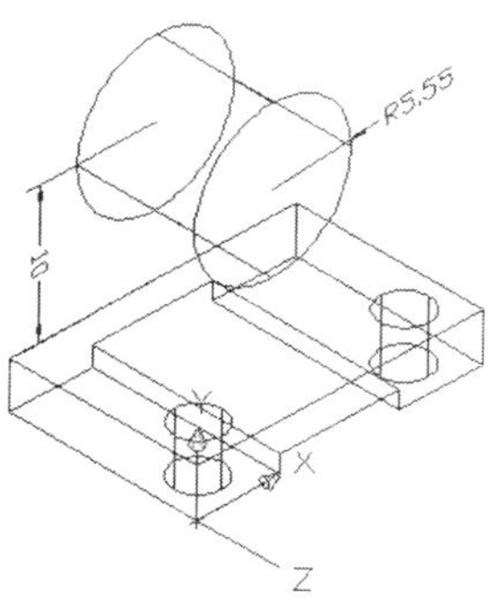


**图 9.13　大圆柱体**

**注意**

当执行某一绘图命令需要输入一点时，调用“From 捕捉自”命令后，由用户给定一点作为基准点，然后再输入“要输入点”与基准点之间的相对坐标，就可以捕捉到要输入的点。

单击“建模”工具栏的“圆柱体”图标，绘制与大圆柱同心的小圆柱体。

```
命令：_ cylinder
指定底面的中心点或［三点（3P）/两点（2P）/相切、相切、半径（T）/椭圆（E）］：
                                          //捕捉大圆柱体底面的圆心
指定底面半径或［直径（D）］ <5.6>：d
指定直径 <11.1>：5.7                       //圆柱体底面直径5.7
指定高度或［两点（2P）/轴端点（A）］ <8.4>： //圆柱体高8.4
```

（3）合并实体。单击“建模”工具栏的“差集”图标，利用“差集”合并实体，如图 9.14 所示。

```
命令，：_ subtract 选择要从中减去的实体或面域...
选择对象：找到 1 个                //点选大圆柱体
选择对象：                         //回车
选择要减去的实体或面域..
选择对象：找到 1 个                //点选小圆柱体
选择对象：                         //回车
```

3. 绘制支承板

（1）绘制辅助线。选择“辅助线”层，单击“绘图”工具栏的“直线”图标，绘制辅助线 CD，用同样的方法绘制辅助线 EF 如图 9.15 所示。

```
命令：_ line 指定第一点：tt          //调用临时追踪点命令
指定临时对象追踪点：                //捕捉图 9.15 中点 A
指定第一点：2.05                    //输入临时追踪点的距离
指定下一点或［放弃（U）］：         //捕捉大圆柱体后面大圆上的切点 D
指定下一点或［放弃（U）］：         //回车
```

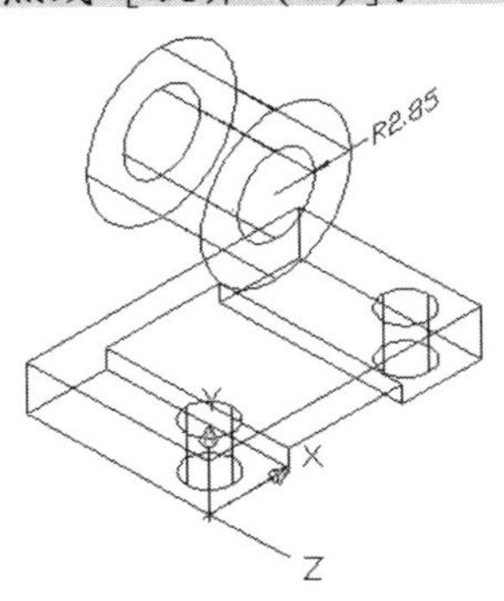


**图 9.14　合并实体**

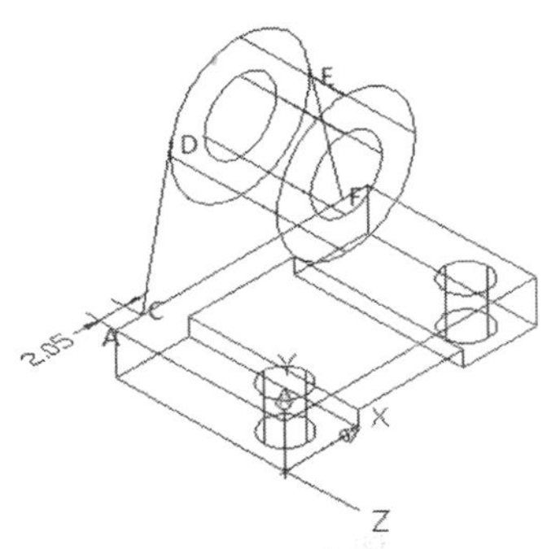


**图 9.15　辅助线 CD、EF**

（2）绘制多段线。选择“实体”层，单击“绘图”工具栏的“多段线”图标，绘制多段线 CDEF。

命令：_ pline
指定起点：　　//捕捉 C 点
当前线宽为 0.00
指定下一个点或［圆弧（A）/半宽（H）/长度（L）/放弃（U）/宽度（W）］：　　//捕捉 D 点
指定下一点或［圆弧（A）/闭合（C）/半宽（H）/长度（L）/放弃（U）/宽度（W）］：a　　//圆弧
指定圆弧的端点或［角度（A）/圆心（CE）/闭合（CL）/方向（D）/半宽（H）/直线（L）/半径（R）/第二个点（S）/放弃（U）/宽度（W）］：ce　//圆心
指定圆弧的圆心：　　//捕捉大圆柱体后面大圆上的圆心
指定圆弧的端点或［角度（A）/长度（L）］：　//捕捉 E 点
指定圆弧的端点或［角度（A）/圆心（CE）/闭合（CL）/方向（D）/半宽（H）/直线（L）/半径（R）/第二个点（S）/放弃（U）/宽度（W）］：l　　//直线
指定下一点或［圆弧（A）/闭合（C）/半宽（H）/长度（L）/放弃（U）/宽度（W）］：　　//捕捉 F 点
指定下一点或［圆弧（A）/闭合（C）/半宽（H）/长度（L）/放弃（U）/宽度（W）］：　　//捕捉 C 点
指定下一点或［圆弧（A）/闭合（C）/半宽（H）/长度（L）/放弃（U）/宽度（W）］：c　　//闭合

（3）拉伸多段线。单击“建模”工具栏的“拉伸”图标，拉伸多段线生成实体，如图 9.16 所示。

命令：_ extrude
当前线框密度：　ISOLINES = 4
选择要拉伸的对象：找到 1 个　　//点选封闭的多段线 CDEF
选择要拉伸的对象：　　//回车
指定拉伸的高度或［方向（D）/路径（P）/倾斜角（T）］：3.4　　//高度是 3.4

**注意**

使用“拉伸”命令（Extrude），可以将二维对象沿 Z 轴或某个方向矢量拉伸成实体。拉伸对象被称为断面，它们可以是任何二维封闭多段线、圆、椭圆、封闭样条曲线和面域。默认情况下，可以沿 Z 轴方向拉伸对象，这时需要指定拉伸的高度和倾斜角度。其中，拉伸高度值可以为正或为负，它们表示了拉伸的方向。拉伸角度也可以为正或为负，其绝对值不大于 90°，默认值为 0，表示生成的实体侧面垂直于 XY 平面，没有锥度。如果为正，将产生内锥度，生成的侧面向里靠；如果为负，将产生外锥度，生成的侧面向外。

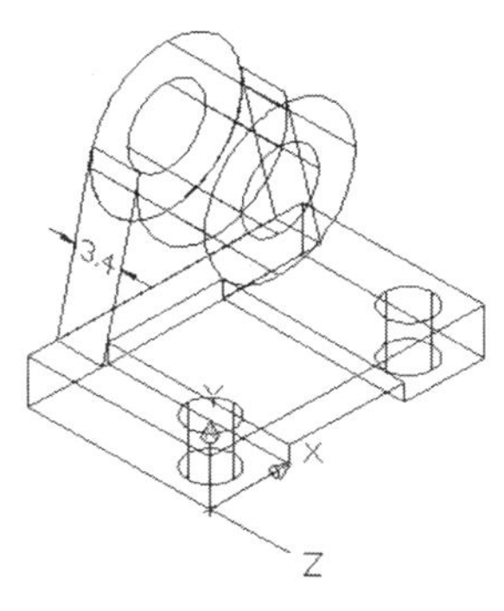


**图 9.16　拉伸多段线**

4. 绘制筋板

(1) 绘制直线。激活左视图，单击“绘图”工具栏的“直线”图标绘制直线 GH、HI、IJ、GK、KJ 如图 9.17 所示。

```
命令：_ line 指定第一点：                              //捕捉中点 G
指定下一点或［放弃（U）］：4.45                        //鼠标垂直上移，绘制 4.45 的直线 GH
指定下一点或［放弃（U）］：1.7                         //鼠标向右下移，绘制 1.7 的直线 HI
指定下一点或［闭合（C）/放弃（U）］：1.7               //鼠标垂直下移，绘制 1.7 的直线 IJ
指定下一点或［闭合（C）/放弃（U）］：                  //回车
命令：_ line 指定第一点：                              //捕捉端点 G
指定下一点或［闭合（C）/放弃（U）］：3.3               //鼠标向右下移，绘制 3.3 的直线 GK
指定下一点或［闭合（C）/放弃（U）］：                  //捕捉端点 J
指定下一点或［放弃（U）］：                            //捕捉端点 E
```

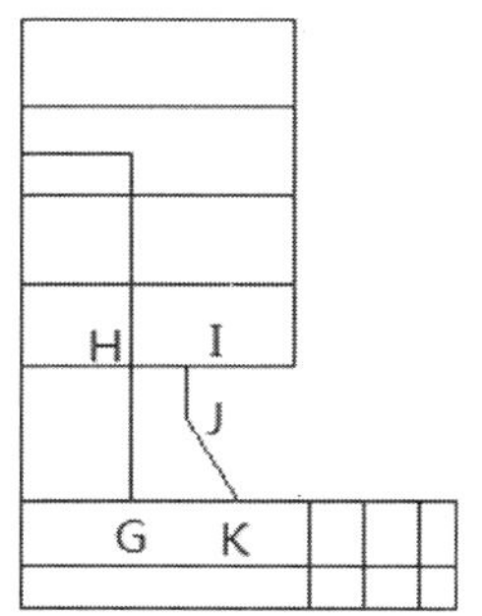

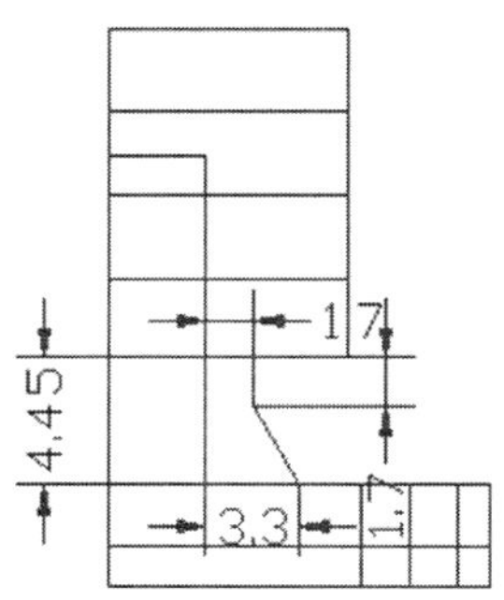


**图 9.17　绘制直线 GH、HI、IJ、GK、KJ**

(2) 创建面域。单击“绘图”工具栏的“面域”图标，利用刚绘制的 5 条直线生成面域，如图 9.18 所示。

```
命令：_ region
选择对象：指定对角点：找到 5 个                   //选中直线 GH、HI、IJ、GK、KJ
选择对象：                                        //回车
已提取 1 个环。
已创建 1 个面域。
```

(3) 拉伸面域生成实体。单击“建模”工具栏的“拉伸”图标，拉伸面域生成实体，如图 9.19 所示。

```
命令：_ extrude
当前线框密度：  ISOLINES = 4
选择要拉伸的对象：找到 1 个                                            //点选刚绘制的面域
选择要拉伸的对象：                                                     //回车
指定拉伸的高度或［方向（D）/路径（P）/倾斜角（T）］：1 //拉伸的高度为 1
```

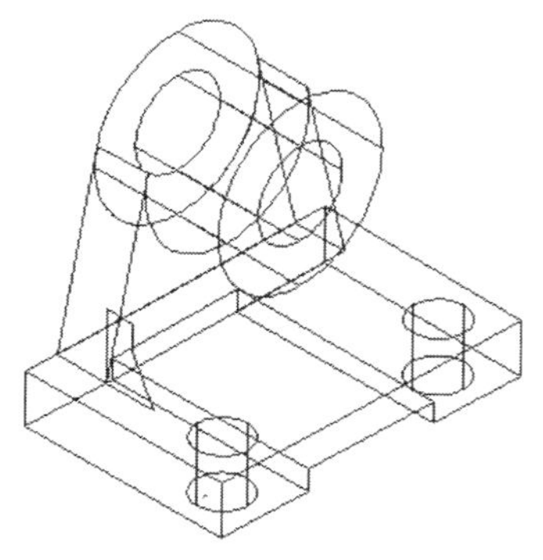

图 9.18　生成面域

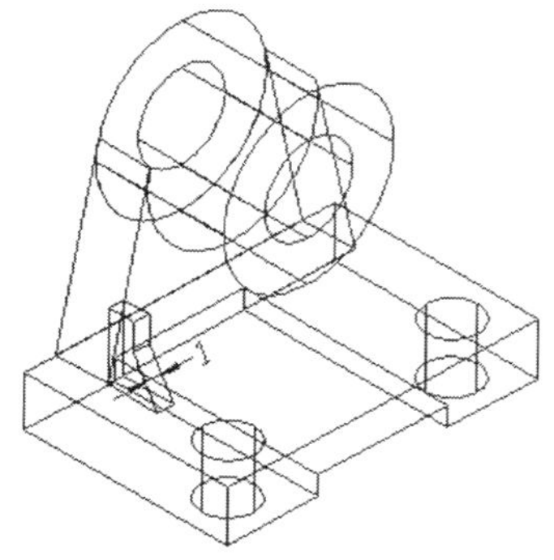

图 9.19　拉伸面域生成实体

（4）移动实体。单击“修改”工具栏的“移动”图标，移动刚拉伸的实体，如图 9.20 所示。

```
选择对象：找到 1 个                                  //选择实体
指定基点或［位移（D）］＜位移＞：                     //捕捉筋板的中点
指定第二个点或＜使用第一个点作为位移＞：              //捕捉大长方体的中点
```

（5）合并实体。单击“建模”工具栏的“并集”图标，利用“并集”合并实体，如图 9.21 所示。

```
命令：_ union
选择对象：指定对角点：找到 4 个
选择对象：
```

**注意**

“并集运算”的原理是“求并”后保留下两实体（或两个以上实体）不相交的部分，而将相交的部分融合掉，变为一个实体。另外，两个不相交（有一定距离）的实体也是可以求并的。求并后，这两个实体看上去没有什么变化，但实际上这两个实体已经成为一体了。

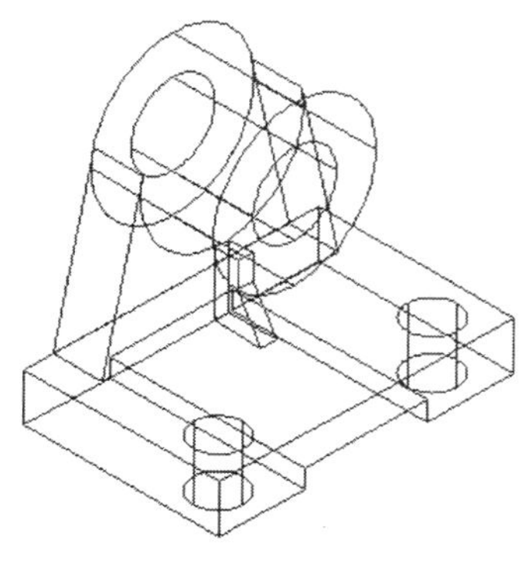

图 9.20　移动筋板

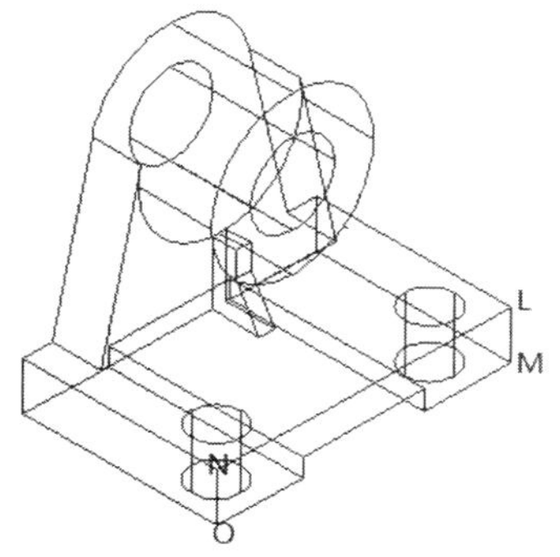



图 9.21　合并实体后的图形

### 5. 倒底座上的圆角

单击“修改”工具栏的“圆角”图标，对底座倒圆角，如图 9. 22 所示。

```
命令：_ fillet
当前设置：模式 = 修剪，半径 = 0.00
选择第一个对象或 [放弃 (U) /多段线 (P) /半径 (R) /修剪 (T) /多个 (M)]：r
输入圆角半径：3.4
选择边或 [链 (C) /半径 (R)]：          //选中图 9.21 中直线 AB 后按回车健
选择边或 [链 (C) /半径 (R)]：          //选中图 9.21 中直线 CD 后按回车健
已选定 2 个边用于圆角。
```

**注意**

选择的对象是要倒圆角的面的交线，选择完毕后按回车键，与该线相邻的两个面将被倒圆角，选择多条线，将有多个相邻的面被倒圆角。

### 6. 三维图形的显示

为了增强轴测图的立体感和感染力，AutoCAD 2008 为用户提供了三种轴测图的显示方法（线框、消隐、渲染），以适应不同的需求。

“线框”显示是系统默认的显示方法，即当用户在“西南等轴测”等几种三维视图显示方式下作图时，见到的图形状态就是“线框”显示。“线框”显示的特点是轴测图的所有边和线都可见（如图 9. 22 所示），缺点是显示的线条太多且所有线条没有区别，所以在图形较复杂时，会在视觉上感觉比较乱。

“消隐”显示是在“线框”显示图形的基础上，将从当前视点看不到的线删除的显示方法，可减轻视觉上的混乱。图 9. 23 即为消隐后的图形效果，与图 9. 22 比较可发现它们的不同。调用该命令的方法是：单击菜单栏“视图”→“消隐”，或从命令行输入“HIDE”命令。若要取消“消隐”显示，只需从命令行输入“REGEN”或移动屏幕右侧的滚动条。

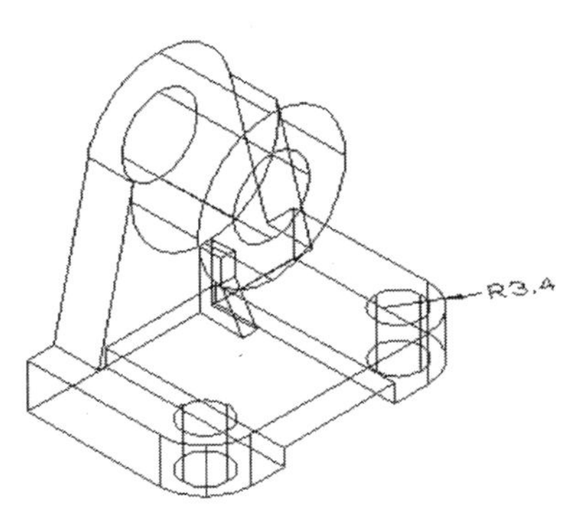


**图 9. 22　底座倒圆角**

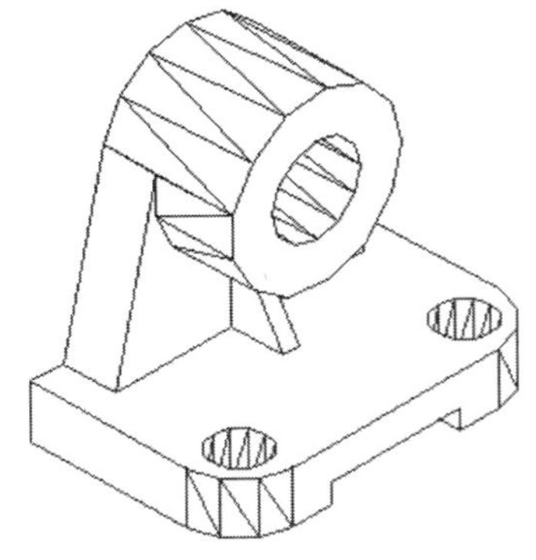

**图 9. 23　消隐的效果**

“渲染”是通过加入并调整光源、配以不同的场景或背景、给已有轴测图附着材质和着色等方法来获得最具真实性的三维图形。

# 9.5　任务三　三维对象的尺寸标注

在 AutoCAD 中，三维实体尺寸标注的命令与二维图形尺寸标注是相同的。但在三维实体中标注尺寸时，一定要将三维坐标中的 XOY 坐标面与所标注尺寸的实体面重合，还要注意三维坐标 XYZ 的方向。

（1）正立面：X 朝右，Y 朝上，Z 朝外（见图 9.24）；

（2）侧立面：X 朝外，Y 朝上，Z 朝左（见图 9.25）；

（3）水平面：X 朝外，Y 朝右，Z 朝上（见图 9.26）。

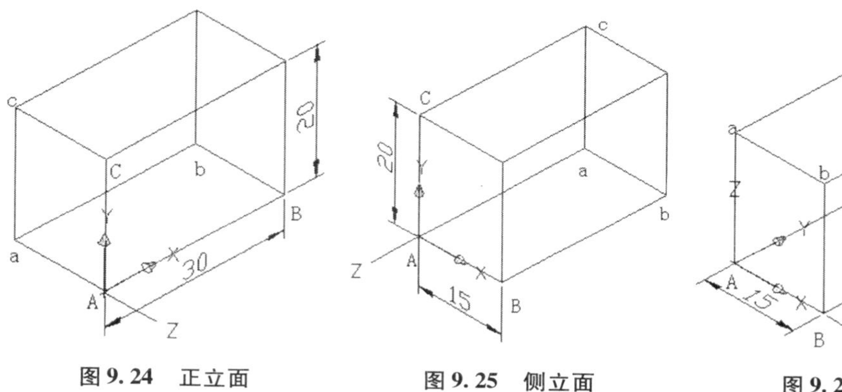


**图 9.24　正立面**　　**图 9.25　侧立面**　　**图 9.26　水平面**

从图 9.24～图 9.26 可以看出，要标注出所需要的尺寸，可以分别在正立面、侧立面和水平面中标注尺寸。将用户坐标系置于正立面 ABC 或面 abc（见图 9.24），可以标注出该平面内的 30、20；将用户坐标系置于侧立面 ABC 或面 abc（见图 9.25），可以标注出该平面内的 15、20；将用户坐标系置于水平面 ABC 或面 abc（见图 9.26），可以标注出该平面内的 15、30。

图 9.27 是侧立面两个尺寸的标注，标注的方法如下。

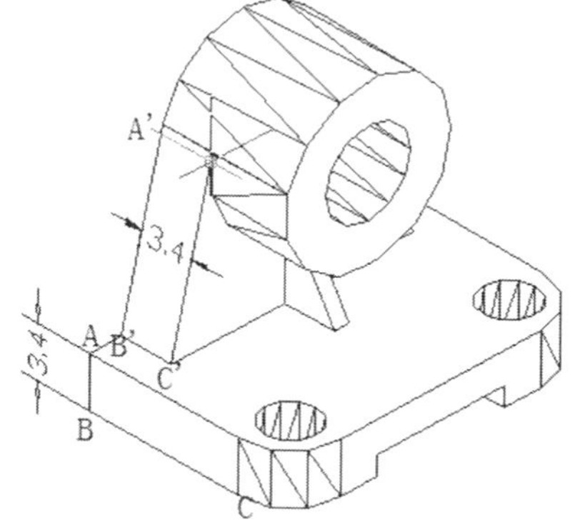


**图 9.27　侧立面尺寸的标注**

（1）打开“图层特性”对话框，新建一个名为尺寸标注的图层，并将该层设为当前层。

（2）设定用户坐标，将三维坐标中的 XOY 坐标面与所标注尺寸的实体面重合，即 ABC 面重合。选用 3 点确定一个用户坐标的方法，即单击“UCS”工具栏图标，按命令提示操作。

命令：_ ucs

当前 UCS 名称：*世界*

指定 UCS 的原点或［面（F）/命名（NA）/对象（OB）/上一个（P）/视图（V）/世界（W）/X/Y/Z/Z 轴（ZA）］<世界>：_ 3

```
指定新原点 <0, 0, 0>:                    //捕捉B点为原点
在正 X 轴范围上指定点 <-128.15, 323.35, -3.40>:
                                        //捕捉端点C为正 X 轴范围上一点
UCS XY 平面的正 Y 轴范围上指定点 <-128.15, 323.35, -3.40>:
                                        //捕捉端点A为正 Y 轴范围上一点
```

(3) 标注尺寸。单击“标注”工具图标⊢⊣，标注尺寸。

```
命令: _ dimlinear
指定第一条尺寸界线原点或 <选择对象>:          //捕捉端点A
指定第二条尺寸界线原点:                      //捕捉端点B
指定尺寸线位置或
[多行文字 (M) /文字 (T) /角度 (A) /水平 (H) /垂直 (V) /旋转 (R)]:
标注文字 = 3.4
```

(4) 设定用户坐标，将三维坐标中的 XOY 坐标面与所标注尺寸的实体面即 A′B′C′面重合，同样使用 3 点确定一个坐标，B′点为坐标原点，选择端点 C′为正 X 轴范围上一点，选择端点 A′为正 Y 轴范围上一点。确定好用户坐标后单击“标注”工具栏图标⊢⊣，捕捉相应的点标注尺寸。

水平面及正立面尺寸标注也使用同样的方法，先设定用户坐标，再标注尺寸。最后标注好尺寸的轴承支柱如图 9. 28 所示。

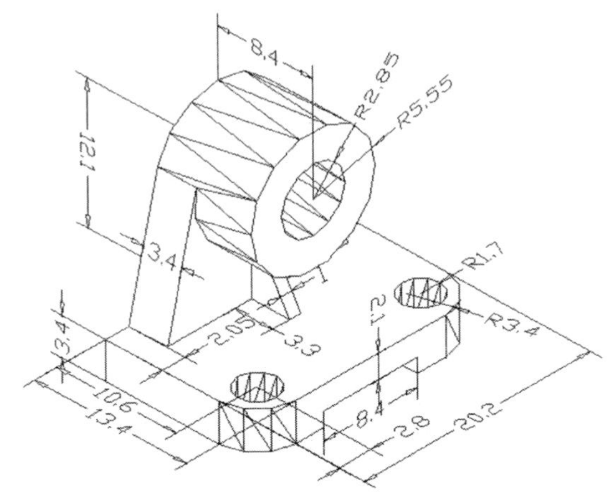


**图 9. 28　标注尺寸**

# 9. 6　项目小结

本项目通过绘制轴承支座来综合应用绘制三维实体的各种命令，复习如何在三维空间观察实体，根据需要设置用户坐标系。在三维建模时应该遵循一定的操作步骤，使得建模

过程合理有序，快速准确地进行绘制实体。通过本实例，读者可以了解到在机械制图方面AutoCAD 2008 强大而实用的绘图功能。开始绘图前，要仔细分析机械零部件的结构，然后将部件分解为多个简单的零件，最后完成组合。

通过本实例的绘制，读者掌握了一些绘制三维实体的思路，但是对于一个实体建模会有多种方法，只有一种是比较准确和高效的。读者在实践中应多思考、多练习，才能更加熟练地使用 AutoCAD 2008 完成三维建模。

## 9.7　拓展练习

绘制图 9. 29 ~ 图 9. 32 所示的轴测试图，并标注好尺寸。

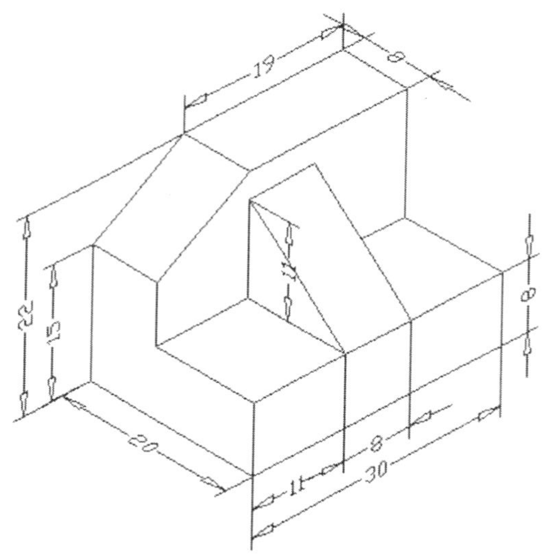


**图 9. 29**

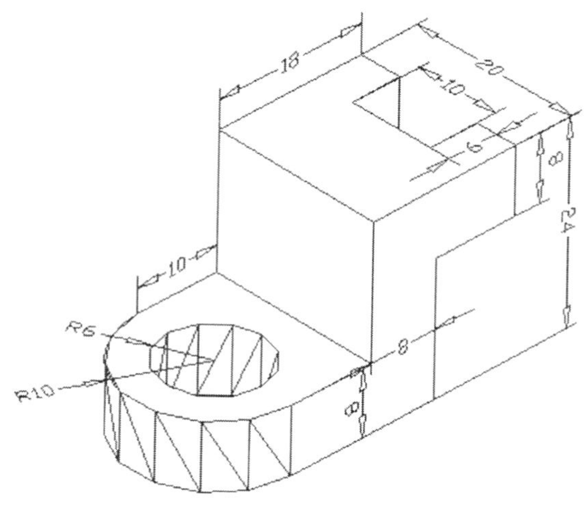


**图 9. 30**

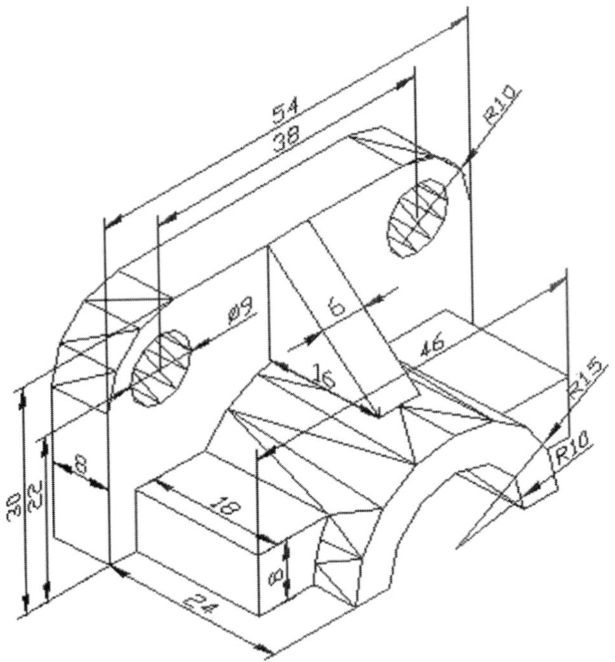
54
38
R10
Ø9
6
46
16
R15
R10
8
30
22
18
8
24

图 9.31

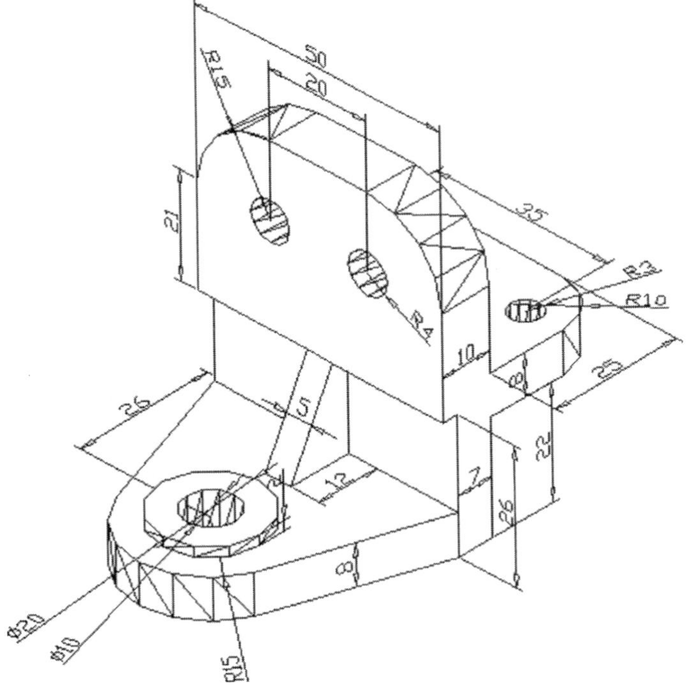
50
R15
20
21
35
R3
R10
R4
10
25
8
26
5
22
12
7
26
8
Φ20
Φ10
R15

图 9.32

# 项目十 三维图形的布局与打印

【能力目标】

- 能将三维立体图形生成二维三视图，并标注尺寸
- 能输出、打印图形

【知识目标】

- 掌握命名视图、视口的操作、布局的创建和操作
- 掌握 solprof、mvsetup、ltscale 等命令使用
- 掌握图形的输出

## 10.1 项目引入

AutoCAD 2008 包括两个绘图空间：模型空间（Model space）与图纸空间（Paper space），通常绘图主要在模型空间的三维环境中完成，在屏幕左下角会看到 WCS 的图标。而图纸空间是图纸布局二维环境，可以在这里指定图纸大小、添加标题栏、显示模型的多个视图以及创建图形标注和注释，主要用于安排模型空间绘制的对象各种视图以方便打印输出。布局是一种图纸空间环境，它模拟图纸页面，提供直观的打印设置。

三维立体实体图生成二维三视图（如图 10.1 所示），可使用 solprof 命令（设置轮廓命令）。先在模型空间绘制好三维立体实体图，然后在布局中使用 solprof 命令将三维立体图形生成二维三视图并对三视图进行标注，最后打印三视图。具体的知识有：基本三维实体的绘制命令、用户坐标系的建立、视图的命名、视口的操作、布局的创建、轮廓的设置、尺寸的标注、图形的输出及打印等命令。

本项目推荐课时为 8 学时。

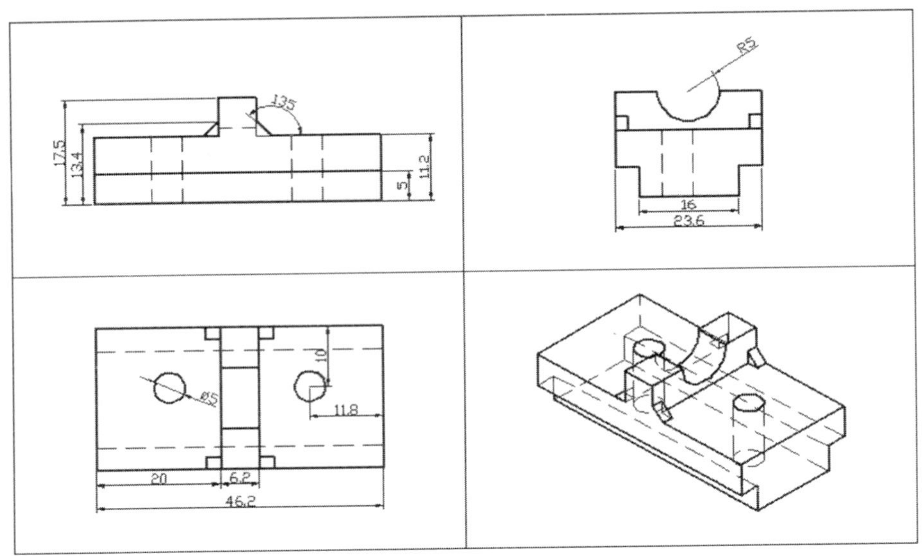


图 10.1　三视图效果

## 10.2　项目分析

本项目分成以下三个任务来完成，分别给出作图目标分析和详细操作步骤，结合具体的操作过程，将前面的基本三维实体绘制及三维实体图形的编辑融合在其中，学习如何将绘制好的三维实体转换成二维的三视图形，以及将相应的尺寸标注好并打印出来。

任务一　三维立体图形生成二维三视图

任务准备：模型空间、图纸空间、视口的操作使用、布局的创建和操作、设置轮廓、尺寸标注、mvsetup 命令、ltscale 等命令。

任务二　图形输出及打印

任务准备：图形输出、打印。

## 10.3　任务一　三维立体图形生成二维三视图

根据图 10.1 所示的尺寸绘制三维图形，绘图步骤参照项目九。

### 10.3.1　操作步骤

（1）在布局选项卡中创建新的浮动视口。

（2）在模型空间中设置浮动视口中的视图。

（3）在图纸空间中对浮动视口的比例调整。

（4）在模型空间中建立三维实体轮廓图。

（5）在图纸空间中标注尺寸。

## 10.3.2　任务实施

### 1. 在布局选项卡中创建新的浮动视口

（1）打开绘制好的三维立体图形。注意要转化为二维的三维物体应该是实体，而不是网格物体或面物体。

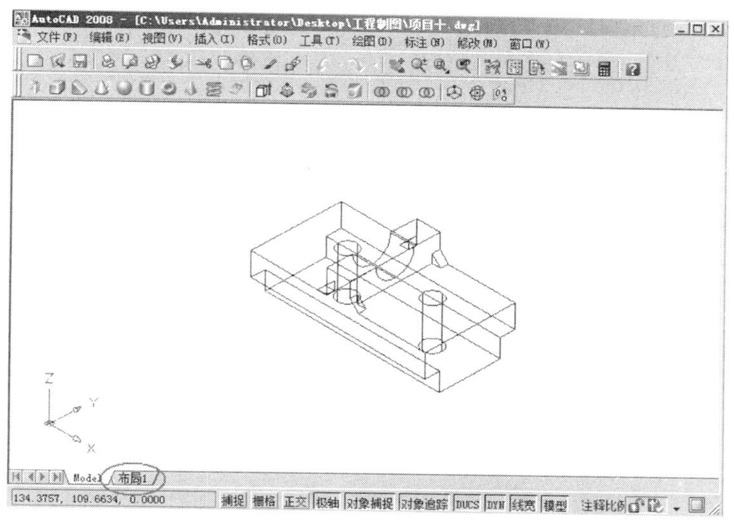


**图 10.2　选择布局**

（2）单击“model”选项卡旁的“布局 1”选项卡（如图 10.2 所示），转到布局中，布局中有一个系统自动生成的浮动视口，如图 10.3 所示。单击图中的浮动视口框（黑实线）出现四个夹点，黑实线变成虚线，按键盘上的 < delete > 键，删除系统自动生成的浮动视口，删除后布局中没有任何浮动视口，成空白布局。

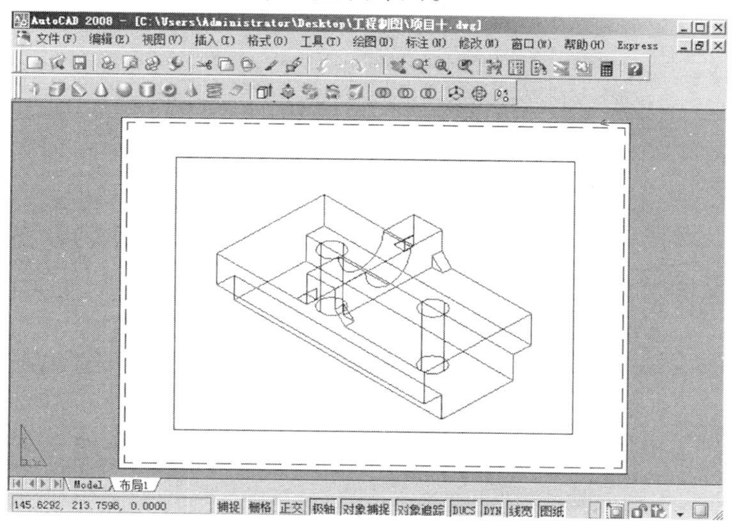


**图 10.3　系统自动生成的布局**

（3）打开图层特性对话框，新建一个“视口”图层，把它设定为当前层，并且设为不打印层，如图 10.4 所示。

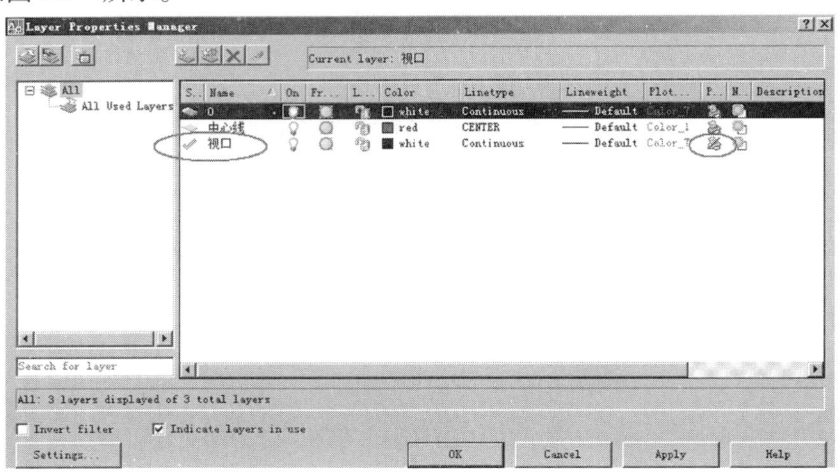


**图 10.4 图层特性对话框**

在图层特性对话框中可勾选或取消勾选“关闭”、“锁定”、在所有视口内“冻结”及“不打印”等项目。各图标功能说明见表 10.1。

**表 10.1 各图标功能**

| 图标 | 名称 | 功能说明 |
| --- | --- | --- |
|  | 打开/关闭 | 将图层设定为打开或关闭状态。当处于关闭状态时，该图层上的所有对象将隐藏不显示，只有打开状态的图层会在屏幕上显示。因此，绘制复杂的视图时，先将不编辑的图层暂时关闭，可降低图形的复杂性 |
|  | 解冻/冻结 | 将图层设定为解冻或冻结状态。当图层呈现冻结状态时，该图层上的对象均不会显示在屏幕 5 或由打印机打印，而且不会执行重生（REGEN）、缩放（ROOM）、平移（PAN）等命令的操作。因此若将视图中不编辑的图层暂时冻结，可加快执行绘图编辑的速度。而（打开/关闭）功能只是单纯将对象隐藏，因此并不会加快执行速度 |
|  | 解锁/锁定 | 将图层设定为解锁或锁定状态。被锁定的图层仍然显示在画面上，但不能以编辑命令修改被锁定的对象，只能绘制新的对象，因此可防止重要的图形被修改 |
|  | 打印/不打印 | 将图层设定为打印或不打印状态。设定该图层是否由打印机中打印出来 |

（4）在“视口”层创建新的4 个浮动视口，选择菜单栏里“视图”→“视口”→“四个视口”命令，生成的四个浮动视口如图 10.5 所示。

```
命令：_ -vports
指定视口的角点或 [开（ON）/关（OFF）/布满（F）/着色打印（S）/锁定（L）/对象（O）/多边形（P）/恢复（R）/图层（LA）/2/3/4]
<布满>：_4
指定第一个角点或 [布满（F）] <布满>：    //回车
正在重生成模型
```

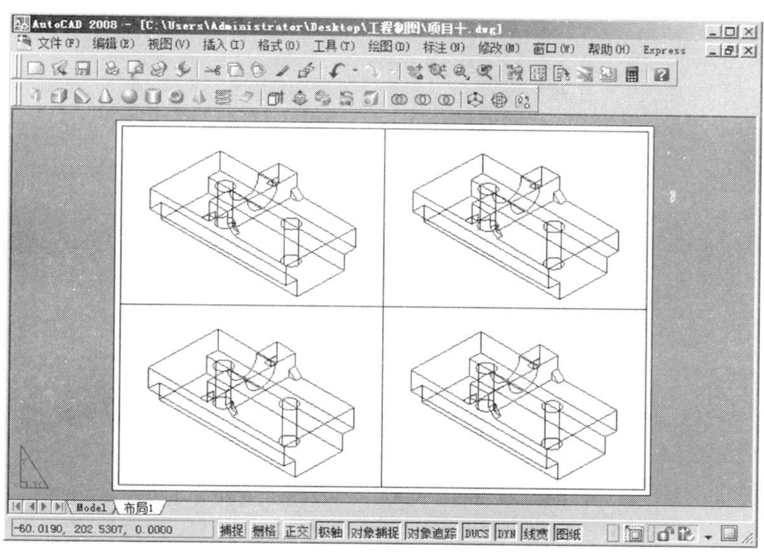

图 10.5　4 个浮动视口

2. 在模型空间中设置浮动视口中的视图

（1）如图 10.5 所示，在状态栏“图纸”上单击一下，它将变为“模型”，即可进入模型空间。在左上角的浮动视口内任意处单击一下激活该视口，浮动视口边框线将加粗，如图 10.6 所示。

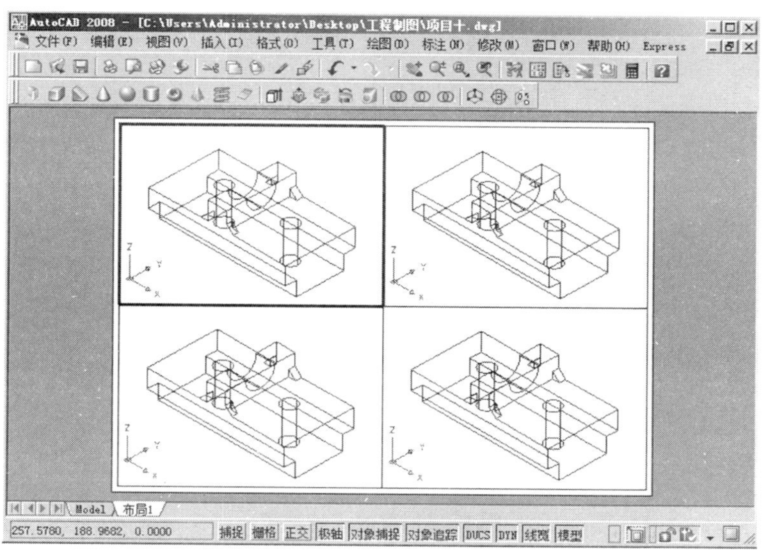

图 10.6　激活浮动视口

（2）将当前活动浮动视口第一视口设置为主视图 。选择菜单栏里“视图”→“三维视图”→“主视”命令，如图 10.7 所示。

命令：_ -view

输入选项［？/删除（D）/正交（O）/恢复（R）/保存（S）/设置（E）/窗口（W）］：_ front

正在重生成模型

| 第一视口<br>主视图 | 第二视口<br>左视图 |
|---|---|
| 第三视口<br>俯视图 | 第四视口<br>东南等轴测 |

**图 10.7　设置各浮动视口**

采用相同的方式分别将第二浮动视口设置为左视图，第三浮动视口设置为俯视图，第四浮动视口设置为东南等轴测试图，最终设置好的 4 个浮动视口如图 10.8 所示。

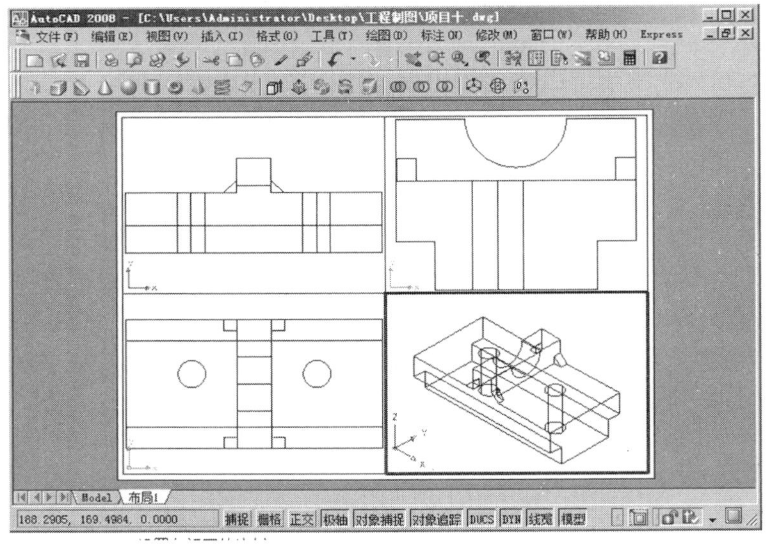


**图 10.8　设置好的视图**

**注意**

图纸空间（如图 10.5 所示）中不显示坐标，而模型空间（如图 10.8 所示）中是显示坐标的。各等轴测的世界坐标如图 10.9 所示。熟悉这些坐标有助于分清主视图、左视图、俯视图，主视图是 XZ 平面，左视图是 YZ 平面，俯视图是 XY 平面。

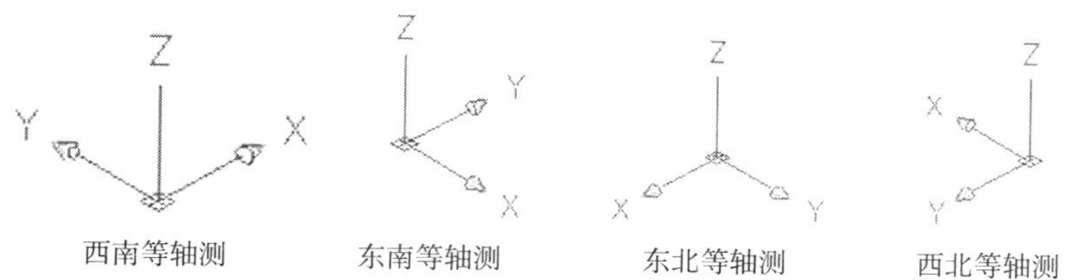


**图 10.9　各等轴测的世界坐标**

### 3. 在图纸空间中对浮动视口的比例调整

#### （1）设置各视图的比例

在图 10.8 中，图中各视口内图的比例不一致，需将 4 个视图的比例设置一致。先单击状态栏的“模型”，进入图纸空间。在图纸空间下才可设置视图的比例。

然后同时选中 4 个浮动视口（单击浮动视口的黑实线边框，即可选中该视口），选中视口的黑实线边框变成虚线边框且 4 个角出现蓝色夹点，如图 10.10 所示。

> **注意**
>
> 在图纸空间中，只有在浮动视口边框线上单击才能选中，选中后实线边框线变成虚线边框，且 4 个角出现蓝色夹点；在模型空间中，可以单击视口任意位置即可激活浮动视口，激活后边框线变成粗实线。

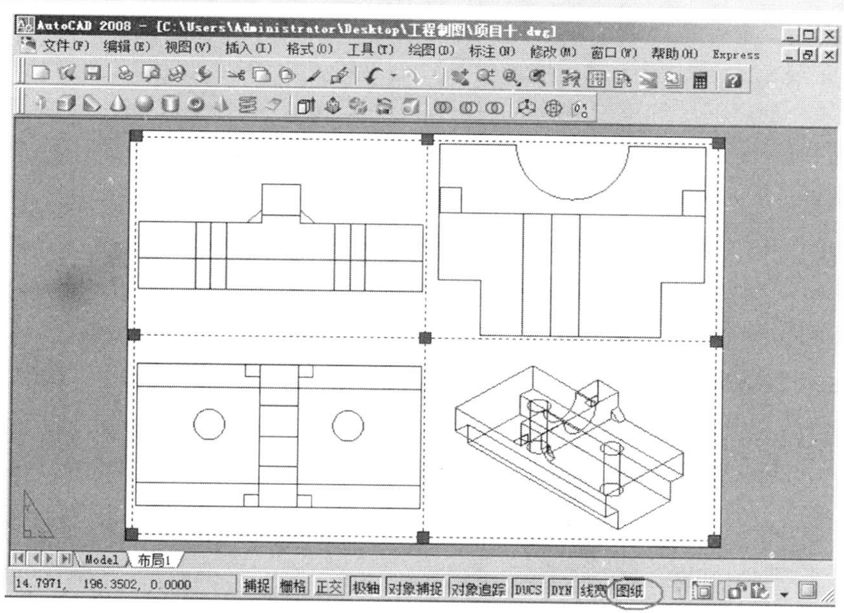


**图 10.10　选中 4 个视口**

根据三视图的需要，将 4 个视口比例设置一致。单击标准工具栏里的“对象特性”图标（如图 10.11 所示），打开对象特性对话框，打开“其他”选项卡，将“标准比例”设为 2:1，如图 10.12 所示。设置好比例后的 4 个视口中的比例一致，如图 10.11 所示。

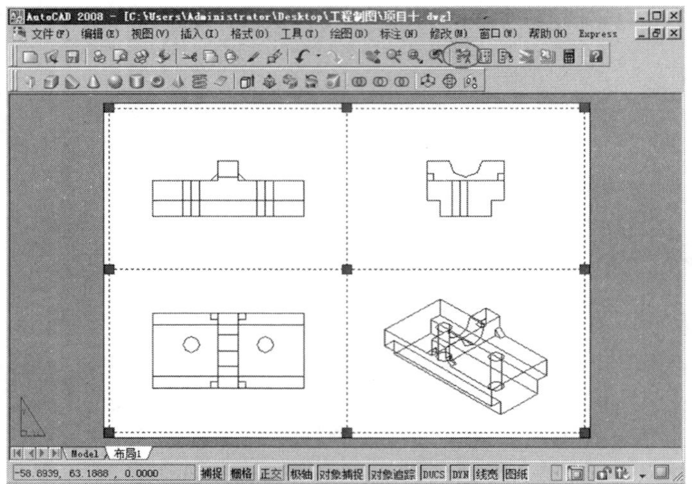

图 10.11　设置好比例后

图 10.12　比例设置

（2）各视图对齐。设置好比例后，如果发现主视图、左视图、俯视图不满足“长对正，高平齐，宽相等”的要求，需要水平对齐和垂直对齐，使其处于正交状态满足三视图的要求。可使用“mvsetup”命令实现，选择命令“对齐”→“水平对齐”使主视图与左视图高平齐，选择“对齐”→“垂直对齐”使主视图与俯视图长对正。

由于图 10.12 中各视口已对齐，这个步骤就可以省略。

（3）锁定显示。当比例设置一致且对齐后，需将显示锁定，以防不小心滚动鼠标，误操作改变了某一视口的比例或使视口不对齐。需在图纸空间下才可锁定显示比例，设置的方法如下：同时选中 4 个浮动视口，然后单击“对象特性”工具，打开对象特性属性对话框，将“显示锁定”设定为“是”，如图 10.13 所示。

**注意**

如果先将“显示锁定”设定为“是”，然后再去改变比例或对齐视口里的图，是不能成功的。

（4）加载“HIDDEN”线型。选择菜单栏“格式”→“线型”命令，在弹出的“线型管理器”对话框中单击“加载”按钮，在弹出的对话框中选择“HIDDEN”线型，如图 10.14 所示。单击“确定”按钮把此线型加载到内存中，这是系统默认的虚线线型。

图 10.13　显示锁定

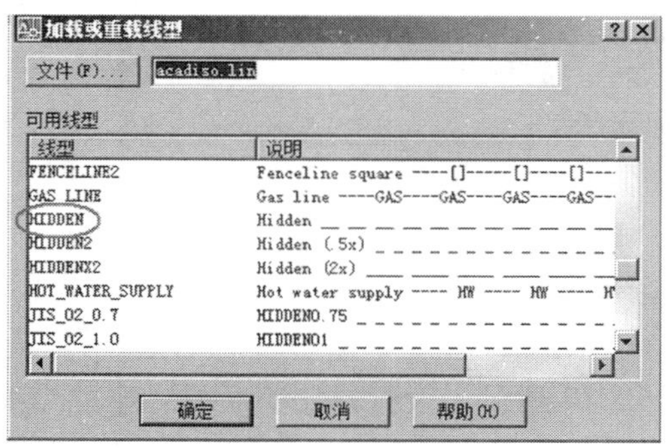


图 10.14　加载“hidden”线型

## 4. 在模型空间中建立三维实体轮廓图

（1）在第一视口建立三维实体轮廓图。单击状态栏“图纸”，进入模型空间。在模型空间下才可建立三维实体轮廓图。模型空间下，在第一视口任意处单击，激活第一视口如图 10.15 所示。运行“solprof”命令建立第一视口三维实体轮廓图。

命令：_ solprof
选择对象：找到 1 个
选择对象：
是否在单独的图层中显示隐藏的轮廓线？［是（Y）/否（N）］<是>：Y
是否将轮廓线投影到平面？［是（Y）/否（N）］<是>：Y
是否删除相切的边？［是（Y）/否（N）］<是>：Y

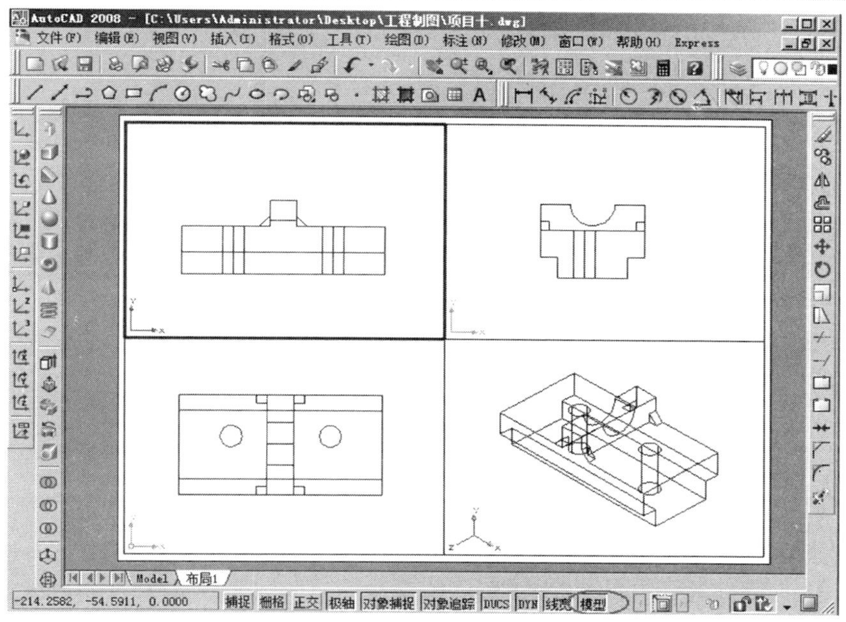

**图 10.15　模型空间下激活第一视口**

观察图层，将多出以“PH－＊＊＊”和“PV－＊＊＊”的格式命名的两个图层，其中，PH 开头的以“HIDDEN”线型为图层线型是不可见线条所在的图层，PV 开头的是可见线条即轮廓线所在的图层，如图 10.16 所示。如果没有加载“HIDDEN”线型，也可以将 PH 开头图层的线型手动设置为“HIDDEN”或其他的虚线。

**注意**

使用 solprof 命令后，选定三维实体将被投影至与当前布局视口平行的二维平面上。结果是二维对象在隐藏线和可见线的独立图层上生成，且仅显示在该视口中。

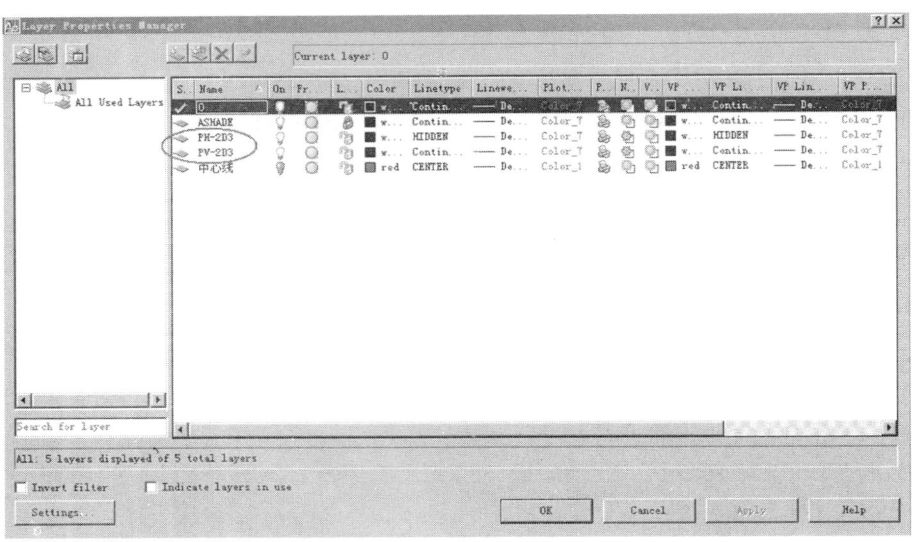

图 10.16　图层管理器对话框

（2）分别在第二视口、第三视口进行同样的操作，建立三维实体轮廓图。

（3）在第四视口建立三维实体轮廓图。

1）把 UCS 变为与当前视图平行。激活第四视口，单击图 10.17 中用户坐标工具栏的“视图”工具，使用户坐标系的 XY 面与屏幕的显示屏平行，如图 10.18 所示。

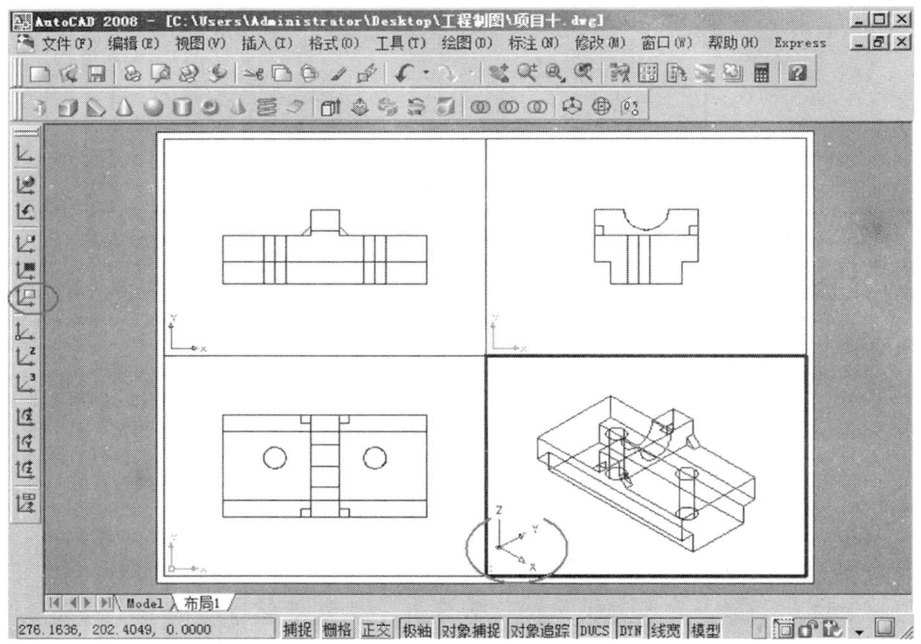

图 10.17　东南等轴测世界坐标

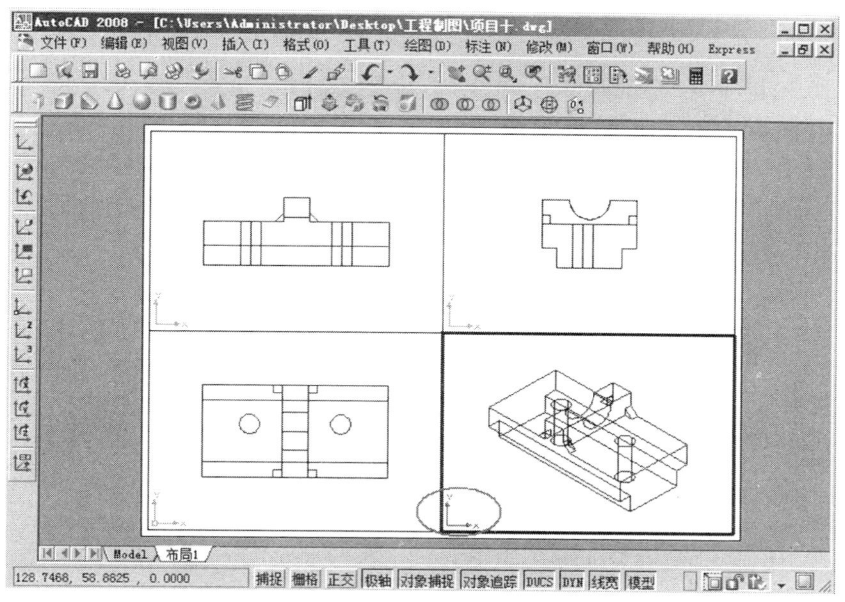

图 10.18　坐标与当前视图平行

合理使用用户坐标系会给绘图带来很多方便，下面简述用户坐标工具栏里部分按钮的使用。

① 面。将 UCS 与实体对象的选定面对齐。先选择一个面，UCS 的 X 轴将与找到的第一个面上的最近的边对齐，还可以更换到相邻的面以及调整 X、Y 轴的方向。

② 对象。将用户坐标系与选定的实体按一定的规则对齐。

③ 视图。使用户坐标系的 XY 面与屏幕的显示屏平行。当用户想要注释当前视图且要文本平面显示时，视图选项十分有用。

④ 原点。设置新的 UCS 原点，其 X、Y 和 Z 轴的方向保持不变，从而定义新的 UCS。

⑤ Z 轴。依次指定新原点和位于新建 Z 轴正半轴上的点，可以将坐标系倾斜。

⑥ 3 点。指定新 UCS 原点及其 X 和 Y 轴的正方向。

⑦ X/Y/Z 旋转。绕指定 X、Y 或 Z 轴按指定角度旋转到当前 UCS。

2）运行“solprof”命令，建立第四视口三维实体轮廓图。

```
命令：_ solprof
选择对象：找到 1 个
选择对象：
是否在单独的图层中显示隐藏的轮廓线？[是（Y）/否（N）] <是>：Y
是否将轮廓线投影到平面？[是（Y）/否（N）] <是>：Y
是否删除相切的边？[是（Y）/否（N）] <是>：Y
```

3）打开图层管理器观察图层，将多出以“PH－＊＊＊”和“PV－＊＊＊”的格式命名的图层。每个视口各有一个“PH－＊＊＊”和“PV－＊＊＊”的格式命名的图层，4 个视口共多出 8 个图层，如图 10.19 所示。

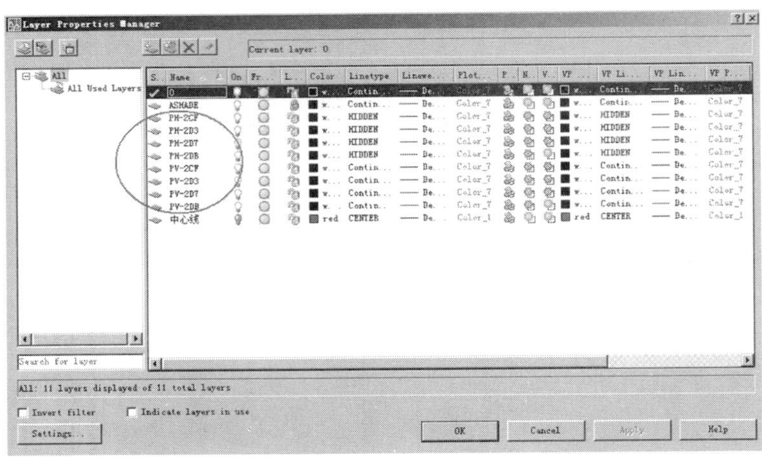

图 10.19　图层管理器对话框

(4) 在图 10.20 中关闭实体所在的图层，这时所显示出来的图形就是所需要的二维三视图，如图 10.21 所示。

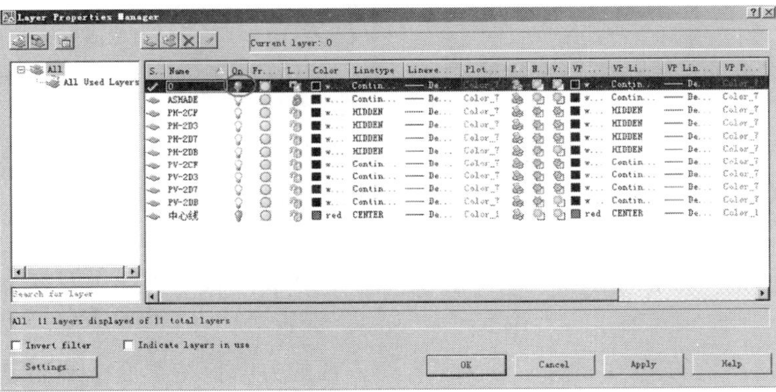

图 10.20　关闭实体所在图层

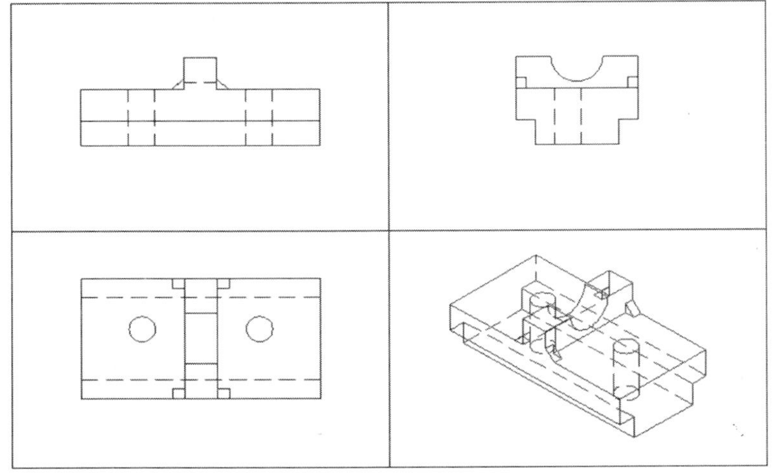

图 10.21　二维三视图

（5）运行“ltscale”命令，调整线型比例。

命令：_ ltscale
输入新线型比例因子 <1.000>：0.5
正在重生成布局。
正在重生成模型。

**注意**

Solprof 命令不更改图层的显示。如果仅要查看已经创建的轮廓线，关闭包含原实体的图层，根据实际的需要，有时还需要进行必要的图形编辑，如要把图形分解（即炸开）、加入中心线等，注意画到不同的图层上。

5. 在图纸空间中标注尺寸

（1）新增加 3 个图层，分别是“标注—主视图”、“标注—左视图”、“标注—俯视图”。

（2）进入图纸空间，打开图层特性管理器，设定“标注—主视图”为当前图层，对主视图进行相应的标注，标好后如图 10.22 所示。

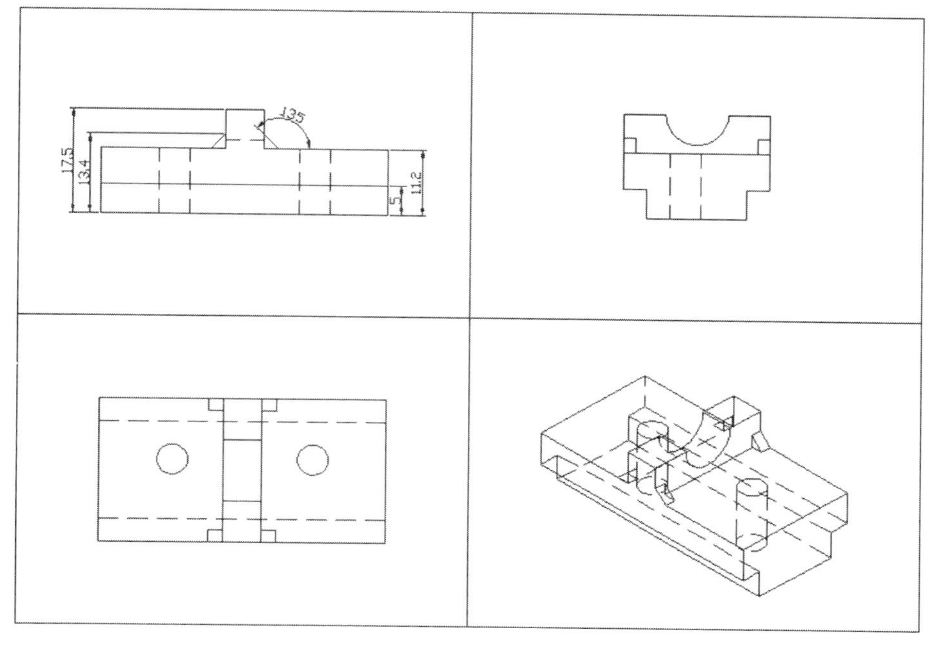


**图 10.22　标注主视图尺寸**

（3）打开图层特性管理器，设定“标注—左视图”为当前图层，对左视图进行相应的标注，标好后如图 10.23 所示。

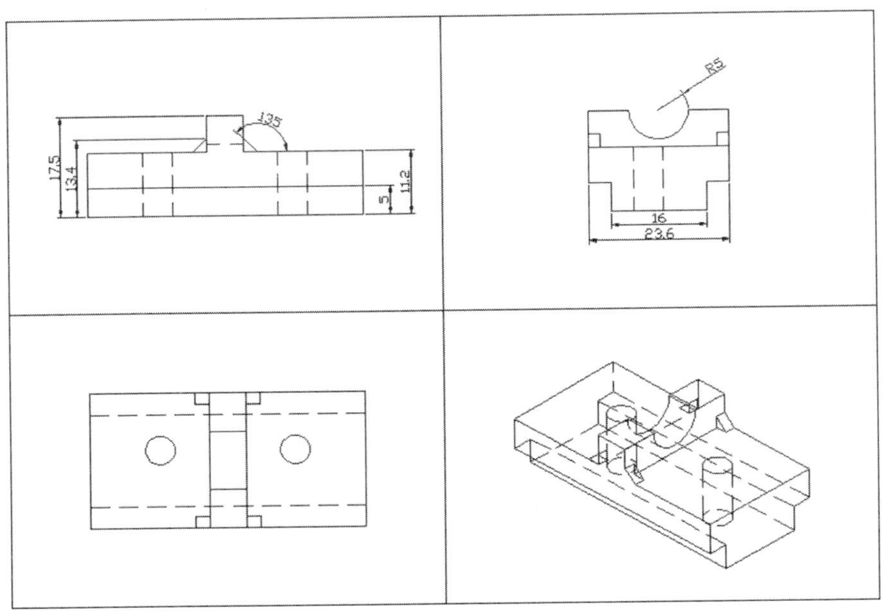


图 10.23　标注左视图尺寸

（4）打开图层特性管理器，设定“标注—俯视图”为当前图层，对俯视图进行相应的标注，标好后如图 10.24 所示。

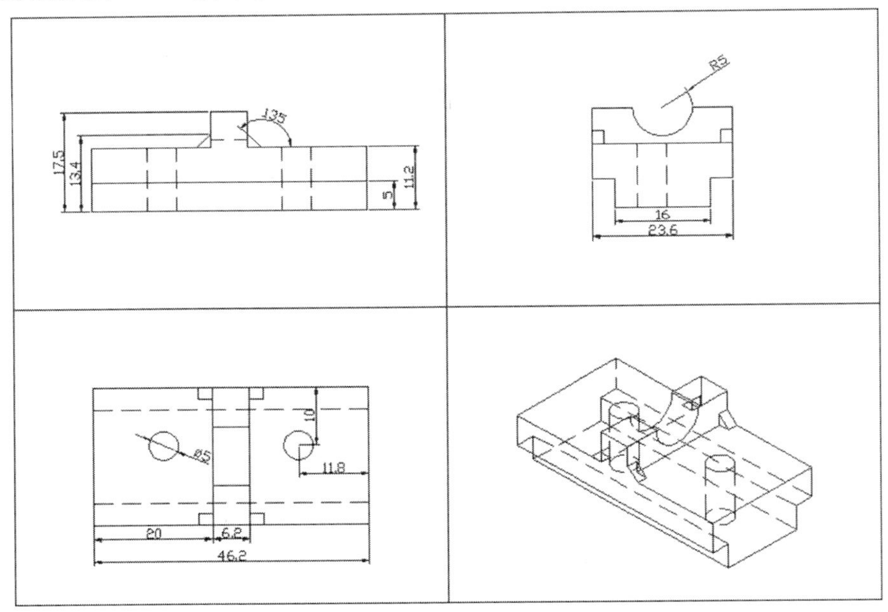


图 10.24　标注俯视图尺寸

（5）打开图层特性管理对话框，把以 PV 开头的图层的线宽设置为 0.6mm。这样，就将可见轮廓线加粗，效果如图 10.25 所示。

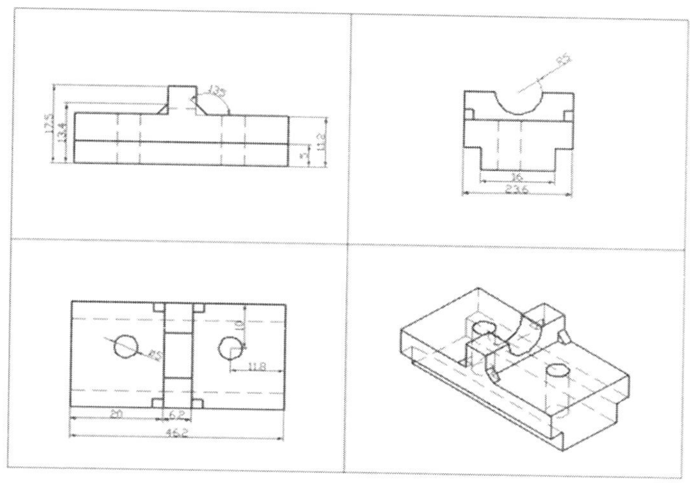

图 10.25　可见轮廓线加粗

# 10.4　任务二　图形输出及打印

1. 图形输出

在 AutoCAD 2008 中，系统提供了输入输出接口，用户不仅可以将绘制出的图形打印出来，也可以把它们的信息传送给其他应用程序。

AutoCAD 2008 文件可以导出多种图形格式。可供选择的输出类型一共有 9 种，分别是：图元文件（＊.wmf）、ACIS（＊.sat）、平板印刷（＊.stl）、封装 PS（＊.eps）、DXX 提取（＊.dxx）、位图（＊.bmp）、3D Dwf（＊.dwf）、块（＊.dwg）和 V8DGN（＊.dgn）。

选择下拉菜单栏“文件”→“输出”，将打开“输出数据”对话框，如图 10.26 所示，选择自己需要的类型，设置好文件的输出路径、名称和文件类型后，单击“保存”按钮，切换到绘图窗口选择相应的被保存对象。

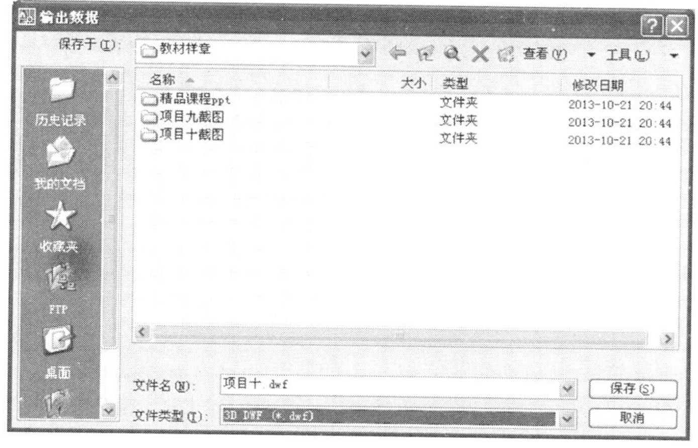


图 10.26　“输出数据”对话框

2. 打印图形

在设计和生产过程中，常常要将绘制好的AutoCAD 2008电子图形打印出来，得到纸质图纸。打印图形的一般步骤如下：

（1）选择菜单栏“文件”→“打印”命令

（2）单击“打印”对话框（如图10.27所示）的“打印机/绘图仪”下拉列表，从“名称”列表中选择一种，指定打印布局时使用已配置的打印设备。

（3）单击“图纸尺寸”下拉列表，选择图纸尺寸A4纸。

（4）单击“打印份数”，输入要打印的份数1份。

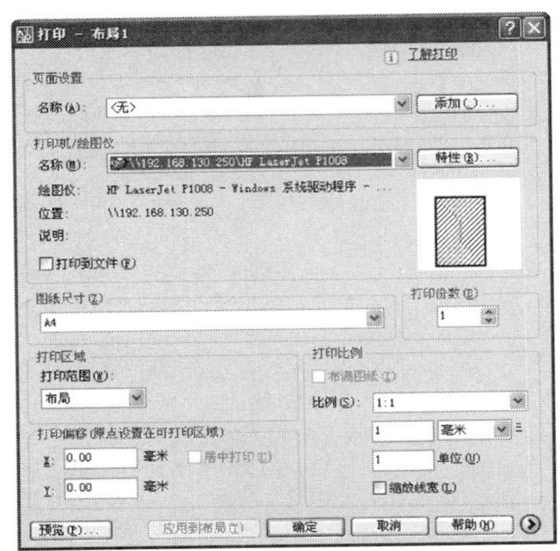

图10.27 “打印”对话框

（5）单击“打印区域”下拉列表，指定图形中要打印的部分——布局，将打印布局1的可打印区域内的所有内容。

**注意**

如果只需要打印布局里的部分内容，可以选用“窗口”来打印指定的部分图形。选择“窗口”，“窗口”按钮将可用，指定要打印区域的两个角点或输入坐标值。

（6）单击“打印比例”下拉列表，从“比例”框中选择缩放比例1:1。打印“布局”时，默认设置比例为1:1，即布局的原比例，用户可以根据自己的需要从“比例”下拉列表选择或定义用户定义的比例。从“模型”选项卡打印时，默认设置为“布满图纸”。

（7）单击“预览”，当预览的结果符合用户的要求时，单击“确定”按钮，打印完成。要退出打印预览并返回“打印”对话框，则需要按<Esc>键，然后按回车键。

## 10.5 项目小结

本项目主要内容是在布局中运用SOLPROF命令将三维实体图转换成二维三视图并对三视图进行标注，最后打印出来。随着三维设计在生产生活中的广泛应用，AutoCAD三维设计功能越来越受到设计人员的青睐。有时，为了更形象直观地表达物体，既要用二维平面视图，又要用到物体的轴测图。绘图时先创建三维实体模型，再用SOLPROF命令将三维实体模型按需生成视图、轴测图，将使我们的绘图工作事半功倍。

## 10.6 拓展练习

（1）将项目九的拓展练习中的三维实体图转换成二维的三视图并标注尺寸。

（2）将图10.28至图10.30中的三维实体图转换成二维的三视图并标注尺寸。

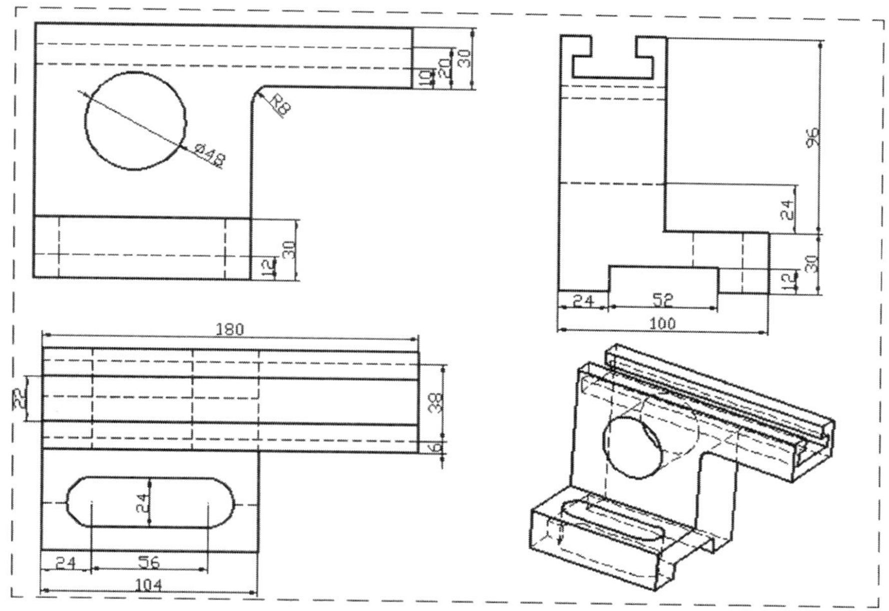
R8
ø48
10
20
30
12
30
96
24
30
12
24
52
100
180
22
38
6
24
24
56
104

图 10.28

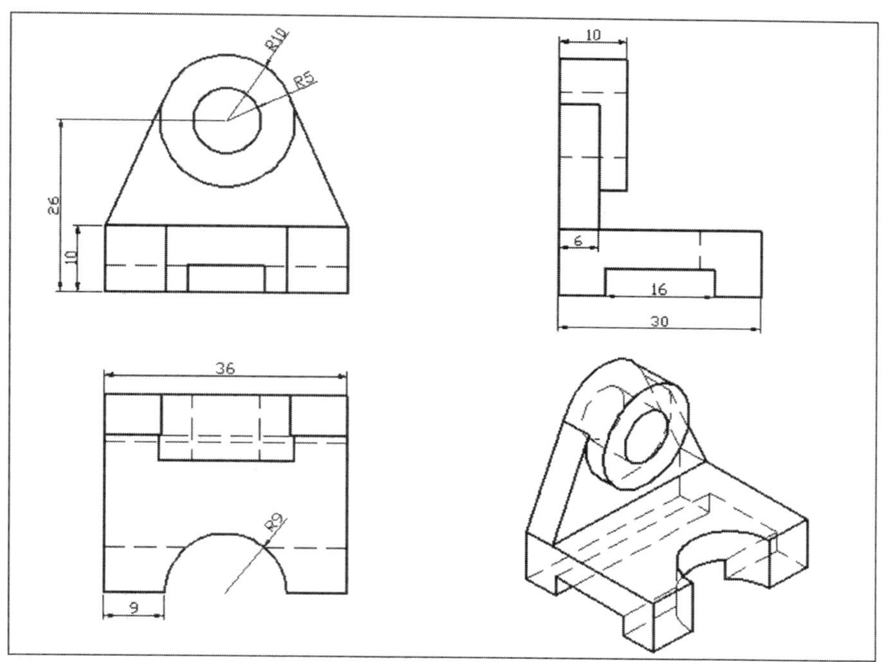
R10
R5
26
10
10
6
16
30
36
R9
9

图 10.29

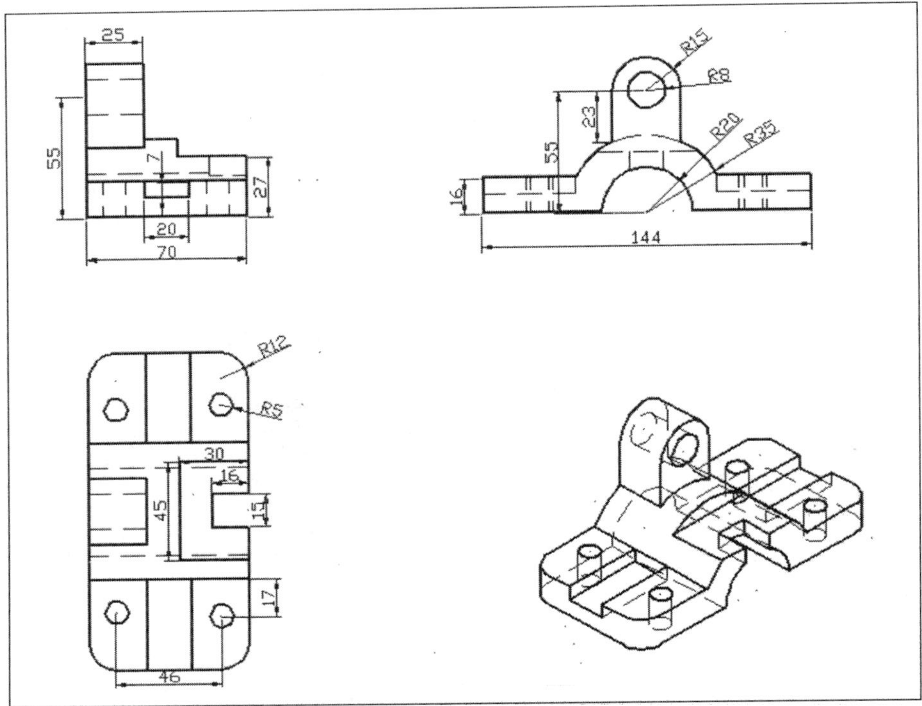


图 10.30

# 安全防范系统通用图形符号

## 中华人民共和国公共安全行业标准
## 安全防范系统通用图形符号

GA/T 74—2000

1　范围

本标准规定了安全防范系统技术文件中使用的图形符号。

本标准适用于安全防范工程设计、施工文件中的图形符号的绘制和标注。

2　引用标准

下列标准所包含的条文，通过在本标准中引用而构成为本标准的条文。本标准出版时，所示版本均为有效。所有标准都会被修订，使用本标准的各方应探讨使用下列标准最新版本的可能性。

GB/T 4728. 10—1999　电气简图用图形符号　第 10 部分：电信：传输

BS 4737—5. 2：1998　入侵报警系统　第 5 部分：术语和符号　5. 2 章　绘图推荐符号

3　图形符号

| 编号 | 图形符号 | 名　称 | 英　文 | 说　明 |
|---|---|---|---|---|
| 3. 1 | | 周界防护装置及防区等级符号 | | |
| 3. 1. 1 | | 栅栏 | fence | 单位地域界标 |
| 3. 1. 2 | | 监视区边界 | monitored zone | 区内有监控，人员出入受控制 |
| 3. 1. 3 | | 保护区边界（防护区） | protective zone | 全部在严密监控防护之下，人员出入受限制 |
| 3. 1. 4 | | 加强保护区边界（禁区） | forbidden zone | 位于保护区内，人员出入禁区受严格限制 |

续表

| 编号 | 图形符号 | 名　称 | 英　文 | 说　明 |
|---|---|---|---|---|
| 3.1.5 | | 保安巡逻打卡器 | security cruise station | |
| 3.1.6 | | 警戒电缆传感器 | guardwire cablesensor | |
| 3.1.7 | | 警戒感应处理器 | guardwire sensor processor | 长方形：<br>长：宽 = 1:0.6 |
| 3.1.8 | | 周界报警控制器 | console | |
| 3.1.9 | | 接口盒 | interface box | |
| 3.1.10 | Tx IR Rx | 主动红外探测器 | active infrared intrusion detector | 发射、接收分别为 Tx、Rx<br>引用 BS 4737 - 5.2：1998 |
| 3.1.11 | W | 引力导线探测器 | tensioned wire detector | 引用 BS 4737 - 5.2：1998 |
| 3.1.12 | E | 静电场或电磁场探测器 | electrostatic or electromagnetic fence detector | 引用 BS 4737 - 5.2：1998 |
| 3.1.13 | Tx M Rx | 遮挡式微波探测器 | microwave fence detector | 引用 BS 4737 - 5.2：1998 |
| 3.1.14 | L | 埋入线电场扰动探测器 | buried line field disturbance detector | 引用 BS 4737 - 5.2：1998 |
| 3.1.15 | C | 弯曲或震动电缆探测器 | flex or shock sensitive cable detector | 引用 BS 4737 - 5.2：1998 |
| 3.1.16 | | 拾音器电缆探测器 | microphone cable detector | 引用 BS 4737 - 5.2：1998 |
| 3.1.17 | F | 光缆探测器 | fibre optic cable detector | 引用 BS 4737 - 5.2：1998 |
| 3.1.18 | | 压力差探测器 | pressure differential detector | 引用 BS 4737 - 5.2：1998 |
| 3.1.19 | H | 高压脉冲探测器 | high - voltage pulse detector | |

续表

| 编号 | 图形符号 | 名　　称 | 英　　文 | 说　　明 |
| --- | --- | --- | --- | --- |
| 3.1.20 | LD | 激光探测器 | laser detector | |
| 3.2 | | 出入口控制设备 | access control equipment | |
| 3.2.1 | | 楼宇对讲系统主机 | main control module for flat intercom electrical control system | |
| 3.2.2 | | 对讲电话分机 | interphone handset | |
| 3.2.3 | | 可视对讲摄像机 | video entry security intercom camera | |
| 3.2.4 | | 可视对讲机 | video entry security intercom | |
| 3.2.5 | EL | 电控锁 | electro – mechanical lock | |
| 3.2.6 | | 卡控旋转栅门 | | |
| 3.2.7 | | 卡控旋转门 | | |
| 3.2.8 | | 卡控叉形转栏 | | |
| 3.2.9 | | 出入口数据处理设备 | | |
| 3.2.10 | | 读卡器 | card reader | |

续表

| 编号 | 图形符号 | 名　称 | 英　文 | 说　明 |
|---|---|---|---|---|
| 3. 2. 11 | KP | 键盘读卡器 | card reader with keypad | |
| 3. 2. 12 | | 指纹识别器 | finger print verifier | |
| 3. 2. 13 | | 掌纹识别器 | palm print verifier | |
| 3. 2. 14 | | 人像识别器 | portrait verifier | |
| 3. 2. 15 | | 眼纹识别器 | eye print verifier | |
| 3. 2. 16 | | 声控锁 | acoustic control lock | |
| 3. 3 | | 报警开关 | protective switch | 引用 BS 4737 –5. 2：1998 |
| 3. 3. 1 | | 紧急脚挑开关 | deliberately – operated device（foot） | 引用 BS 4737 –5. 2：1998 |
| 3. 3. 2 | | 钞票夹开关 | money clip（spring or gravity clip） | 引用 BS 4737 –5. 2：1998 |
| 3. 3. 3 | | 紧急按钮开关 | deliberately – operated device（manual） | 引用 BS4737 –5. 2：1998 |
| 3. 3. 4 | | 压力垫开关 | pressure pad | 引用 BS 4737 –5. 2：1988 |
| 3. 3. 5 | | 门磁开关 | magnetically – operated protective switch | 引用 BS 4737 –5. 2：1998 |

续表

| 编号 | 图形符号 | 名　称 | 英　文 | 说　明 |
| --- | --- | --- | --- | --- |
| 3.3.6 | | 电锁按键 | button for electro – mechanic lock | |
| 3.3.7 | | 锁匙开关 | key controlled switch | |
| 3.3.8 | | 密码开关 | code switch | |
| 3.4 | | 安防专用视、听器材 | video/audio device for security | 引用 BS 4737 –5.2：1998 |
| 3.4.1 | d | 声音复核装置 | audio surveillance device（microphone） | 引用 BS 4737 –5.2：1998 |
| 3.4.2 | ○ | 安防专用照相机 | security camera, still – frame | 引用 BS 4737 –5.2：1998 |
| 3.4.3 | V | 安防专用视频摄像机 | video camera for security | 引用 BS 4737 –5.2：1998 |
| 3.5 | | 振动、接近式探测器 | vibration, proximity or environment detector | 引用 BS 4737 –5.2：1998 |
| 3.5.1 | q | 声波探测器 | acoustic detector (airborne vibration) | 引用 BS 4737 –5.2：1998 |
| 3.5.2 | ⊣⊢ | 分布电容探测器 | capacitive proximity detector | 引用 BS 4737 –5.2：1998 |
| 3.5.3 | P | 压敏探测器 | pressure – sensitive detector | |
| 3.5.4 | B | 玻璃破碎探测器 | glass – break detector (surface contact) | 引用 BS 4737 –5.2：1998 |
| 3.5.5 | A | 振动探测器 | vibration detector (structural or inertia) | 结构的或惯性的含振动分析器<br>引用 BS 4737 –5.2：1998 |
| 3.5.6 | A/q | 振动声波复合探测器 | structural and airborne vibration detector | 引用 BS 4737 –5.2：1998 |

续表

| 编号 | 图形符号 | 名　　称 | 英　　文 | 说　　明 |
|---|---|---|---|---|
| 3.5.7 | | 商品防盗探测器 | | |
| 3.5.8 | | 易燃气体探测器 | | 如：煤气、天然气、液化石油气等 |
| 3.5.9 | | 感应线圈探测器 | | |
| 3.6 | | 空间移动探测器 | movement detector | 引用 BS 4737 –5.2：1998 |
| 3.6.1 | IR | 被动红外入侵探测器 | passive infrared intrusion detector | 引用 BS 4737 –5.2：1998 |
| 3.6.2 | M | 微波入侵探测器 | microwave intrusion detector | 引用 BS 4737 –5.2：1998 |
| 3.6.3 | U | 超声波入侵探测器 | ultrasonic intrusion detector | 引用 BS 4737 –5.2：1998 |
| 3.6.4 | IR/U | 被动红外/超声波双技术探测器 | IR/U dual – tech motion detector | 引用 BS 4737 –5.2：1998 |
| 3.6.5 | IR/M | 被动红外/微波双技术探测器 | IR/M dual – technology detector | 引用 BS 4737 –5.2：1998 |
| 3.6.6 | x/y/z | 三复合探测器 | | X、Y、Z 也可是相同的，如 X = Y = Z = IR |
| 3.7 | | 声、光报警器 | warning or signaling device（with integral power supply） | 具有内部电源<br>引用 BS 4737 –5.2：1998 |

续表

| 编号 | 图形符号 | 名　　称 | 英　　文 | 说　　明 |
|---|---|---|---|---|
| 3.7.1 | 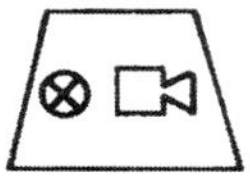  | 声、光报警箱 | alarm box | 引用 BS 4737 -5.2：1998 |
| 3.7.2 | 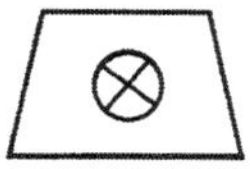  | 报警灯箱 | beacon | 引用 BS 4737 -5.2：1998 |
| 3.7.3 | 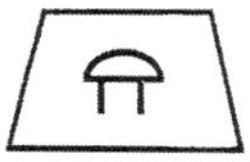  | 警铃箱 | bell | 引用 BS 4737 -5.2：1998 |
| 3.7.4 | 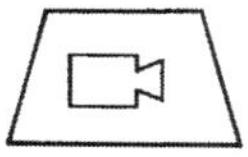  | 警号箱 | siren | 语言报警同一符号<br>引用 BS 4737 -5.2：1998 |
| 3.8 |  | 报警控制设备 | alarm control equipment (with integral power supply) | 具有内部电源 |
| 3.8.1 | 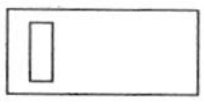  | 密码操作报警控制箱 | keypad operated control equipment | 引用 BS 4737 -5.2：1998 |
| 3.8.2 | 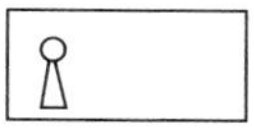  | 开关操作控制箱 | key operated control equipment | 引用 BS 4737 -5.2：1998 |
| 3.8.3 | 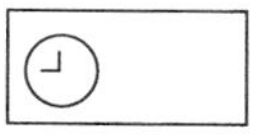  | 时钟或程序操作控制箱 | timer or programmer operated control equipment | 引用 BS 4737 -5.2：1998 |
| 3.8.4 | 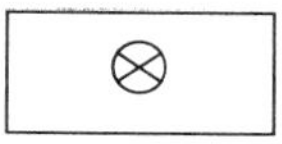  | 灯光示警控制器 | visible indication equipment | 引用 BS 4737 -5.2：1998 |
| 3.8.5 | 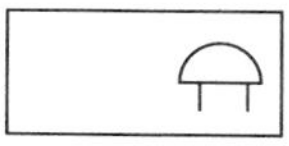  | 声响告警控制箱 | audio indication equipment | 引用 BS 4737 -5.2：1998 |
| 3.8.6 | 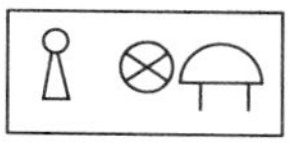  | 开关操作声、光报警控制箱 | key operated visible & audible indication equipment | 引用 BS 4737 -5.2：1998 |
| 3.8.7 | 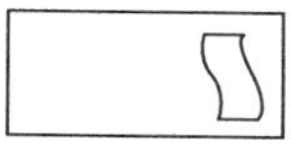  | 打印输出控制箱 | print - out facility equipment | 引用 BS 4737 -5.2：1998 |

续表

| 编号 | 图形符号 | 名　　称 | 英　　文 | 说　　明 |
|---|---|---|---|---|
| 3.8.8 | | 电话报警联网适配器 | | |
| 3.8.9 | s | 保安电话 | alarm subsidiary interphone | |
| 3.8.10 | | 密码操作电话自动报警控制箱 | keypad control equipment with phone line transceiver | |
| 3.8.11 | | 电话联网、电脑处理报警接收机 | phone line alarm receiver with computer | |
| 3.8.12 | | 无线报警发送装置 | radio alarm transmitter | |
| 3.8.13 | | 无线联网电脑处理报警接收机 | radio alarm receiver with computer | |
| 3.8.14 | | 有线和无线报警发送装置 | phone and radio alarm transmitter | |
| 3.8.15 | | 有线和无线联网电脑处理接收机 | phone and radio alarm receiver with computer | |
| 3.8.16 | | 模拟显示屏 | emulation display panel | |
| 3.8.17 | | 安防系统控制台 | control table for security system | |
| 3.8.18 | KP | 键盘 | keypad | |
| 3.8.19 | D P A | 防区扩展模块 | | A—报警主机<br>P—巡更点<br>D—探测器 |

续表

| 编号 | 图形符号 | 名　　称 | 英　　文 | 说　　明 |
|---|---|---|---|---|
| 3.8.20 | 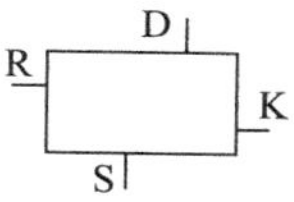 D、R、K、S | 报警控制主机 | alarm control unit | D—报警信号输入<br>K—控制键盘<br>S—串行接口<br>R—继电器触点（报警输出） |
| 3.9 | 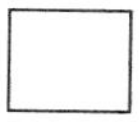 | 报警传输设备 | alarm transmission equipment | |
| 3.9.1 | 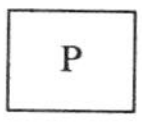 P | 报警中继数据处理机 | processor | |
| 3.9.2 | 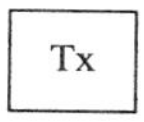 Tx | 传输发送器 | transmitter | 引用 BS 4737 –5.2：1998 |
| 3.9.3 | 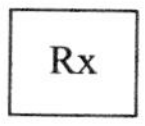 Rx | 传输接收器 | receiver | 引用 BS 4737 –5.2：1998 |
| 3.9.4 | 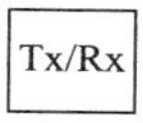 Tx/Rx | 传输发送、接收器 | transceiver | 引用 BS 4737 –5.2：1998 |
| 3.10 | | 电视监控设备 | TV – surveillance/control equipment | |
| 3.10.1 |  | 标准镜头 | standard lens | 虚线代表摄像机体 |
| 3.10.2 | | 广角镜头 | pantoscope lens | |
| 3.10.3 | 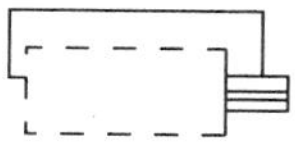 | 自动光圈镜头 | anto iris lens | |
| 3.10.4 | 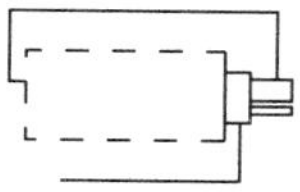 | 自动光圈电动聚焦镜头 | auto iris lens, motorized focus | |
| 3.10.5 | 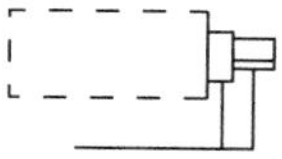 | 三可变镜头 | motorized zoom lens motorized iris | |
| 3.10.6 |  | 黑白摄像机 | B/W camera | 带标准镜头的黑白摄像机 |
| 3.10.7 | 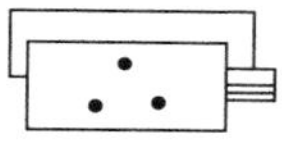 | 彩色摄像机 | color camera | 带自动光圈镜头的彩色摄像机 |

续表

| 编号 | 图形符号 | 名　称 | 英　文 | 说　明 |
| --- | --- | --- | --- | --- |
| 3.10.8 | | 微光摄像机 | star light level camera | 自动光圈，微光摄像机 |
| 3.10.9 | | 室外防护罩 | outdoor housing | |
| 3.10.10 | | 室内防护罩 | indoor housing | |
| 3.10.11 | τ | 时滞录像机 | time lapse video tape recorder | |
| 3.10.12 | | 录像机 | video tape recorder | 普通录像机，彩色录像机通用符号 |
| 3.10.13 | | 监视器（黑白） | B/W display monitor | |
| 3.10.14 | | 彩色监视器 | color monitor | |
| 3.10.15 | VM | 视频移动报警器 | video motion detector | |
| 3.10.16 | Y VS X | 视频顺序切换器 | sequential video switch | X 代表几路输入<br>Y 代表几路输出 |
| 3.10.17 | VA | 视频补偿器 | video compensator | |
| 3.10.18 | TG | 时间信号发生器 | time & date generator | |
| 3.10.19 | Y VD X | 视频分配器 | video amplifier distributor | X 代表输入<br>Y 代表几路输出 |
| 3.10.20 | | 云台 | pan/tilt unit | |

续表

| 编号 | 图形符号 | 名　称 | 英　文 | 说　明 |
| --- | --- | --- | --- | --- |
| 3. 10. 21 |  | 云台、镜头控制器 | pan and lens control unit |  |
| 3. 10. 22 | (X) | 图像分割器 | video splitter | X 代表画面数 |
| 3. 10. 23 | O E | 光、电信号转换器 |  | 引用 GB/T 4728. 10 - 1999 |
| 3. 10. 24 | E O | 电、光信号转换器 |  | 引用 GB/T 4728. 10 - 1999 |
| 3. 10. 25 | P L | 云台、镜头解码器 | decoder |  |
| 3. 10. 26 | $A_o$ M P K $A_i$ C | 矩阵控制器 | matrix | $A_i$—报警输入<br>$A_O$—报警输出<br>C—视频输入<br>P—云台镜头控制<br>K—键盘控制<br>M—视频输出 |
| 3. 10. 27 | M VGA DE P K A C | 数字监控主机 |  | VGA—电脑显示器（主输出）<br>M—分控输出、监视器<br>K—鼠标、键盘，其余同上含 |
| 3. 11 |  | 电源 | power supply unit |  |
| 3. 11. 1 | 2 PSU | 直流供电器 | comb ination of rechargeable - battery and transformed charger | 引用 BS 4737 - 5. 2：1998 |
| 3. 11. 2 | PSU | 交流供电器 | mains supply power source | 引用 BS 4737 - 5. 2：1998 |
| 3. 11. 3 | PSU | 一次性电池 | battery supply power source | 引用 BS 4737 - 5. 2：1998 |

续表

| 编号 | 图形符号 | 名　　称 | 英　　文 | 说　　明 |
|---|---|---|---|---|
| 3.11.4 | PSU | 可充电的电池 | battery or standby battery, rechargeable | 引用 BS 4737－5.2：1998 |
| 3.11.5 | PSU | 变压器或充电器 | transformer or charge unit | 引用 BS 4737－5.2：1998 |
| 3.11.6 | G PSU | 备用发电机 | standby generator | 引用 BS 4737－5.2：1998 |
| 3.11.7 | UPS | 不间断电源 | uninterrupted powersupply | |
| 3.12 | | 车辆防盗报警设备 | vehicle security alarm equipment | |
| 3.12.1 | VSA | 汽车防盗报警主机 | vehicle security alarm unit | |
| 3.12.2 | IM | 状态指示器 | state indicator | |
| 3.12.3 | | 寻呼接收机 | pager | |
| 3.12.4 | | 遥控器 | remote controller | |
| 3.12.5 | FD | 点火切断器 | firers off module | |
| 3.12.6 | | 针状开关 | pin switch | |
| 3.12.7 | | 汽车报警无线电台 | | 引用 GB/T 4728.10—1999 |

续表

| 编号 | 图形符号 | 名　　称 | 英　　文 | 说　　明 |
|---|---|---|---|---|
| 3.12.8 |  | 测向无线电接收台 | | 引用 GB/T 4728.10—1999 |
| 3.12.9 |  | 无线电地标发射电台 | | 引用 GB/T 4728.10—1999 |
| 3.13 | | 防爆和安全检查设备 | | |
| 3.13.1 | 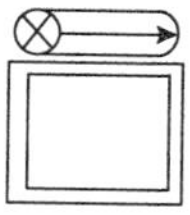 | X 射线安全检查设备 | X – ray security inspection equipment | |
| 3.13.2 |  | 中子射线安全检查设备 | neutron ray security inspection equipment | |
| 3.13.3 | 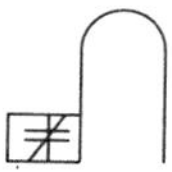 | 通过式金属探测门 | articulated metalwork detection door | |
| 3.13.4 |  | 手持式金属探测器 | handle metalwork detector | |
| 3.13.5 |  | 排爆机器人 | flame – exclusive robot | |
| 3.13.6 |  | 防爆车 | explosive proof | |
| 3.13.7 | 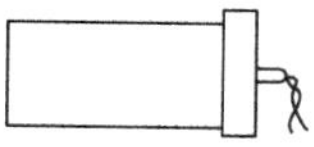 | 爆炸物销毁器 | | |
| 3.13.8 |  | 导线切割器 | lead cutter | |
| 3.13.9 |  LBC | 信件炸弹检测器 | letter check instrument for bomb | |
| 3.13.10 | 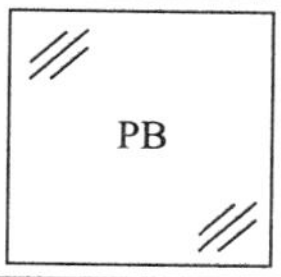 PB | 防弹玻璃 | bullet proof glass | |

# 附录　系统管线图的图形符号

表 A.1　电线图形符号

| 名称 | 名称 |
| --- | --- |
| 直流配电线 | 单根导线 |
| 控制及信号线 | 2 根导线 |
| 交流配电线 | 3 根导线 |
| 同轴电缆 | 4 根导线 |
| 线路交叉连接 | $n$ 根导线（n） |
| 线路交叉不连接 | 视频线（v） |
| 光导纤维 | 电报和数据传输线（T） |
| 声道（S） | 电话线（F） |
| | 屏蔽导线 |

表 A.2　配线的文字符号

| | |
| --- | --- |
| 明配线 M | 暗配线 A |
| 瓷瓶配线 CP | 木槽板或铝槽板配线 CB |
| 水煤气管配线 G | 塑料线槽配线 XC |
| 电线管（薄管）配线 DG | 塑料管配线 VG |
| 铁皮蛇管配线 SPG | 用铁索配线 B |
| 用卡钉配线 QD | 用瓷夹或瓷卡配线 CJ |

表 A.3　线管配线部位的符号

| | |
| --- | --- |
| 沿铁索配线 S | 沿梁架下弦配线 L |
| 沿柱配线 Z | 沿墙配线 Q |
| 沿天棚配线 P | 沿竖井配线 SQ |
| 在能进入的吊顶内配线 PN | 沿地板配线 D |